河南大学明伦校区
植物图谱

董美芳　刘路贤　吴建伟
编著

河南大学出版社
HENAN UNIVERSITY PRESS
·郑州·

图书在版编目（CIP）数据

河南大学明伦校区植物图谱 / 董美芳，刘路贤，吴建伟编著． -- 郑州：河南大学出版社，2025.3
ISBN 978-7-5649-5827-5

Ⅰ．①河… Ⅱ．①董… ②刘… ③吴… Ⅲ．①植物—河南大学—图谱 Ⅳ．① Q948.526.13-64

中国国家版本馆 CIP 数据核字（2024）第 050900 号

河南大学明伦校区植物图谱
HENAN DAXUE MINGLUN XIAOQU ZHIWU TUPU

摄　　影	董美芳　陈梦真　曹卓艺
策　　划	展文婕
责任编辑	马　博
责任校对	王　珂
整体设计	翟淼淼

出版发行　河南大学出版社
　　　　　地址：郑州市郑东新区商务外环中华大厦 2401 号
　　　　　邮编：450046
　　　　　电话：0371-86059701（营销部）
　　　　　　　　0371-22860116（南方出版中心）
　　　　　网址：hupress.henu.edu.cn

印　　刷	河南印之星印务有限公司
版　　次	2025 年 3 月第 1 版
印　　次	2025 年 3 月第 1 次印刷
开　　本	787 mm×1092 mm　1/16
印　　张	34.25
字　　数	655 千字
定　　价	148.00 元

版权所有・侵权必究

本书如有印装质量问题，请与河南大学出版社营销部联系调换

作者简介

董美芳　　　　　　　　**刘路贤**　　　　　　　　**吴建伟**

女，河南大学生命科学学院副教授，硕士研究生导师，河南省植物学会理事。多年以来，一直承担植物解剖学、植物分类学教学工作，以及植物学野外实习指导工作，主要从事植物胚胎学研究。

男，河南大学生命科学学院副教授，硕士研究生导师，河南省植物学会理事，河南大学校园植物学生社团——"至善植物"指导教师。长期从事植物分类与系统发育方面的研究。第二届"绿叶科抖"全国植物科普短视频大赛"最佳人气奖"作品指导老师。

男，满族，河南栾川人，文学硕士，副教授，河南大学生命科学学院党委书记，开封市优秀教育工作者，河南省高校优秀共产党员。主要从事高等教育改革发展、党建思政和文化等方面的研究。

《河南大学明伦校区植物图谱》编写组

主　　编　　董美芳　刘路贤　吴建伟
审　　校　　李　攀
顾　　问　　尚富德
参编人员　　（按姓氏拼音排序）
　　　　　　曹卓艺　何艳霞　刘炉蔓
　　　　　　卿明蔚　吴孟浩　张飘丹
　　　　　　张舒卓　赵鑫瑞　朱振予

前言

2022年8月，恰逢河南大学建校110周年，我们编写并出版了《河南大学金明校区植物图谱》。图谱共收录了金明校区野生以及引种栽培植物88科243属371种（含种下单位），其中蕨类植物1种、裸子植物14种、被子植物356种。图谱一经出版，就受到了全校师生以及植物爱好者的高度评价与认可。有读者反馈："该图谱为生物学、环境与地理学以及农学等专业提供了丰富的教学资源。这本书内容丰富，图文并茂，兼顾生物学专业人士和普通大众来展示校园植物，是专业学习者和普通爱好者进行植物鉴赏，并深入了解校园文化建设的一部重要参考书籍。"2023年10月，该图谱代表河南大学获得2023年河南省优秀科普作品（图书类）三等奖。在学校以及学院的高度重视下以及广大植物爱好者的支持与鼓励下，我们决定于今年编写并出版《河南大学明伦校区植物图谱》。

河南大学明伦校区占地面积约660亩，是河南大学历史最为悠久的校区。河南大学走过的110多年的日子里，校园植物宛如多年的老友与知己一样，始终陪伴其左右，见证了百年河大的成长过程。植物与校园，校园与植物，荡涤了多少飞扬的思绪，凝结了多少睿智的思考，又放飞了多少纯洁的梦想。植物无根不长，人无志不立。自古以来，植物和人的关系不可分割，也不曾分割。

您看，博雅路上，第四纪冰川运动后遗留下来的裸子植物中最古老的孑遗植物——银杏，其树干通直，姿态优美，春夏翠绿，深秋金黄。银杏树下，校园中轴线一字延伸。河南留学欧美预备学校校门前那两株古圆柏树，映透着1912年河南大学初创时期不凡的气度。曲径通幽，6号楼中西合璧，稳重典雅，常绿的侧柏、香樟等映射出河南大学博采众长的包容本色。绿树丛中，东西十二斋房如同琴键一般，在明伦校区南大门至大礼堂轴线两侧井然排列。顺着斋房望去，7号楼色彩明丽，高大醒目，既完美继承了中国传统的艺术风格，又巧妙结合了西洋建筑的浪漫元素，与常绿的"冬青"（冬青卫矛等）、俏丽的紫薇相映成趣。仰望大礼堂，可谓高山仰止，其设计之精美，构思之精巧，加上周围各式龙柏环绕，展现了百年河大学府的风华之茂。背靠大礼堂，极目南望，一座四柱三开间的牌楼式建筑映入眼帘，它就是河南大学明伦校区古朴典雅的南大门。"明德新民，止于至善"的校训镌刻在大门内侧的门楣之上，让师生时刻铭记于心，践之于行。校门内挺拔的北美圆柏，校门外四季茂盛的石楠，为古朴的大门增添了神圣的色彩。博雅路东侧花园及校东门城墙上的凌霄花，学五公寓后花园内的紫藤，西月路边的苦楝树，大礼堂西侧草地上的老皂荚树……无不成为我们永久的记忆。始种于清代河南贡院院内的两株圆柏，我们又称之为"贡院柏"，历经130余年，至今仍枝繁叶茂，郁郁葱葱，它们更是河南大学乃至中国教育发展史的鲜活见证。

校园植物代表了时间的沉淀，判断一个大学的水平，从其植物的多样性及保护便可见端倪。河南大学明伦校区建设历史悠久，除引种外来植物外，校园原生植物也得到了较好的保护，虽占地面积远远小于金明校区，但在物种的多样性与丰富度上却远远高于前者，其中有约30%的植物在金明校区没有分布。最终，通过认真调查和整理后，本图谱共收录了明伦校区野生及引种栽培植物100科300属490种（含种下单位），其中蕨类植物4科4属5种、裸子植物5科9属12种、被子植物91科286属473种。为了能使读者快速并深入了解校园植物，图谱中以精简的文字描述了植物的俗名、主要识别特征、应用价值、校园分布与植物文化，并配有1张整体照片与2~3张局部照片。同《河南大学金明校区植物图谱》一致，蕨类植物分类仍采用PPG I（Schuettpelz et al., 2016）系统，裸子植物分类采用GPG I（Yang et al., 2022）系统，被子植物分类采用APG IV系统（Chase et al., 2016）。物种中文名参考Chinese Field Herbarium（CFH），学名（拉丁文）参考CFH、Flora of China（FOC）和The Plant List（TPL）。同样，为便于读者查阅，图谱最后附有植物种类的学名索引和中文名（含俗名）索引。

本书的编写出版再次得到了河南大学生物学一流学科建设、河南省重大公益性科研专项（项目编号：201300110900），以及科技部国家科技基础条件平台国家标本资源共享平台2018~2019年专项课题（项目编号：2005DKA21400）的经费支持。感谢河南大学生命科学学院对本编写组的再次支持，并在图谱编写过程中给予了极大的关心和帮助。感谢河南大学出版社在本书封面设计、内容排版与校对中所付出的辛苦与劳动。

《河南大学金明校区植物图谱》的编写与出版使我们积累了丰富的经验，在编写的过程中，我们也始终抱着科学、严谨的态度。但即便如此，书中也难免存在错误和不妥之处，敬请广大读者批评指正。

董美芳 刘路贤 吴建伟
2024年4月于河南大学明伦校区

目录

壹 · 蕨类植物（Pteridophyta）

001. 节节草　木贼科 Equisetaceae …… 003
002. 犬问荆　木贼科 Equisetaceae …… 004
003. 井栏边草　凤尾蕨科 Pteridaceae …… 005
004. 贯众　鳞毛蕨科 Dryopteridaceae …… 006
005. 肾蕨　肾蕨科 Nephrolepidaceae …… 007

贰 · 裸子植物（Gymnospermae）

006. 苏铁　苏铁科 Cycadaceae …… 011
007. 银杏　银杏科 Ginkgoaceae …… 012
008. 罗汉松　罗汉松科 Podocarpaceae …… 013
009. 叉子圆柏　柏科 Cupressaceae …… 014
010. 圆柏　柏科 Cupressaceae …… 015
011. 龙柏　柏科 Cupressaceae …… 016
012. 北美圆柏　柏科 Cupressaceae …… 017
013. 水杉　柏科 Cupressaceae …… 018
014. 侧柏　柏科 Cupressaceae …… 019
015. 池杉　柏科 Cupressaceae …… 020
016. 雪松　松科 Pinaceae …… 021
017. 油松　松科 Pinaceae …… 022

叁 · 被子植物（Angiospermae）

018. 白睡莲　睡莲科 Nymphaeaceae …… 025
019. 马兜铃　马兜铃科 Aristolochiaceae …… 026
020. 荷花木兰　木兰科 Magnoliaceae …… 027
021. 二乔玉兰　木兰科 Magnoliaceae …… 028
022. 望春玉兰　木兰科 Magnoliaceae …… 029
023. 玉兰　木兰科 Magnoliaceae …… 030
024. 紫玉兰　木兰科 Magnoliaceae …… 031
025. 蜡梅　蜡梅科 Calycanthaceae …… 032
026. 兰屿肉桂　樟科 Lauraceae …… 033
027. 樟　樟科 Lauraceae …… 034
028. 广东万年青　天南星科 Araceae …… 035

029.	海芋　天南星科 Araceae	036
030.	半夏　天南星科 Araceae	037
031.	虎掌　天南星科 Araceae	038
032.	白鹤芋　天南星科 Araceae	039
033.	春羽　天南星科 Araceae	040
034.	雪铁芋　天南星科 Araceae	041
035.	郁金香　百合科 Liliaceae	042
036.	鸢尾　鸢尾科 Iridaceae	043
037.	萱草　阿福花科 Asphodelaceae	044
038.	韭　石蒜科 Amaryllidaceae	045
039.	薤白　石蒜科 Amaryllidaceae	046
040.	君子兰　石蒜科 Amaryllidaceae	047
041.	葱莲　石蒜科 Amaryllidaceae	048
042.	韭莲　石蒜科 Amaryllidaceae	049
043.	蜘蛛抱蛋　天门冬科 Asparagaceae	050
044.	吊兰　天门冬科 Asparagaceae	051
045.	虎尾兰　天门冬科 Asparagaceae	052
046.	麦冬　天门冬科 Asparagaceae	053
047.	山麦冬　天门冬科 Asparagaceae	054
048.	凤尾丝兰　天门冬科 Asparagaceae	055
049.	棕榈　棕榈科 Arecaceae	056
050.	饭包草　鸭跖草科 Commelinaceae	057
051.	鸭跖草　鸭跖草科 Commelinaceae	058
052.	紫竹梅　鸭跖草科 Commelinaceae	059
053.	芭蕉　芭蕉科 Musaceae	060
054.	大花美人蕉　美人蕉科 Cannaceae	061
055.	美人蕉　美人蕉科 Cannaceae	062
056.	水烛　香蒲科 Typhaceae	063
057.	扁秆荆三棱　莎草科 Cyperaceae	064
058.	白鳞莎草　莎草科 Cyperaceae	065
059.	异型莎草　莎草科 Cyperaceae	066
060.	具芒碎米莎草　莎草科 Cyperaceae	067
061.	碎米莎草　莎草科 Cyperaceae	068
062.	头状穗莎草　莎草科 Cyperaceae	069
063.	香附子　莎草科 Cyperaceae	070
064.	水葱　莎草科 Cyperaceae	071
065.	看麦娘　禾本科 Poaceae	072

066.	日本看麦娘	禾本科 Poaceae	073
067.	芦竹	禾本科 Poaceae	074
068.	野燕麦	禾本科 Poaceae	075
069.	茵草	禾本科 Poaceae	076
070.	扁穗雀麦	禾本科 Poaceae	077
071.	雀麦	禾本科 Poaceae	078
072.	假苇拂子茅	禾本科 Poaceae	079
073.	野青茅	禾本科 Poaceae	080
074.	狼尾草	禾本科 Poaceae	081
075.	狗牙根	禾本科 Poaceae	082
076.	马唐	禾本科 Poaceae	083
077.	纤毛马唐	禾本科 Poaceae	084
078.	毛马唐	禾本科 Poaceae	085
079.	光头稗	禾本科 Poaceae	086
080.	稗	禾本科 Poaceae	087
081.	无芒稗	禾本科 Poaceae	088
082.	西来稗	禾本科 Poaceae	089
083.	牛筋草	禾本科 Poaceae	090
084.	鹅观草	禾本科 Poaceae	091
085.	纤毛鹅观草	禾本科 Poaceae	092
086.	小画眉草	禾本科 Poaceae	093
087.	知风草	禾本科 Poaceae	094
088.	蓝羊茅	禾本科 Poaceae	095
089.	苇状羊茅	禾本科 Poaceae	096
090.	白茅	禾本科 Poaceae	097
091.	蚊子草	禾本科 Poaceae	098
092.	千金子	禾本科 Poaceae	099
093.	多花黑麦草	禾本科 Poaceae	100
094.	黑麦草	禾本科 Poaceae	101
095.	硬直黑麦草	禾本科 Poaceae	102
096.	粉黛乱子草	禾本科 Poaceae	103
097.	糠稷	禾本科 Poaceae	104
098.	双穗雀稗	禾本科 Poaceae	105
099.	芦苇	禾本科 Poaceae	106
100.	变竹	禾本科 Poaceae	107
101.	桂竹	禾本科 Poaceae	108
102.	金竹	禾本科 Poaceae	109

103.	水竹　禾本科 Poaceae	110
104.	紫竹　禾本科 Poaceae	111
105.	草地早熟禾　禾本科 Poaceae	112
106.	早熟禾　禾本科 Poaceae	113
107.	棒头草　禾本科 Poaceae	114
108.	长芒棒头草　禾本科 Poaceae	115
109.	碱茅　禾本科 Poaceae	116
110.	短穗竹　禾本科 Poaceae	117
111.	大狗尾草　禾本科 Poaceae	118
112.	狗尾草　禾本科 Poaceae	119
113.	巨大狗尾草　禾本科 Poaceae	120
114.	金色狗尾草　禾本科 Poaceae	121
115.	山羊草　禾本科 Poaceae	122
116.	小麦　禾本科 Poaceae	123
117.	玉蜀黍　禾本科 Poaceae	124
118.	细叶结缕草　禾本科 Poaceae	125
119.	中华结缕草　禾本科 Poaceae	126
120.	虞美人　罂粟科 Papaveraceae	127
121.	日本小檗　小檗科 Berberidaceae	128
122.	南天竹　小檗科 Berberidaceae	129
123.	花毛茛　毛茛科 Ranunculaceae	130
124.	茴茴蒜　毛茛科 Ranunculaceae	131
125.	石龙芮　毛茛科 Ranunculaceae	132
126.	二球悬铃木　悬铃木科 Platanaceae	133
127.	三球悬铃木　悬铃木科 Platanaceae	134
128.	一球悬铃木　悬铃木科 Platanaceae	135
129.	黄杨　黄杨科 Buxaceae	136
130.	雀舌黄杨　黄杨科 Buxaceae	137
131.	牡丹　芍药科 Paeoniaceae	138
132.	芍药　芍药科 Paeoniaceae	139
133.	杨梅叶蚊母树　金缕梅科 Hamamelidaceae	140
134.	燕子掌　景天科 Crassulaceae	141
135.	大叶落地生根　景天科 Crassulaceae	142
136.	长寿花　景天科 Crassulaceae	143
137.	八宝　景天科 Crassulaceae	144
138.	堪察加费菜　景天科 Crassulaceae	145
139.	垂盆草　景天科 Crassulaceae	146

140.	乌蔹莓　葡萄科 Vitaceae	147
141.	地锦　葡萄科 Vitaceae	148
142.	五叶地锦　葡萄科 Vitaceae	149
143.	葡萄　葡萄科 Vitaceae	150
144.	蒺藜　蒺藜科 Zygophyllaceae	151
145.	合欢　豆科 Fabaceae	152
146.	落花生　豆科 Fabaceae	153
147.	达乌里黄芪　豆科 Fabaceae	154
148.	红花锦鸡儿　豆科 Fabaceae	155
149.	紫荆　豆科 Fabaceae	156
150.	皂荚　豆科 Fabaceae	157
151.	大豆　豆科 Fabaceae	158
152.	野大豆　豆科 Fabaceae	159
153.	米口袋　豆科 Fabaceae	160
154.	扁豆　豆科 Fabaceae	161
155.	兴安胡枝子　豆科 Fabaceae	162
156.	苜蓿　豆科 Fabaceae	163
157.	小苜蓿　豆科 Fabaceae	164
158.	天蓝苜蓿　豆科 Fabaceae	165
159.	草木樨　豆科 Fabaceae	166
160.	刺槐　豆科 Fabaceae	167
161.	紫花洋槐　豆科 Fabaceae	168
162.	决明　豆科 Fabaceae	169
163.	槐　豆科 Fabaceae	170
164.	白车轴草　豆科 Fabaceae	171
165.	蚕豆　豆科 Fabaceae	172
166.	广布野豌豆　豆科 Fabaceae	173
167.	救荒野豌豆　豆科 Fabaceae	174
168.	窄叶野豌豆　豆科 Fabaceae	175
169.	四籽野豌豆　豆科 Fabaceae	176
170.	小巢菜　豆科 Fabaceae	177
171.	绿豆　豆科 Fabaceae	178
172.	豇豆　豆科 Fabaceae	179
173.	眉豆　豆科 Fabaceae	180
174.	长豇豆　豆科 Fabaceae	181
175.	多花紫藤　豆科 Fabaceae	182
176.	紫藤　豆科 Fabaceae	183

177. 木瓜海棠　蔷薇科 Rosaceae ……………………………………………	184
178. 贴梗海棠　蔷薇科 Rosaceae ……………………………………………	185
179. 枇杷　蔷薇科 Rosaceae …………………………………………………	186
180. 棣棠　蔷薇科 Rosaceae …………………………………………………	187
181. 北美海棠　蔷薇科 Rosaceae ……………………………………………	188
182. 垂丝海棠　蔷薇科 Rosaceae ……………………………………………	189
183. 湖北海棠　蔷薇科 Rosaceae ……………………………………………	190
184. 苹果　蔷薇科 Rosaceae …………………………………………………	191
185. 楸子　蔷薇科 Rosaceae …………………………………………………	192
186. 西府海棠　蔷薇科 Rosaceae ……………………………………………	193
187. 红叶石楠　蔷薇科 Rosaceae ……………………………………………	194
188. 石楠　蔷薇科 Rosaceae …………………………………………………	195
189. 朝天委陵菜　蔷薇科 Rosaceae …………………………………………	196
190. 蛇莓　蔷薇科 Rosaceae …………………………………………………	197
191. 大岛樱　蔷薇科 Rosaceae ………………………………………………	198
192. 东京樱花　蔷薇科 Rosaceae ……………………………………………	199
193. 日本晚樱　蔷薇科 Rosaceae ……………………………………………	200
194. 欧洲甜樱桃　蔷薇科 Rosaceae …………………………………………	201
195. 樱桃　蔷薇科 Rosaceae …………………………………………………	202
196. 桃　蔷薇科 Rosaceae ……………………………………………………	203
197. 榆叶梅　蔷薇科 Rosaceae ………………………………………………	204
198. 杏　蔷薇科 Rosaceae ……………………………………………………	205
199. 樱李梅　蔷薇科 Rosaceae ………………………………………………	206
200. 梅　蔷薇科 Rosaceae ……………………………………………………	207
201. 樱桃李　蔷薇科 Rosaceae ………………………………………………	208
202. 木瓜　蔷薇科 Rosaceae …………………………………………………	209
203. 火棘　蔷薇科 Rosaceae …………………………………………………	210
204. 白梨　蔷薇科 Rosaceae …………………………………………………	211
205. 豆梨　蔷薇科 Rosaceae …………………………………………………	212
206. 玫瑰　蔷薇科 Rosaceae …………………………………………………	213
207. 月季花　蔷薇科 Rosaceae ………………………………………………	214
208. 木香花　蔷薇科 Rosaceae ………………………………………………	215
209. 野蔷薇　蔷薇科 Rosaceae ………………………………………………	216
210. 绣球绣线菊　蔷薇科 Rosaceae …………………………………………	217
211. 酸枣　鼠李科 Rhamnaceae ………………………………………………	218
212. 榆树　榆科 Ulmaceae ……………………………………………………	219
213. 大叶榉树　榆科 Ulmaceae ………………………………………………	220

214.	大叶朴　大麻科 Cannabaceae	221
215.	黑弹树　大麻科 Cannabaceae	222
216.	朴树　大麻科 Cannabaceae	223
217.	紫弹树　大麻科 Cannabaceae	224
218.	葎草　大麻科 Cannabaceae	225
219.	构　桑科 Moraceae	226
220.	无花果　桑科 Moraceae	227
221.	印度榕　桑科 Moraceae	228
222.	桑　桑科 Moraceae	229
223.	胡桃　胡桃科 Juglandaceae	230
224.	枫杨　胡桃科 Juglandaceae	231
225.	冬瓜　葫芦科 Cucurbitaceae	232
226.	西瓜　葫芦科 Cucurbitaceae	233
227.	黄瓜　葫芦科 Cucurbitaceae	234
228.	马泡瓜　葫芦科 Cucurbitaceae	235
229.	南瓜　葫芦科 Cucurbitaceae	236
230.	小葫芦　葫芦科 Cucurbitaceae	237
231.	丝瓜　葫芦科 Cucurbitaceae	238
232.	苦瓜　葫芦科 Cucurbitaceae	239
233.	栝楼　葫芦科 Cucurbitaceae	240
234.	白杜　卫矛科 Celastraceae	241
235.	冬青卫矛　卫矛科 Celastraceae	242
236.	酢浆草　酢浆草科 Oxalidaceae	243
237.	直酢浆草　酢浆草科 Oxalidaceae	244
238.	关节酢浆草　酢浆草科 Oxalidaceae	245
239.	红花酢浆草　酢浆草科 Oxalidaceae	246
240.	紫花地丁　堇菜科 Violaceae	247
241.	戟叶堇菜　堇菜科 Violaceae	248
242.	早开堇菜　堇菜科 Violaceae	249
243.	加杨　杨柳科 Salicaceae	250
244.	毛白杨　杨柳科 Salicaceae	251
245.	垂柳　杨柳科 Salicaceae	252
246.	旱柳　杨柳科 Salicaceae	253
247.	铁苋菜　大戟科 Euphorbiaceae	254
248.	斑地锦　大戟科 Euphorbiaceae	255
249.	地锦草　大戟科 Euphorbiaceae	256
250.	小叶大戟　大戟科 Euphorbiaceae	257

251. 猩猩草 大戟科 Euphorbiaceae	258
252. 泽漆 大戟科 Euphorbiaceae	259
253. 蓖麻 大戟科 Euphorbiaceae	260
254. 乌桕 大戟科 Euphorbiaceae	261
255. 重阳木 叶下珠科 Phyllanthaceae	262
256. 野老鹳草 牻牛儿苗科 Geraniaceae	263
257. 多花水苋菜 千屈菜科 Lythraceae	264
258. 长叶水苋菜 千屈菜科 Lythraceae	265
259. 尾叶紫薇 千屈菜科 Lythraceae	266
260. 紫薇 千屈菜科 Lythraceae	267
261. 千屈菜 千屈菜科 Lythraceae	268
262. 石榴 千屈菜科 Lythraceae	269
263. 小花山桃草 柳叶菜科 Onagraceae	270
264. 飞蛾槭 无患子科 Sapindaceae	271
265. 金沙槭 无患子科 Sapindaceae	272
266. 三角槭 无患子科 Sapindaceae	273
267. 元宝槭 无患子科 Sapindaceae	274
268. 红花槭 无患子科 Sapindaceae	275
269. 鸡爪槭 无患子科 Sapindaceae	276
270. 复羽叶栾 无患子科 Sapindaceae	277
271. 花椒 芸香科 Rutaceae	278
272. 臭椿 苦木科 Simaroubaceae	279
273. 香椿 楝科 Meliaceae	280
274. 米仔兰 楝科 Meliaceae	281
275. 楝 楝科 Meliaceae	282
276. 苘麻 锦葵科 Malvaceae	283
277. 蜀葵 锦葵科 Malvaceae	284
278. 梧桐 锦葵科 Malvaceae	285
279. 木槿 锦葵科 Malvaceae	286
280. 野西瓜苗 锦葵科 Malvaceae	287
281. 朱槿 锦葵科 Malvaceae	288
282. 锦葵 锦葵科 Malvaceae	289
283. 圆叶锦葵 锦葵科 Malvaceae	290
284. 湖南黄花棯 锦葵科 Malvaceae	291
285. 芥菜 十字花科 Brassicaceae	292
286. 芸薹 十字花科 Brassicaceae	293
287. 青菜 十字花科 Brassicaceae	294

288.	荠　十字花科 Brassicaceae ……………………………………	295
289.	粗毛碎米荠　十字花科 Brassicaceae ………………………	296
290.	弯曲碎米荠　十字花科 Brassicaceae ………………………	297
291.	播娘蒿　十字花科 Brassicaceae ……………………………	298
292.	盐芥　十字花科 Brassicaceae ………………………………	299
293.	臭荠　十字花科 Brassicaceae ………………………………	300
294.	独行菜　十字花科 Brassicaceae ……………………………	301
295.	诸葛菜　十字花科 Brassicaceae ……………………………	302
296.	萝卜　十字花科 Brassicaceae ………………………………	303
297.	风花菜　十字花科 Brassicaceae ……………………………	304
298.	蔊菜　十字花科 Brassicaceae ………………………………	305
299.	沼生蔊菜　十字花科 Brassicaceae …………………………	306
300.	广州蔊菜　十字花科 Brassicaceae …………………………	307
301.	柽柳　柽柳科 Tamaricaceae …………………………………	308
302.	扛板归　蓼科 Polygonaceae …………………………………	309
303.	红蓼　蓼科 Polygonaceae ……………………………………	310
304.	酸模叶蓼　蓼科 Polygonaceae ………………………………	311
305.	绵毛酸模叶蓼　蓼科 Polygonaceae …………………………	312
306.	何首乌　蓼科 Polygonaceae …………………………………	313
307.	萹蓄　蓼科 Polygonaceae ……………………………………	314
308.	习见萹蓄　蓼科 Polygonaceae ………………………………	315
309.	虎杖　蓼科 Polygonaceae ……………………………………	316
310.	齿果酸模　蓼科 Polygonaceae ………………………………	317
311.	皱叶酸模　蓼科 Polygonaceae ………………………………	318
312.	无心菜　石竹科 Caryophyllaceae ……………………………	319
313.	簇生泉卷耳　石竹科 Caryophyllaceae ………………………	320
314.	常夏石竹　石竹科 Caryophyllaceae …………………………	321
315.	麦瓶草　石竹科 Caryophyllaceae ……………………………	322
316.	鹅肠菜　石竹科 Caryophyllaceae ……………………………	323
317.	繁缕　石竹科 Caryophyllaceae ………………………………	324
318.	鸡肠繁缕　石竹科 Caryophyllaceae …………………………	325
319.	牛膝　苋科 Amaranthaceae …………………………………	326
320.	空心莲子草　苋科 Amaranthaceae …………………………	327
321.	凹头苋　苋科 Amaranthaceae ………………………………	328
322.	皱果苋　苋科 Amaranthaceae ………………………………	329
323.	繁穗苋　苋科 Amaranthaceae ………………………………	330
324.	绿穗苋　苋科 Amaranthaceae ………………………………	331

325. 苋　苋科 Amaranthaceae	332
326. 地肤　苋科 Amaranthaceae	333
327. 青葙　苋科 Amaranthaceae	334
328. 尖头叶藜　苋科 Amaranthaceae	335
329. 藜　苋科 Amaranthaceae	336
330. 菱叶藜　苋科 Amaranthaceae	337
331. 小藜　苋科 Amaranthaceae	338
332. 东亚市藜　苋科 Amaranthaceae	339
333. 灰绿藜　苋科 Amaranthaceae	340
334. 菠菜　苋科 Amaranthaceae	341
335. 露花　番杏科 Aizoaceae	342
336. 垂序商陆　商陆科 Phytolaccaceae	343
337. 叶子花　紫茉莉科 Nyctaginaceae	344
338. 紫茉莉　紫茉莉科 Nyctaginaceae	345
339. 粟米草　粟米草科 Molluginaceae	346
340. 马齿苋树　刺戟木科 Didiereaceae	347
341. 落葵　落葵科 Basellaceae	348
342. 大花马齿苋　马齿苋科 Portulacaceae	349
343. 马齿苋　马齿苋科 Portulacaceae	350
344. 凤仙花　凤仙花科 Balsaminaceae	351
345. 君迁子　柿科 Ebenaceae	352
346. 柿　柿科 Ebenaceae	353
347. 泽珍珠菜　报春花科 Primulaceae	354
348. 杜鹃叶山茶　山茶科 Theaceae	355
349. 山茶　山茶科 Theaceae	356
350. 锦绣杜鹃　杜鹃花科 Ericaceae	357
351. 杜仲　杜仲科 Eucommiaceae	358
352. 青木　丝缨花科 Garryaceae	359
353. 拉拉藤　茜草科 Rubiaceae	360
354. 鸡屎藤　茜草科 Rubiaceae	361
355. 茜草　茜草科 Rubiaceae	362
356. 灰莉　龙胆科 Gentianaceae	363
357. 罗布麻　夹竹桃科 Apocynaceae	364
358. 鹅绒藤　夹竹桃科 Apocynaceae	365
359. 萝藦　夹竹桃科 Apocynaceae	366
360. 夹竹桃　夹竹桃科 Apocynaceae	367
361. 柔弱斑种草　紫草科 Boraginaceae	368

362.	鹤虱　紫草科 Boraginaceae	369
363.	附地菜　紫草科 Boraginaceae	370
364.	打碗花　旋花科 Convolvulaceae	371
365.	旋花　旋花科 Convolvulaceae	372
366.	欧旋花　旋花科 Convolvulaceae	373
367.	田旋花　旋花科 Convolvulaceae	374
368.	马蹄金　旋花科 Convolvulaceae	375
369.	番薯　旋花科 Convolvulaceae	376
370.	瘤梗番薯　旋花科 Convolvulaceae	377
371.	茑萝　旋花科 Convolvulaceae	378
372.	牵牛　旋花科 Convolvulaceae	379
373.	圆叶牵牛　旋花科 Convolvulaceae	380
374.	辣椒　茄科 Solanaceae	381
375.	曼陀罗　茄科 Solanaceae	382
376.	毛曼陀罗　茄科 Solanaceae	383
377.	枸杞　茄科 Solanaceae	384
378.	毛酸浆　茄科 Solanaceae	385
379.	小酸浆　茄科 Solanaceae	386
380.	白英　茄科 Solanaceae	387
381.	番茄　茄科 Solanaceae	388
382.	马铃薯　茄科 Solanaceae	389
383.	龙葵　茄科 Solanaceae	390
384.	少花龙葵　茄科 Solanaceae	391
385.	紫少花龙葵　茄科 Solanaceae	392
386.	毛龙葵　茄科 Solanaceae	393
387.	茄　茄科 Solanaceae	394
388.	珊瑚豆　茄科 Solanaceae	395
389.	金钟花　木樨科 Oleaceae	396
390.	连翘　木樨科 Oleaceae	397
391.	白蜡树　木樨科 Oleaceae	398
392.	美国红梣　木樨科 Oleaceae	399
393.	湖北梣　木樨科 Oleaceae	400
394.	茉莉花　木樨科 Oleaceae	401
395.	迎春花　木樨科 Oleaceae	402
396.	女贞　木樨科 Oleaceae	403
397.	金叶女贞　木樨科 Oleaceae	404
398.	日本女贞　木樨科 Oleaceae	405

399.	小蜡	木樨科 Oleaceae	406
400.	木樨	木樨科 Oleaceae	407
401.	紫丁香	木樨科 Oleaceae	408
402.	车前	车前科 Plantaginaceae	409
403.	大车前	车前科 Plantaginaceae	410
404.	平车前	车前科 Plantaginaceae	411
405.	阿拉伯婆婆纳	车前科 Plantaginaceae	412
406.	婆婆纳	车前科 Plantaginaceae	413
407.	水苦荬	车前科 Plantaginaceae	414
408.	蚊母草	车前科 Plantaginaceae	415
409.	直立婆婆纳	车前科 Plantaginaceae	416
410.	杂种凌霄	紫葳科 Bignoniaceae	417
411.	楸	紫葳科 Bignoniaceae	418
412.	梓	紫葳科 Bignoniaceae	419
413.	海南菜豆树	紫葳科 Bignoniaceae	420
414.	美女樱	马鞭草科 Verbenaceae	421
415.	细叶美女樱	马鞭草科 Verbenaceae	422
416.	邻近风轮菜	唇形科 Lamiaceae	423
417.	五彩苏	唇形科 Lamiaceae	424
418.	夏至草	唇形科 Lamiaceae	425
419.	宝盖草	唇形科 Lamiaceae	426
420.	薄荷	唇形科 Lamiaceae	427
421.	留兰香	唇形科 Lamiaceae	428
422.	皱叶留兰香	唇形科 Lamiaceae	429
423.	罗勒	唇形科 Lamiaceae	430
424.	疏柔毛罗勒	唇形科 Lamiaceae	431
425.	紫苏	唇形科 Lamiaceae	432
426.	荔枝草	唇形科 Lamiaceae	433
427.	林荫鼠尾草	唇形科 Lamiaceae	434
428.	通泉草	通泉草科 Mazaceae	435
429.	兰考泡桐	泡桐科 Paulowniaceae	436
430.	地黄	列当科 Orobanchaceae	437
431.	枸骨	冬青科 Aquifoliaceae	438
432.	半边莲	桔梗科 Campanulaceae	439
433.	艾	菊科 Asteraceae	440
434.	黄花蒿	菊科 Asteraceae	441
435.	青蒿	菊科 Asteraceae	442

436.	五月艾　菊科 Asteraceae ……	443
437.	野艾蒿　菊科 Asteraceae ……	444
438.	茵陈蒿　菊科 Asteraceae ……	445
439.	猪毛蒿　菊科 Asteraceae ……	446
440.	马兰　菊科 Asteraceae ……	447
441.	多型马兰　菊科 Asteraceae ……	448
442.	大狼耙草　菊科 Asteraceae ……	449
443.	金盏银盘　菊科 Asteraceae ……	450
444.	烟管头草　菊科 Asteraceae ……	451
445.	菊花　菊科 Asteraceae ……	452
446.	野菊　菊科 Asteraceae ……	453
447.	刺儿菜　菊科 Asteraceae ……	454
448.	大花金鸡菊　菊科 Asteraceae ……	455
449.	尖裂假还阳参　菊科 Asteraceae ……	456
450.	鳢肠　菊科 Asteraceae ……	457
451.	香丝草　菊科 Asteraceae ……	458
452.	小蓬草　菊科 Asteraceae ……	459
453.	一年蓬　菊科 Asteraceae ……	460
454.	菊芋　菊科 Asteraceae ……	461
455.	泥胡菜　菊科 Asteraceae ……	462
456.	旋覆花　菊科 Asteraceae ……	463
457.	中华苦荬菜　菊科 Asteraceae ……	464
458.	翅果菊　菊科 Asteraceae ……	465
459.	乳苣　菊科 Asteraceae ……	466
460.	生菜　菊科 Asteraceae ……	467
461.	莴笋　菊科 Asteraceae ……	468
462.	油麦菜　菊科 Asteraceae ……	469
463.	野莴苣　菊科 Asteraceae ……	470
464.	稻槎菜　菊科 Asteraceae ……	471
465.	鼠曲草　菊科 Asteraceae ……	472
466.	桃叶鸦葱　菊科 Asteraceae ……	473
467.	加拿大一枝黄花　菊科 Asteraceae ……	474
468.	长裂苦苣菜　菊科 Asteraceae ……	475
469.	苦苣菜　菊科 Asteraceae ……	476
470.	续断菊　菊科 Asteraceae ……	477
471.	钻叶紫菀　菊科 Asteraceae ……	478
472.	万寿菊　菊科 Asteraceae ……	479

473. 蒲公英　菊科 Asteraceae	480
474. 药用蒲公英　菊科 Asteraceae	481
475. 碱菀　菊科 Asteraceae	482
476. 北美苍耳　菊科 Asteraceae	483
477. 黄鹌菜　菊科 Asteraceae	484
478. 异叶黄鹌菜　菊科 Asteraceae	485
479. 接骨木　荚蒾科 Viburnaceae	486
480. 日本珊瑚树　荚蒾科 Viburnaceae	487
481. 锦带花　忍冬科 Caprifoliaceae	488
482. 海桐　海桐科 Pittosporaceae	489
483. 八角金盘　五加科 Araliaceae	490
484. 常春藤　五加科 Araliaceae	491
485. 白花鹅掌柴　五加科 Araliaceae	492
486. 南美天胡荽　五加科 Araliaceae	493
487. 蛇床　伞形科 Apiaceae	494
488. 芫荽　伞形科 Apiaceae	495
489. 水芹　伞形科 Apiaceae	496
490. 窃衣　伞形科 Apiaceae	497

| 附录 I　学名（拉丁文）索引 | 499 |
| 附录 II　中文名（含俗名）索引 | 508 |

壹

蕨类植物 Pteridophyta

木贼科 Equisetaceae
木贼属 *Equisetum* L.

俗名：节节木贼
花语：守护春天、希望永在

001
节节草
***Equisetum ramosissimum* Desf.**

物种特征： 中小型蕨类。根茎直立，横走或斜升。地上枝多年生；枝一型，高20~60厘米，绿色；主枝多在下部分枝，分枝2~5个或无，主枝中空，有脊5~14条，鞘齿5~12；侧枝圆柱状，有脊5~8条，鞘齿5~8。孢子囊穗短棒状或椭圆形，顶端有小尖突，无柄。

应用价值： 地上茎药用，有明目退翳、清风热、利小便的功能。

校园分布： 校园常见，艺术学院天井院东北角有大片生长。

壹·蕨类植物

002 犬问荆

Equisetum palustre L.

木贼科 Equisetaceae
木贼属 *Equisetum* L.
俗名：骨节草、节节草、沼泽木贼

物种特征：中小型蕨类。根茎直立或横走。地上枝当年枯萎；枝一型，高 20~50 厘米，绿色，下部 1~2 节间黑棕色，无光泽；主枝中上部轮生多个分枝，主枝圆柱形，内部被分隔成几个孔道，有脊和鞘齿各 4~7；侧枝圆柱或扁平状，有脊和鞘齿各 4~6。孢子囊穗椭圆形或圆柱状，顶端钝，成熟时柄伸长。

应用价值：可入药，用于风湿性关节炎、痛风、动脉粥样硬化、清热消炎及止血。

校园分布：十号楼（尚学楼）东侧园内东南角几株。

凤尾蕨科 Pteridaceae
凤尾蕨属 *Pteris* L.

俗名：八字草、凤尾蕨、鸡脚草
花语：萧索

003
井栏边草
Pteris multifida Poir.

物种特征：植株高 30~45 厘米。根状茎短而直立，先端被黑褐色鳞片。叶密而簇生，二型；不育叶柄较短，禾秆色或暗褐色，具禾秆色边，稍有光泽，光滑，叶片一回羽状，羽片通常 3 对，对生；能育叶柄较长，羽片 4~6（~10）对。孢子囊群线形，沿叶缘连续延伸，囊群盖为反卷的膜质叶缘形成。

应用价值：全草入药，味淡，性凉，能清热利湿、解毒、凉血、收敛、止血、止痢。

校园分布：艺术学院北楼北墙根处。

004 贯众
Cyrtomium fortunei J. Sm.

鳞毛蕨科 Dryopteridaceae
贯众属 *Cyrtomium* C. Presl
俗名： 山东贯众、宽羽贯众、多羽贯众

物种特征： 陆生直立蕨类。植株高 25~70 厘米。根茎粗短，直立或斜升，密被棕色鳞片。叶簇生，叶柄禾秆色；叶奇数一回羽状，两面光滑；侧生羽片 7~16 对，互生，多少上弯呈镰刀形；顶生羽片狭卵形；叶轴腹面有棕色鳞片。孢子囊群圆形，背生；囊群盖圆形，盾状，大而全缘。

应用价值： 根状茎药用，能驱虫解毒，治流感；并可作农药。

校园分布： 艺术学院北楼北墙根处。

肾蕨科 Nephrolepidaceae
肾蕨属 *Nephrolepis* Schott

俗名：石黄皮
花语：殷实的朋友

005
肾蕨
Nephrolepis cordifolia (L.) C. Presl

物种特征：附生或土生。根状茎直立，被蓬松鳞片；匍匐茎棕褐色，不分枝，疏被鳞片。叶簇生，柄长 6~11 厘米，暗褐色，略有光泽，密被淡棕色线形鳞片；叶片线状披针形或狭披针形，一回羽状，羽片多数，互生，常密集而呈覆瓦状排列。孢子囊群成 1 行位于主脉两侧，多为肾形；囊群盖肾形。

应用价值：普遍栽培的观赏蕨类；块茎富含淀粉，可食，亦可供药用。

校园分布：九号楼门口盆栽。

贰

裸子植物
Gymnospermae

苏铁科 Cycadaceae

苏铁属 *Cycas* L.

俗名：避火蕉、凤尾松、铁树

花语：坚贞不移

006
苏铁
Cycas revoluta Thunb.

物种特征：树干高约 2 米，干皮灰黑色，具宿存菱形叶痕。羽状叶生茎顶；羽状裂片极多数，条形，厚革质，向上斜展，微成"V"字形。小孢子叶球卵状圆柱形，顶生；大孢子叶密被淡黄色或淡灰黄色绒毛，边缘羽状分裂，胚珠 2~6 枚。种子红褐色或橘红色，密生绒毛，后脱落。校园未见大、小孢子叶球。

应用价值：观赏树种；茎内含淀粉，可供食用；种子可供食用和药用，有治痢疾、止咳和止血之效。

校园分布：训练馆西侧盆栽。

007 银杏

Ginkgo biloba L.

银杏科 Ginkgoaceae

银杏属 *Ginkgo* L.

俗名：鸭掌树、公孙树、白果

花语：坚韧与沉着、纯情之情、永恒的爱

物种特征：落叶乔木。树皮灰褐色，主枝轮生。叶在长枝上螺旋状散生，在短枝上簇生；叶片扇形。雌雄异株，稀同株。雄球花呈柔荑花序状；雌球花具长梗，梗端两叉，各生1珠座、1胚珠。种子近圆球形，外种皮肉质，中种皮骨质，内种皮膜质，胚乳丰富。花期3~4月，种子9~10月成熟。

应用价值：可供观赏；为优良木材；种仁为优良干果；叶、种子可药用。

校园分布：校园常见，如大礼堂与校南门之间（博雅路）北段、十号楼（尚学楼）东侧草地上、科技馆东南角。

008 罗汉松

罗汉松科 Podocarpaceae
罗汉松属 *Podocarpus* L'Hér. ex Pers.

Podocarpus macrophyllus (Thunb.) Sweet

俗名：土杉、罗汉杉、狭叶罗汉松
花语：长寿、守财、吉祥

贰·裸子植物

物种特征： 乔木，高达 20 米。树皮灰色或灰褐色，成薄片状脱落。枝开展或斜展，较密。叶螺旋状着生，条状披针形，中脉显著隆起。雄球花穗状，常 3~5 个簇生叶腋；雌球花单生叶腋，有梗。种子熟时肉质，有白粉；种托肉质，红色或紫红色。花期 4~5 月，种子 8~9 月成熟。

应用价值： 栽培于庭院作观赏树；材质细致均匀，可作器具、文具及农具等用。

校园分布： 河南留学欧美预备学校校门东西两侧。

009 叉子圆柏
Juniperus sabina L.

柏科 Cupressaceae
刺柏属 *Juniperus* L.
俗名：沙地柏、臭柏、爬柏
花语：永葆青春

物种特征：匍匐灌木，高不及1米。枝密，斜上伸展；枝皮灰褐色，裂成薄片脱落。叶二型，刺叶常生于幼树上，对生或兼有三叶轮生；鳞叶对生。雌雄异株，稀同株；雄球花椭圆形或矩圆形；雌球花曲垂或初期直立而随后俯垂。球果熟时褐色至紫蓝色或黑色，被白粉。

应用价值：耐旱性强，可作水土保持及固沙造林树种。

校园分布：学十四楼与琴房楼之间园中。

010 圆柏

Juniperus chinensis L.

柏科 Cupressaceae

刺柏属 *Juniperus* L.

俗名：珍珠柏、红心柏、桧柏

花语：高贵

物种特征： 常绿乔木。树皮深灰色，成纵向条片开裂。幼树成尖塔形树冠，老则下部大枝平展，形成广圆形树冠。叶二型，幼树多生刺叶，老龄树全为鳞叶，壮龄树兼有刺叶与鳞叶。雌雄异株，稀同株；雄球花黄色，椭圆形。球果近圆球形，熟时暗褐色，种子1~4。花期4月，翌年11月果熟。（图a、b、c）校园可见其一品种"金叶桧"*J. chinensis* 'Aurea'。（图d）

应用价值： 为普遍栽培的庭园树种；可作房屋建筑、家具及工艺品等用材；枝叶可入药；种子可提润滑油。

校园分布： 校园常见，如河南留学欧美预备学校校门前、小礼堂南侧、大礼堂门西侧（单株）。

011
龙柏
Juniperus chinensis 'Kaizuka'

柏科 Cupressaceae
刺柏属 *Juniperus* L.
俗名：匍地龙柏
花语：名誉

物种特征： 圆柏的一品种。因栽培方式不同，其株形差异极大。枝条向上直展，常有扭转上升之势。鳞叶排列紧密，幼嫩时淡黄绿色，易于识别。

应用价值： 树姿优美，多用作景观树。

校园分布： 校园常见，如大礼堂与校南门之间（博雅路）人行道外侧、大学外语教学部南侧（文荫路）。

柏科 Cupressaceae

刺柏属 *Juniperus* L.

俗名：铅笔柏

012

北美圆柏

Juniperus virginiana L.

物种特征： 乔木。树皮红褐色，长条片状脱落。枝条直立或外展，树冠柱状圆锥形或圆锥形。叶对生；鳞叶排列较疏，菱状卵形；刺叶见于幼树或大树上。雌雄球花常异株。球果当年成熟，近圆球形或卵圆形，蓝绿色，被白粉。种子1~2。

应用价值： 可选作造林树种和园林树种。

校园分布： 校园常见，如文学院西门对面一列、贡院路行道树。

013 水杉

Metasequoia glyptostroboides Hu & W. C. Cheng

柏科 Cupressaceae

水杉属 *Metasequoia* Hu & W. C. Cheng

俗名：梳子杉、水松、水桫

花语：积极向上

物种特征：乔木。树干基部常膨大；树皮纵条片状脱落。枝斜展，叶条形，在侧生小枝上呈假二列，羽状，冬季与枝一同脱落。雌雄同株；雄球花在枝条顶部排成总状或圆锥状；雌球花单生于小枝顶端。球果下垂，熟时深褐色；种鳞木质，盾形。种子扁平，周围具翅。花期 4~5 月，球果 10~11 月成熟。

应用价值：树姿优美，为著名的庭园树种；供建筑及木纤维工业原料等用。

校园分布：图书馆西侧几株，艺术学院西南角几株。

柏科 Cupressaceae

侧柏属 *Platycladus* Spach

俗名：香树、扁桧、香柏、黄柏

花语：根源

014 侧柏

***Platycladus orientalis* (L.) Franco**

物种特征： 乔木，高达20余米。树皮薄，纵裂成条片。叶鳞形，先端微钝。雌雄同株；雄球花黄色，卵圆形；雌球花近球形，蓝绿色，被白粉。球果成熟前近肉质，蓝绿色，成熟后木质，开裂，红褐色；中部种鳞鳞背尖头外弯，顶端种鳞尖头向上。种子多无翅。花期3~4月，球果10月成熟。（图a、b、c）校园另可见一品种"金黄球柏" *P. orientalis* 'Semperaurescens'。（图d）

应用价值： 常栽培作庭园树；可供建筑、器具、家具、农具及文具等用材；种子与生鳞叶的小枝可入药。

校园分布： 校园常见，如大礼堂与校南门之间（博雅路）南段、琢玉路南段行道树。

015 池杉

Taxodium distichum (L.) Rich
var. *imbricarium* (Nutt.) Croom

柏科 Cupressaceae

落羽杉属 *Taxodium* Rich.

俗名：沼落羽松、池柏、沼杉

花语：坚韧不拔，刚正不阿

物种特征： 落叶乔木。树干基部膨大，常有呼吸根；树皮褐色，纵裂，成长条片脱落；树冠较窄，呈尖塔形。当年生小枝细长，常微弯垂。叶钻形，微内曲，在枝上部伸展，下部贴近小枝。雌雄同株。球果有短梗，熟时褐黄色；种鳞木质。种子不规则三角形。花期3~4月，球果10月成熟。

应用价值： 低湿地的造林树种或作庭园树；耐腐力强，用于建筑、家具、造船等。

校园分布： 图书馆西侧多株。

松科 Pinaceae

雪松属 *Cedrus* Trew

俗名：塔松、香柏、喜马拉雅雪松

花语：高尚纯洁

016 雪松

Cedrus deodara (Roxb.) G. Don

物种特征： 乔木。树皮深灰色，裂成不规则的鳞状块片。枝平展，树冠宽塔形。叶针形，短，在短枝上簇生，长枝上单生。球花单性，雌雄同株，直立，单生短枝顶端。球果大，成熟前淡绿色，微有白粉，熟时红褐色。种子近三角状，种翅宽大，较种子长。花期10~11月，球果翌年10月成熟。

应用价值： 树形美观，为普遍栽培的庭园树；可作建筑、桥梁、造船、家具及器具等用。

校园分布： 河南留学欧美预备学校校门南侧、综合办公楼（南楼）南门口、七号楼门口。

017 油松
Pinus tabuliformis Carrière

松科 Pinaceae
松属 *Pinus* L.

俗名：巨果油松、红皮松、短叶松
花语：坚强、刚毅

物种特征：常绿乔木。树皮灰褐色或褐灰色，裂成不规则较厚的鳞状块片。枝平展或向下斜展，老树冠近平顶状。针叶2针一束，深绿色，粗硬。雄球花圆柱形，聚生于新枝下部。球果卵形或圆卵形，鳞盾肥厚，横脊显著，鳞脐凸起有尖刺。花期4~5月，球果翌年10月成熟。

应用价值：可供建筑、电杆、矿柱、造船、器具、家具及木纤维工业等用材；树干可割取树脂，提取松节油；树皮可提取栲胶；松节、松针、花粉均供药用。

校园分布：校东门内南北两侧草地上、中心食堂后铁塔公园南门口。

叁 被子植物 Angiospermae

睡莲科 Nymphaeaceae

睡莲属 *Nymphaea* L.

俗名：睡莲

花语：洁净、纯真、妖艳

018
白睡莲
Nymphaea alba L.

物种特征：多年生水生草本。根状茎匍匐。叶近圆形，基部具深弯缺，裂片尖锐，近平行或开展；叶柄长达50厘米。花直径10~20厘米，芳香；花梗和叶柄近等长；萼片脱落或花期后腐烂；花瓣20~25，白色；柱头具14~20辐射线，扁平。花期6~8月，果期8~10月。

应用价值：花供观赏；根状茎可食。

校园分布：大礼堂与校南门之间（博雅路）中段东侧园内池塘中。

019 马兜铃

Aristolochia debilis Siebold & Zucc.

马兜铃科 Aristolochiaceae

马兜铃属 *Aristolochia* L.

俗名： 独行根、天仙藤、蛇参果

花语： 只要健康地成长，你的美迟早会被发现的

物种特征： 草质藤本。根圆柱形，外皮黄褐色。茎柔弱，有腐肉味。叶卵状三角形、长圆状卵形或戟形，叶柄柔弱。花单生或2朵聚生于叶腋；花被基部膨大呈球形，向上收狭成一长管，管口扩大呈漏斗状，黄绿色，口部有紫斑，内面有毛；合蕊柱顶端6裂。蒴果。花期7~8月，果期9~10月。

应用价值： 药用，有清热降气、止咳平喘之效。

校园分布： 艺术学院门口北侧偶见几株。

020 荷花木兰

Magnolia grandiflora L.

木兰科 Magnoliaceae

北美木兰属 *Magnolia* Plum. ex L.

俗名：广玉兰、洋玉兰、荷花玉兰

花语：美丽、高洁、芬芳、纯洁

物种特征：常绿乔木。小枝粗壮，小枝、芽、叶下面、叶柄均密被褐色或灰褐色短绒毛。叶厚革质，叶面深绿色，有光泽。花被片9~12，厚肉质，白色，芳香；雄蕊花丝扁平，紫色；雌蕊群密被长绒毛，花柱呈卷曲状。聚合果密被褐色或淡灰黄色绒毛。种子外种皮红色。花期5~6月，果期9~10月。

应用价值：美丽的庭园绿化观赏树种；花可提取芳香油；叶入药治高血压。

校园分布：综合办公楼（南楼）东侧、外语学院南楼南侧、逸夫图书馆东南角等处散生。

021 二乔玉兰

Yulania soulangeana (Soul.-Bod.) D. L. Fu

木兰科 Magnoliaceae
玉兰属 *Yulania* Spach

俗名：二乔木兰
花语：芳香情思、俊朗仪态

物种特征： 落叶小乔木，高 6~10 米。叶纸质，倒卵形，先端短急尖，2/3 以下渐狭成楔形。花先叶开放；花被片 6~9，外面浅红至深红色，内面色淡，外轮 3 片约为内轮长的 2/3。聚合果长约 8 厘米；蓇葖熟时黑色，具白色皮孔。花期 2~3 月，果期 9~10 月。本种以"外轮 3 片花被片约为内轮长的 2/3"易与本属其他种相区别。

应用价值： 著名的观赏树木，常见于国内外园艺栽培。

校园分布： 校园常见，如大礼堂与校南门之间（博雅路）中段东侧园中成片栽植，小礼堂西侧多株。

022 望春玉兰

木兰科 Magnoliaceae

玉兰属 *Yulania* Spach

俗名：辛夷

花语：纯真自然的爱、忠贞不渝的爱情

***Yulania biondii* (Pamp.) D. L. Fu**

物种特征：落叶乔木。树皮淡灰色，光滑。小枝细长，顶芽密被展开的长柔毛。叶椭圆状（或卵状）披针形。花先叶开放，芳香；花被9片，外轮3片紫红色，萼片状，早落，另两轮白色，外面基部常紫红色，花瓣状。蓇葖果浅褐色，侧扁，具凸起瘤点。外种皮鲜红色。花期3月，果熟期9月。与紫玉兰的主要区别在于，后者内两轮花被片较宽，外面整体紫色或紫红色，内面带白色。

应用价值：优良的庭园绿化树种；花提取物作香精；本种花蕾入药，是中药"辛夷"的正品，对于风寒感冒引起的鼻塞不通、流鼻涕、风寒头痛效果很好。

校园分布：校园少见，大礼堂与校南门之间（博雅路）中段东侧园中1株，综合办公楼（南楼）南门西侧1株。

023 玉兰

Yulania denudata (Desr.) D. L. Fu

木兰科 Magnoliaceae
玉兰属 *Yulania* Spach

俗名：白玉兰、望春花、迎春花
花语：报恩

物种特征： 落叶乔木。树皮深灰色，粗糙开裂。小枝灰褐色，冬芽及花梗密被淡灰黄色长绢毛，叶倒卵形。花先叶开放，直立，芳香；花被片9片，近等长，白色，外面基部稍带粉红色，长圆状倒卵形。菁葖果厚木质，褐色，具白色皮孔。种子心形，侧扁，外种皮红色。花期2~3月（有时7~9月二次开花），果期8~9月。十号楼（尚学楼）东侧可见其另一品种"飞黄玉兰" *Y. denudata* 'Fei Huang'，花盛开时黄色至淡黄色易于识别（未加图片）。

应用价值： 著名的庭园观赏树种；花蕾入药与"辛夷"同效；花可食用或制香精和浸膏等；种子榨油供工业用。

校园分布： 校园少见，大礼堂与校南门之间（博雅路）中段东侧园中1株，小礼堂西侧1株。

木兰科 Magnoliaceae

玉兰属 *Yulania* Spach

俗名：木笔、辛夷、狭萼辛夷

花语：纯真自然的爱

024

紫玉兰

***Yulania liliiflora* (Desr.) D. L. Fu**

物种特征： 落叶小乔木或灌木，高达 3 米。树皮灰褐色，小枝绿紫色或淡褐紫色。花叶同开，花瓶形，直立于粗壮的花梗上；花被片 9~12，外轮 3 片萼片状，紫绿色，常早落，内两轮花瓣状，外面紫色或紫红色，内面带白色。成熟蓇葖果顶端具短喙。花期 3~4 月，夏季也可见，果期 8~9 月。与望春玉兰的主要区别在于，后者内两轮花被片近匙形，白色，外面基部常紫红色。

应用价值： 花色艳丽，可供观赏；树皮、叶、花蕾均可入药。

校园分布： 校园少见，如大礼堂与校南门之间（博雅路）北段东侧园中几株，校南门东围墙内 2 株。

025 蜡梅

Chimonanthus praecox (L.) Link

蜡梅科 Calycanthaceae

蜡梅属 *Chimonanthus* Lindl.

俗名： 腊梅、黄梅花、卷瓣蜡梅

花语： 高风亮节、傲气凌人、澄澈的心、浩然正气、独立创新

物种特征： 落叶灌木，高达 4 米。叶纸质至近革质，叶面粗糙。花生于二年生枝，先花后叶，芳香；花被片蜡黄色，15~21 枚；雄蕊 5~7 枚，花药向内弯；心皮基部被疏硬毛。果托坛状或倒卵状椭圆形，口部收缩，被毛。花期 11 月至翌年 3 月，果期 4~11 月。

应用价值： 园林绿化、香化植物；根、叶可药用，有理气止痛、散寒解毒等功效；花解暑生津；花蕾油治烫伤。

校园分布： 综合教学楼（荟学楼）东侧园中成片栽植。

樟科 Lauraceae

桂属 *Cinnamomum* Schaeff.

俗名：平安树、肉桂

花语：祈求平安、阖家幸福、万事如意

026

兰屿肉桂

Cinnamomum kotoense
Kaneh. & Sasaki

物种特征：常绿乔木，高约15米。叶对生或近对生，卵圆形至长圆状卵圆形，革质，光亮，无毛，具离基三出脉，侧脉自叶基约1厘米处生出，近叶片3/4处渐消失或不明显网结。花果未见。

应用价值：常用于盆栽、园林绿化。

校园分布：五号楼门口盆栽。

叁·被子植物

027 樟
Camphora officinarum Nees

樟科 Lauraceae
樟属 *Camphora* Fabr.
俗名：香樟、乌樟、油樟、樟木
花语：顽强的生命

物种特征：常绿大乔木，高可达 30 米。树冠广卵形；枝、叶及木材均有樟脑气味；树皮黄褐色，不规则纵裂；幼枝绿色。叶互生，卵状椭圆形，离基三出脉。圆锥花序腋生；花绿白或带黄色；雄蕊 4 轮，最内轮不育。果卵球形或近球形，紫黑色，果托杯状。花期 4~5 月，果期 8~11 月。

应用价值：木材及根、枝、叶可提取樟脑、樟油供医药及香料工业用；木材又为造船、橱箱和建筑等用材。

校园分布：河南留学欧美预备学校校门北侧成片栽植，九号楼南头成片栽植。

天南星科 Araceae

广东万年青属 *Aglaonema* Schott

俗名：大叶万年青

花语：健康、长寿

028

广东万年青

Aglaonema modestum **Schott ex Engl.**

叁·被子植物

物种特征：多年生常绿草本，高 40~70 厘米。下部鳞叶草质，披针形，长渐尖，基部扩大抱茎。上部叶柄长可达 20 厘米，1/2 以上具鞘；叶片深绿，卵形或卵状披针形，先端渐尖，基部钝或宽楔形，表面常下凹，背面隆起。花果未见。

应用价值：全株均可入药。

校园分布：五号楼门口盆栽。

029 海芋

Alocasia odora (Roxb.) K. Koch

天南星科 Araceae

海芋属 *Alocasia* (Schott) G. Don

俗名：滴水观音、野山芋、广东狼毒

花语：纯洁、幸福、清秀、纯净的爱

物种特征：大型常绿草本。具匍匐根茎及直立的地上茎。叶多数，柄长，粗厚，基部扩展成鞘；叶片箭状卵形。花序柄2~3枚丛生；佛焰苞檐部舟状，先端喙状；肉穗花序芳香；雌花序白色，不育雄花序绿白色，能育雄花序淡黄色；附属器淡绿色至乳黄色。花期四季。

应用价值：根茎供药用，对腹痛、霍乱、疝气等有良效；根茎富含淀粉，可作工业上代用品，但不能食用。

校园分布：五号楼门口盆栽，学一公寓东头盆栽。

030 半夏

天南星科 Araceae
半夏属 *Pinellia* Ten.

Pinellia ternata (Thunb.) Ten. ex Breitenb

俗名：三角草、土半夏、小天南星
花语：敢爱敢恨、爱恨交织

物种特征：多年生草本。块茎圆球形，具须根。叶 2~5 枚，有时 1 枚；叶柄长，基部具鞘，常有珠芽；幼叶不裂，老株叶 3 全裂。肉穗花序；佛焰苞管部狭圆柱形，檐部长圆形；雌花序在下，雄花序在上；附属器绿色或青紫色，多直立，细长。浆果卵圆形，黄绿色。花期 5~7 月，果 8 月成熟。

应用价值：块茎入药，有毒，能燥湿化痰、降逆止呕，生用消疖肿。

校园分布：校园多见，如综合教学楼（荟学楼）东侧园中东北角处有成片生长。

031 虎掌
Pinellia pedatisecta Schott

天南星科 Araceae
半夏属 *Pinellia* Ten.

俗名：掌叶半夏、独败家子、天南星
花语：勇气、力量、独立

物种特征：草本。块茎近圆球形，四旁常生小球茎。须根密集，肉质。叶片鸟足状分裂，裂片6~11。肉穗花序，柄长，直立；佛焰苞管部长圆形，向下渐收缩，檐部长披针形，锐尖；雌花序在下，雄花序在上；附属器黄绿色，细线形。浆果藏于宿存的佛焰苞内。花期6~7月，果9~11月成熟。

应用价值：块茎供药用，在我国医药学中有悠久的历史。

校园分布：校园多见，如外教专家楼东侧围墙内外有大片生长。

天南星科 Araceae

白鹤芋属 *Spathiphyllum* Schott

俗名：白掌、和平芋、苞叶芋

花语：事业有成、一帆风顺

032 白鹤芋

Spathiphyllum lanceifolium (Jacq.) Schott

物种特征：多年生草本，株高30~40厘米。具短根茎，多为丛生状。叶基生，深绿色，长圆形或近披针形；叶脉明显；叶柄长，深绿色，基部呈鞘状。花葶直立，高出叶丛；花小，白色，肉穗花序，圆柱状，乳黄色；佛焰花序，直立向上，微香，苞片呈叶状，白色或微绿色。花期5~8月。

应用价值：具有观赏价值，可净化空气；球茎可药用。

校园分布：五号楼门口盆栽。

033 春羽

Thaumatophyllum bipinnatifidum
(Schott ex Endl.) Sakur., Calazans & Mayo

天南星科 Araceae
鹅掌芋属 *Thaumatophyllum* Schott

俗名：春芋、喜林芋、蔓绿绒
花语：友谊

物种特征：多年生常绿草本，株高80~100厘米。茎粗壮直立，有明显叶痕及电线状气根。叶柄长，叶片浓绿色，卵状心脏形，羽状深裂，革质。花单性，肉穗花序稍短于佛焰苞；佛焰苞乳白色。种子外皮红色。花期4~6月。

应用价值：叶形奇特，四季常绿，可作盆栽以观赏。

校园分布：九号楼门口盆栽。

034 雪铁芋

Zamioculcas zamiifolia Engl.

天南星科 Araceae
雪铁芋属 *Zamioculcas* Schott
俗名：金钱树、龙凤木、泽米芋
花语：招财进宝、荣华富贵

物种特征：多年生常绿草本，株高 30~50 厘米。羽状复叶自块茎顶端抽生；总叶柄上常有暗紫色斑块；小叶在叶轴上呈对生或近对生，厚革质，先端急尖，有光泽。佛焰苞绿色，反卷；肉穗花序黄白色。花期冬春。
应用价值：著名的盆栽观叶植物，偶用于园林。
校园分布：五号楼门口盆栽。

035 郁金香
Tulipa gesneriana L.

百合科 Liliaceae

郁金香属 *Tulipa* L.

俗名：草麝香、旱荷花、洋荷花、洋水仙

花语：博爱、体贴、高雅、富贵、能干、聪颖、善良

物种特征：草本。鳞茎卵形，横茎约2厘米，鳞茎皮纸质。叶3~5枚。花单朵顶生，大而艳丽；花被片红色或杂有白色和黄色，有时为白色或黄色，外轮披针形或椭圆形，内轮稍短，倒卵形；6枚雄蕊等长；无花柱，柱头增大呈鸡冠状。花期4~5月。

应用价值：我国引种栽培供观赏；鳞茎为镇静药。

校园分布：学一公寓东头盆栽。

鸢尾科 Iridaceae

鸢尾属 *Iris* L.

俗名：老鸹蒜、扁竹花、蓝蝴蝶

花语：长久思念

036

鸢尾

***Iris tectorum* Maxim.**

物种特征： 多年生草本。根状茎粗壮，二歧分枝，斜伸；须根较细而短。叶基生，宽剑形，基部鞘状。花茎光滑，顶部常有1~2个短侧枝；每枝顶1~2朵花；花蓝紫色；外花被裂片中脉上具鸡冠状附属物；花柱3个，扁平，淡蓝色。蒴果长椭圆形或倒卵形，种子黑褐色。花期4~5月，果期6~8月。

应用价值： 常栽培供观赏；根状茎治关节炎、跌打损伤、食积、肝炎等症；对氟化物敏感，可用以监测环境污染。

校园分布： 文荫路东段武术学院门口地被植物。

037 萱草

Hemerocallis fulva (L.) L.

阿福花科 Asphodelaceae

萱草属 *Hemerocallis* L.

俗名： 摺叶萱草、黄花菜

花语： 遗忘的爱、隐藏起来的心情

物种特征： 多年生草本。根近肉质，中下部纺锤状膨大。叶条形。花葶粗壮；圆锥花序，具花 6~12 朵或更多；花朝开晚谢，无香味，橘红色至橘黄色，内轮花被裂片下部一般有倒 "V" 形彩斑。蒴果长圆形。花果期为 5~7 月。

应用价值： 根可入药，清热利尿，凉血止血，用于治疗腮腺炎、黄疸、膀胱炎、尿血、小便不利、乳汁缺乏、月经不调、衄血等。

校园分布： 学四公寓西北角有小片生长。

石蒜科 Amaryllidaceae

葱属 *Allium* L.

俗名：韭菜、久菜、壮阳草

花语：朴素、芬芳、淡远、悠长

038 韭

Allium tuberosum Rottler ex Spreng.

物种特征：多年生草本，具倾斜的横生根状茎。鳞茎簇生，近圆柱状；外皮破裂成纤维状。叶肉质，条形，扁平，实心，短于花葶。花葶圆柱状，常具2纵棱；总苞宿存；伞形花序；花白色；内轮花被片与外轮形状不同；子房倒圆锥状球形，具3圆棱。花果期7~9月。

应用价值：叶、花葶和花均作蔬菜食用；种子入药。

校园分布：校园几处小菜园中栽植。

039 薤白
Allium macrostemon Bunge

石蒜科 Amaryllidaceae
葱属 *Allium* L.
俗名：小根蒜、藠头、独头蒜
花语：美好

物种特征：草本。鳞茎单生，近球状，基部常具小鳞茎；鳞茎外皮带黑色。叶3~5枚，中空，上面具沟槽，短于花葶。花葶圆柱状，高30~70厘米；伞形花序；小花梗近等长；花淡紫色或淡红色；子房近球状；花柱伸出花被外；有的花序中有暗紫色珠芽。果实3瓣裂，种子黑色。花果期5~7月。

应用价值：鳞茎作药用，也可作蔬菜食用。

校园分布：校园几处小片生长，如十号楼（尚学楼）东侧园中草地上、铁塔湖南侧三观园中尾叶紫薇树下等处。

040 君子兰

石蒜科 Amaryllidaceae

君子兰属 *Clivia* Lindl.

Clivia miniata (Lindl.) Bosse

俗名：大花君子兰、和尚君子兰

花语：君子谦谦、温和有礼

物种特征：多年生草本。茎基部宿存的叶基呈鳞茎状。基生叶质厚，深绿色，具光泽，宽带状。花茎粗壮；伞形花序有花 10~20 朵或更多；花直立向上，花被宽漏斗形，鲜红色，内面略带黄色；花柱长，稍伸出花被外。浆果。花期为春夏季，有时冬季也可开花。

应用价值：常盆栽供观赏。

校园分布：盆栽，国际交流处门口及五号楼门口各 1 株。

041 葱莲

Zephyranthes candida (Lindl.) Herb.

石蒜科 Amaryllidaceae
葱莲属 *Zephyranthes* Herb.
俗名： 葱兰、玉帘、白花菖蒲莲
花语： 初恋、纯洁的爱

物种特征： 多年生草本。鳞茎卵形。叶狭线形，肥厚，亮绿色。花茎中空；单花顶生，下有褐红色佛焰苞；花白色；几无花被管；花被片6，顶端钝或具短尖头；雄蕊长约为花被的1/2；花柱细长，柱头浅3裂。蒴果近球形，3瓣开裂。种子黑色，扁平。花期秋季。

应用价值： 我国引种栽培供观赏，常用作地被。

校园分布： 校园常见，如十号楼（尚学楼）东侧园中、中心食堂北侧。

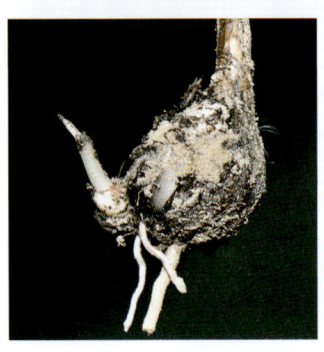

石蒜科 Amaryllidaceae

葱莲属 *Zephyranthes* Herb.

俗名： 红花葱兰、韭菜兰、风雨花

花语： 君子谦谦、温和有礼

042

韭莲

Zephyranthes carinata Herb.

物种特征： 多年生草本。鳞茎卵球形。叶线形，扁平。单花顶生，下有淡紫红色佛焰苞；花玫瑰红色或粉红色；花被管长 1~2.5 厘米，花被裂片 6，顶端略尖；雄蕊长约为花被的 2/3~4/5；花柱细长，柱头深 3 裂。蒴果近球形。种子黑色。花期夏秋。

应用价值： 我国引种栽培供观赏。

校园分布： 五号楼门口盆栽。

043 蜘蛛抱蛋

Aspidistra elatior Blume

天门冬科 Asparagaceae

蜘蛛抱蛋属 *Aspidistra* Ker Gawl.

俗名： 一叶兰

花语： 天长地久、独一无二、意志坚强

物种特征： 多年生常绿草本。根状茎近圆柱形，具节和鳞片。叶单生，长 22~46 厘米，矩圆状披针形、披针形至近椭圆形，边缘多少皱波状，两面绿色，偶有黄白色斑点或条纹；叶柄明显，粗壮，长 5~35 厘米。未见花果。

应用价值： 我国各地公园多有栽培，或盆栽观叶。

校园分布： 五号楼门口盆栽。

044 吊兰

天门冬科 Asparagaceae

吊兰属 *Chlorophytum* Ker Gawl.

俗名：钓兰、挂兰、垂盆吊兰

花语：无奈而又给人希望

Chlorophytum comosum (Thunb.) Jacques

物种特征：草本。根稍肥厚，根状茎短。叶剑形，绿色或有黄色条纹。花葶比叶长，常变为匍枝，具叶簇或幼小植株；花白色，常2~4朵簇生，排成疏散总状花序或圆锥花序；花梗具关节；花被片白色，3脉；花药开裂后常卷曲。蒴果三棱状扁球形。花期5月，果期8月。

应用价值：各地广泛栽培，供观赏；广州民间取全草煎服，治声音嘶哑。

校园分布：五号楼门口及九号楼门口盆栽。

叁·被子植物

045 虎尾兰
Sansevieria trifasciata Prain

天门冬科 Asparagaceae
虎尾兰属 *Sansevieria* Thunb.
俗名：虎皮兰
花语：坚定、刚毅

物种特征：草本。根状茎横走。叶基生，直立，硬革质，扁平，长条状披针形，有白绿色和深绿色相间的横带斑纹。花葶高30~80厘米；花淡绿色或白色，每3~8朵簇生，排成总状花序；花梗中部具关节；花被管与裂片近等长。浆果。花期11~12月。图a中显示其另一品种"金边虎尾兰" *D. trifasciata* 'Laurentii'，以其叶有金黄色边缘而易于识别。

应用价值：我国各地有栽培，供观赏；叶纤维强韧，可供编织用。
校园分布：五号楼门口盆栽。

天门冬科 Asparagaceae

沿阶草属 *Ophiopogon* Ker Gawl.

俗名：沿阶草、麦门冬、书带草

花语：无畏、不求回报

046 麦冬

Ophiopogon japonicus (L. f.) Ker Gawl.

物种特征： 多年生草本。根较粗，中间或近末端常具小块根。地下走茎细长，茎很短。叶基生成丛。花葶短于叶，总状花序具几朵至十几朵花；花梗中部及以上具关节；花被片常稍下垂而不展开，白色或淡紫色；花柱粗。花期5~8月，果期8~9月。与山麦冬的主要区别在于，后者通常长于或几等长于叶，花常3~5朵簇生于苞片腋内，盛开时花被片张开，花柱短，稍弯。

应用价值： 园林绿化植物；小块根为中药"麦冬"，有生津解渴、润肺止咳之效。

校园分布： 校园常见，如校东门内河东岸路边、艺术学院门口小花坛。

047 山麦冬
Liriope spicata (Thunb.) Lour.

天门冬科 Asparagaceae

山麦冬属 *Liriope* Lour.

俗名：麦门冬、土麦冬、麦冬

花语：公平、信赖、一心向善、无畏、不求回报

物种特征：植株有时丛生；根稍粗，近末端处常膨大成肉质小块根；根状茎短，具地下走茎。花葶通常长于或几等长于叶；总状花序具多数花；花通常（2）3~5朵簇生于苞片腋内；花梗关节位于中部以上或近顶端；花被片淡紫色或淡蓝色；花柱短，稍弯，柱头不明显。花期5~7月，果期8~10月。与麦冬的主要区别在于，后者花葶显著短于叶，花单生或成对着生于苞片腋内，盛开时花被片不张开或稍张开，花柱锥形。

应用价值：花色淡雅，可供观赏；小块根作中药"麦冬"用。

校园分布：校园常见地被，如综合教学楼（荟学楼）东侧园中、九号楼西侧等处。

天门冬科 Asparagaceae

丝兰属 *Yucca* L.

俗名：剑麻、凤尾兰

花语：盛开的希望

048
凤尾丝兰
Yucca gloriosa L.

物种特征：常绿灌木。茎短或高达 5 米，常分枝。叶线状披针形，长 40~80 厘米，先端长渐尖，坚硬刺状。圆锥花序，高 1~1.5 米；花钟状，下垂，白或淡黄白色，花被片 6，卵状菱形。果倒卵状长圆形，不开裂。花期 9~10 月。

应用价值：良好的庭园观赏灌木。

校园分布：校园偶见，如文学院门口南侧墙根处、大礼堂与校南门之间（博雅路）南段东侧园中池塘东南角。

049 棕榈

Trachycarpus fortunei (Hook.) H. Wendl.

棕榈科 Arecaceae

棕榈属 *Trachycarpus* H. Wendl.

俗名： 棕树

花语： 胜利

物种特征： 乔木，高3~10米或更高。叶片近圆形，深裂，裂片线状剑形，叶柄长。雌雄异株；花序粗壮，多次分枝；雄花序长约40厘米，雄花黄绿色；雌花序长达80~90厘米，具4~5圆锥状分枝，佛焰苞3个，雌花淡绿色。果实阔肾形，有白粉。花期4月，果期12月。

应用价值： 庭园绿化的优良树种；棕皮纤维可作绳索、编蓑衣、制刷子和作沙发的填充料等；未开放的花苞可供食用；果实、叶、花、根等亦入药。

校园分布： 校园常见，如十号楼（尚学楼）东侧园中多株，贡院路行道树，艺术学院北楼西北角成片栽植。

鸭跖草科 Commelinaceae
鸭跖草属 *Commelina* L.
俗名：圆叶鸭跖草、竹叶菜、火柴头

050 饭包草
Commelina benghalensis L.

物种特征： 多年生披散草本。茎匍匐，节生根，上部斜上升。叶片卵形。佛焰苞因下缘连合而成漏斗状；聚伞花序，下部一枝具1~3朵不育花，花梗长，伸出苞外，而上部一枝具数个可育花，内藏；不育花萼片膜质，花瓣蓝色。蒴果椭圆形。种子多皱，黑色。花期夏秋。

应用价值： 全草入药，具止热、抗炎及利尿作用。

校园分布： 校园少见，如大礼堂与校南门之间（博雅路）北段东侧园中多株，其他处偶见。

051
鸭跖草
Commelina communis L.

鸭跖草科 Commelinaceae
鸭跖草属 *Commelina* L.
俗名：淡竹叶、鸭趾草、竹芹菜
花语：希望、理想

物种特征：一年生披散草本。茎匍匐生根，多分枝，长可达1米。叶披针形至卵状披针形。佛焰苞卵状心形，对折；聚伞花序，下面一枝仅1花，不孕，具长梗，伸出苞外，而上面一枝有可孕花3~4朵，几内藏；不孕花萼片膜质，花瓣深蓝色。蒴果椭圆形。种子棕黄色。花期夏秋。与饭包草的主要区别在于，后者叶卵形，佛焰苞呈漏斗状，不孕花1~3朵，花瓣蓝色，种子黑色。

应用价值：全草药用，为消肿利尿、清热解毒之良药，此外对睑腺炎、咽炎、急性化脓性扁桃腺炎、宫颈柱状上皮异位、蝮蛇咬伤有良好疗效。

校园分布：校园少见，如学五公寓北墙根处等。

鸭跖草科 Commelinaceae
紫露草属 Tradescantia L.

俗名：紫鸭跖草、紫竹兰、紫锦草
花语：坚决、勇敢、无畏

052

紫竹梅

Tradescantia pallida (Rose) D. R. Hunt

物种特征：多年生草本，株高 30~50 厘米，匍匐或下垂。叶紫色，长椭圆形，两侧常略向内卷，先端渐尖，基部抱茎，具白色短绒毛。聚伞花序顶生或腋生，佛焰苞大，舟状，花桃红色，梗短，不伸出苞外。蒴果。花期 5~11 月。

应用价值：叶色美观，为著名的观叶植物。

校园分布：九号楼门口盆栽、校内浴池西头盆栽。

053 芭蕉

Musa basjoo Siebold & Zucc. ex Iinuma

芭蕉科 Musaceae
芭蕉属 *Musa* L.
俗名：芭蕉树
花语：为恋爱而打扮得漂漂亮亮的男子

物种特征：多年生草本，株高 2.5~4 米。叶鞘上部及叶背无蜡粉或微被蜡粉。叶片长圆形，长 2~3 米，宽 25~30 厘米，先端钝，中脉延伸出螺旋状凸尖，基部圆形或不对称，叶面鲜绿色，有光泽；叶柄粗壮，长达 30 厘米。花序顶生，下垂；苞片红褐或紫色；雄花生于花序上部，雌花生于花序下部；雌花在每苞片内约 10~16 朵，排成 2 列；合生花被片长 4~4.5 厘米，具 5（3/2）齿裂。

应用价值：栽培供观赏；果实可食；根、假茎、叶、花均可入药。

校园分布：国际交流处院内一丛，中心食堂北侧铁塔公园南门口一丛。

美人蕉科 Cannaceae

美人蕉属 *Canna* L.

俗名：美人蕉、鸳鸯美人蕉、法国美人蕉

花语：坚实的未来

054

大花美人蕉

Canna × *generalis* L. H. Bailey

物种特征： 多年生草本，株高可达1.5米。茎、叶和花序均被白粉。叶大，椭圆形。总状花序顶生；花大，排列较密集；所有雄蕊花瓣状，红、橘红、淡黄色等；退化雄蕊4枚，倒卵状匙形，外轮的3枚较大，内轮的1枚较狭，外翻为唇瓣；发育雄蕊披针形，边缘有1花药室；花柱带形。花期夏秋季。与美人蕉的主要区别在于，后者花序少花，排列疏散，退化雄蕊倒披针形，狭窄。

应用价值： 因其叶片硕大，花苞鲜艳美丽，花期长久，常栽培供观赏。

校园分布： 文荫路东段武术学院门口。

055 美人蕉
Canna indica L.

美人蕉科 Cannaceae
美人蕉属 *Canna* L.
俗名：蕉芋、小芭蕉、印度美人蕉
花语：美好的未来

物种特征：多年生草本。根茎分枝块状，茎粗壮，高可达 3 米。叶片大，叶面绿色，边缘或背面紫色。总状花序，疏花；外轮退化雄蕊 2（~3）枚，倒披针形，直立；唇瓣卷曲，上部红色，基部杏黄；发育雄蕊披针形，杏黄而染红；花柱狭带形，杏黄色。花期 9~10 月。校园所见为美人蕉的一品种"蕉芋" *C. indica* 'Edulis'，与大花美人蕉的主要区别在于，后者花序多花，排列紧密，退化雄蕊倒卵状匙形，宽阔，颜色丰富。

应用价值：栽培供观赏；块茎可煮食或提取淀粉，茎叶纤维可造纸、制绳。

校园分布：文荫路西段大学外语教学部南墙根处。

056 水烛

香蒲科 Typhaceae
香蒲属 *Typha* L.

Typha angustifolia L.

俗名：蜡烛草、蒲棒草、蒲草、蒲黄
花语：初恋的回忆

物种特征：多年生水生或沼生草本，具根状茎。地上茎直立，粗壮。叶片长达1米以上，叶鞘抱茎。雌、雄花序有间隔；雄花序轴具褐色柔毛，叶状苞片1~3枚；雌花序基部具1枚叶状苞片；雌花有可孕和不孕两种。小坚果纵裂，种子深褐色。花果期6~9月。

应用价值：本种叶片挺拔，常用于水体绿化；叶片用于编织、造纸等；雌花序可作枕芯和坐垫的填充物。

校园分布：铁塔湖东南角及其向南延伸的河边多有生长。

057 扁秆荆三棱

Bolboschoenus planiculmis **(F. Schmidt) T. V. Egorova**

莎草科 Cyperaceae

三棱草属 *Bolboschoenus* (Asch.) Palla

俗名：扁秆藨草、穗三棱草

物种特征：多年生草本，具匍匐根状茎和块茎。秆一般较细，三棱形。叶扁平，向顶部渐狭，具长叶鞘。叶状苞片1~3枚，往往长于花序；长侧枝聚伞花序短缩成头状，或有时具少数辐射枝，通常具1~6个小穗；小穗锈褐色，具多数花；雄蕊3，花药线形；花柱长，柱头2。小坚果扁。花期5~6月，果期7~9月。

应用价值：全草入药，主治慢性气管炎、消化不良、闭经以及一切气血瘀滞症。

校园分布：铁塔湖东南角及其向南延伸的河边成片生长。

莎草科 Cyperaceae
莎草属 *Cyperus* L.

俗名：日本莎草

058
白鳞莎草
Cyperus nipponicus Franch. & Sav.

物种特征：一年生草本，秆密丛生，细弱，高 5~20 厘米。叶常短于秆；叶鞘淡红棕色或紫褐色。叶状苞片 3~5 枚，较花序长数倍；长侧枝聚伞花序通常短缩成头状；小穗多数，密生；鳞片背面沿中脉处绿色，两侧常白色透明；花柱长，柱头 2。小坚果黄棕色。花果期 8~9 月。与异型莎草主要区别在于，后者叶状苞片多为 2 枚，鳞片中间淡黄色，两侧色深，柱头 3，小坚果几与鳞片等长。

应用价值：全草入药，对呕吐、止痛、月经不调、消肿等具有一定功效。

校园分布：校园偶见，如塔云路西篮球场北侧草地、学五公寓北侧园中等处。

059 异型莎草

Cyperus difformis L.

莎草科 Cyperaceae
莎草属 *Cyperus* L.

俗名：密穗莎草、三棱草

物种特征：一年生草本。秆丛生，高 5~65 厘米。叶短于秆，叶鞘褐色。叶状苞片多为 2 枚，少 3 枚，长于花序；长侧枝聚伞花序具 3~9 个辐射枝；头状花序球形；小穗密聚；鳞片中间淡黄色，两侧深红紫色或栗色，边缘具白色透明的边；花柱极短，柱头 3。小坚果淡黄色。花果期 7~10 月。与白鳞莎草主要区别在于，后者叶状苞片 3~5 枚，鳞片背面沿中脉处绿色，两侧白色透明，柱头 2，小坚果长约为鳞片的 1/2。

应用价值：带根全草入药，有行气、活血、通淋、利小便等功效。治热淋、小便不通、跌打损伤、吐血。

校园分布：铁塔湖东南角偶见。

莎草科 Cyperaceae

莎草属 *Cyperus* L.

俗名：黄颖莎草、三棱草、小碎米莎草

060
具芒碎米莎草
Cyperus microiria Steud.

物种特征： 一年生草本，具须根。秆丛生，高 20~50 厘米，稍细，锐三棱形，基部具叶。叶短于秆；叶鞘红棕色，表面稍带白色。叶状苞片 3~4 枚，长于花序；长侧枝聚伞花序具 5~7 个辐射枝；穗状花序具多数小穗，小穗排列稍稀；鳞片中脉延伸出顶端，呈短尖。小坚果深褐色。花果期 8~10 月。本种小穗的鳞片中脉延伸出顶端，呈短尖，易与碎米莎草相区别。

应用价值： 全草入药，利湿通淋，行气活血。

校园分布： 塔云路西篮球场北侧草地上偶见。

061 碎米莎草

Cyperus iria L.

莎草科 Cyperaceae
莎草属 *Cyperus* L.

俗名：荆三棱、米莎草、水三棱

物种特征：一年生草本，具须根。秆丛生，高8~85厘米，扁三棱形，基部具少数叶。叶短于秆，叶鞘红棕色或棕紫色。叶状苞片3~5枚，其下面的2~3枚较花序长；长侧枝聚伞花序具4~9个辐射枝；穗状花序具5~22个小穗，小穗排列松散；鳞片顶端微缺；雄蕊3，柱头3。小坚果褐色。花果期6~10月。本种小穗的鳞片顶端微缺，明显区别于具芒碎米莎草。

应用价值：全草入药，有行气、破血、消积的功效。

校园分布：塔云路西篮球场北侧草地上偶见。

062 头状穗莎草

Cyperus glomeratus L.

莎草科 Cyperaceae
莎草属 *Cyperus* L.

俗名：喂香壶、状元花、三轮草
花语：想念

物种特征： 一年生草本，具须根。秆散生，高 50~95 厘米，钝三棱形。叶短于秆；叶鞘长，红棕色。叶状苞片 3~4 枚；复出长侧枝聚伞花序，具 3~8 个辐射枝；穗状花序具极多数小穗；小穗多列，排列极密；小穗鳞片排列疏松；柱头 3，较短。小坚果长为鳞片的 1/2。花果期 6~10 月。本种以其"秆粗壮高大，穗状花序中小穗数目极多，排列紧密，柱头短"等特征，易与香附子相区别。

应用价值： 全草入药，适用于慢性支气管炎等症；茎秆可供造纸。

校园分布： 铁塔湖东南角及其向南延伸的河边偶见。

063 香附子
Cyperus rotundus L.

莎草科 Cyperaceae
莎草属 *Cyperus* L.

俗名：莎草、香附、香头草
花语：恶意

物种特征：匍匐根状茎长，具小块茎。秆散生，稍细弱，锐三棱形。叶短于秆；鞘棕色，常裂成纤维状。叶状苞片 2~3（~5）枚；长侧枝聚伞花序具（2~）3~10 辐射枝；穗状花序具 3~10 个小穗，小穗鳞片稍密；柱头 3，细长。小坚果长为鳞片的 1/3~2/5。花果期 5~11 月。本种以其"秆稍细弱，穗状花序中小穗数目少，排列稍疏松，柱头细长"等特征，区别于头状穗莎草。

应用价值：块茎入药称"香附子"，能健胃，还可以治疗妇科各症。

校园分布：校园常见杂草。

莎草科 Cyperaceae

水葱属 *Schoenoplectus* (Rchb.) Palla

俗名：南水葱、管子草、水丈葱

花语：轻轻的爱

064

水葱

***Schoenoplectus tabernaemontani*
(C. C. Gmel.) Palla**

叁·被子植物

物种特征：秆圆柱状，高1~2米，平滑，髓白色，发达，基部叶鞘3~4。叶片线形。苞片1，为秆的延长，直立；长侧枝聚伞花序简单或复出，辐射枝4~13或更多；小穗单生或2~3簇生枝顶；鳞片棕或紫褐色，边缘具缘毛；刚毛有倒刺；柱头2（3），长于花柱。小坚果双凸状。花果期6~9月。

应用价值：常用水体绿化材料；入药能除湿利尿，用于水肿胀满、小便不利。

校园分布：铁塔湖东南角可见。

065 看麦娘

Alopecurus aequali Sobol.

禾本科 Poaceae
看麦娘属 *Alopecurus* L.
俗名：棒棒草、麦娘娘、蜡烛草
花语：富有牺牲的爱

物种特征：一年生草本。秆少数丛生，细瘦，高15~40厘米。叶鞘短于节间；叶舌膜质，叶片扁平。圆锥花序圆柱状；小穗长2~3毫米；外稃膜质，等大或稍长于颖，芒长1.5~3.5毫米；花药橙黄色。颖果长约1毫米。花果期4~5月。与日本看麦娘的主要区别在于，后者小穗、芒和颖果均较长，花药色淡或白色。

应用价值：全草入药，具有清热利湿、止泻、解毒之功效。常用于水肿、水痘、泄泻、黄疸型肝炎、赤眼、毒蛇咬伤。

校园分布：十号楼（尚学楼）东侧园中草地上偶见。

禾本科 Poaceae

看麦娘属 *Alopecurus* L.

俗名：麦娘娘、麦陀陀草、大花看麦娘

066
日本看麦娘
Alopecurus japonicus Steud.

物种特征： 一年生草本。秆少数丛生，高 20~50 厘米。叶鞘松弛；叶舌膜质。圆锥花序圆柱状；小穗长 5~6 毫米；外稃略长于颖，厚膜质，芒长 8~12 毫米；花药色淡或白色。颖果长 2~2.5 毫米。花果期 4~5 月。与看麦娘的主要区别在于，后者小穗、芒和颖果均较短，花药橙黄色。

应用价值： 全草入药，具利湿消肿、清热解毒的功效。

校园分布： 十号楼（尚学楼）东侧园中草地上多见。

067 芦竹

Arundo donax L.

禾本科 Poaceae

芦竹属 *Arundo* L.

俗名：毛鞘芦竹、芦竹根、彩叶芦竹

花语：能传达爱的讯息

物种特征：多年生草本，具发达根状茎。秆粗大直立，高3~6米，坚韧，多节，常生分枝。叶鞘长于节间；叶舌截平，先端具短纤毛；叶片扁平，基部白色，抱茎。圆锥花序极大型，分枝稠密，斜升；小穗含2~4小花；外稃具短芒，背面被柔毛；内稃长约为外稃之半。颖果细小，黑色。花果期9~12月。

应用价值：秆可制管乐器中的簧片；茎纤维是制优质纸浆和人造丝的原料。

校园分布：中心食堂北侧铁塔公园南门口成片栽植。

禾本科 Poaceae

燕麦属 *Avena* L.

俗名：燕麦草、乌麦、南燕麦

花语：自然之美

068

野燕麦

Avena fatua L.

物种特征：一年生草本，高 60~120 厘米。叶鞘松弛；叶舌透明膜质；叶片扁平。圆锥花序开展；小穗含 2~3 小花，其柄弯曲下垂；小穗轴节脆硬易断落；颖草质；外稃质地坚硬，芒自稃体中部稍下处伸出，膝曲，芒柱棕色，扭转。颖果被柔毛，腹面具纵沟。花果期 4~9 月。

应用价值：本种为粮食的代用品及牛马的青饲料，也是造纸原料。

校园分布：学一公寓东头草地上偶见。

069 菵草

***Beckmannia syzigachne* (Steud.) Fernald**

禾本科 Poaceae
菵草属 *Beckmannia* Host
俗名： 大头稗草、光头稗、网草

物种特征： 一年生草本，高 15~90 厘米。叶鞘多长于节间；叶舌透明膜质；叶片扁平。圆锥花序，分枝稀疏，直立或斜升；小穗扁平，圆形，灰绿色，常含 1 小花；颖背部灰绿色，具淡色的横纹；外稃常具伸出颖外之短尖头。颖果黄褐色，先端具丛生短毛。花果期 4~10 月。

应用价值： 全草可入药，其味辛，性寒，具有清热、利胃肠、益气的功效，用于感冒发热、食滞胃肠、身体乏力等。

校园分布： 十号楼（尚学楼）东侧园中草地上偶见。

禾本科 Poaceae

雀麦属 *Bromus* L.

俗名：大扁雀麦

070

扁穗雀麦

Bromus catharticus Vahl

物种特征：一年生草本，高 60~100 厘米。叶鞘闭合，被柔毛；叶舌具缺刻；叶片长，散生柔毛。圆锥花序开展；每分枝具 1~3 枚之大型小穗；小穗两侧极压扁；外稃顶端具芒尖；内稃窄小，长约为外稃的 1/2；花药长 0.3~0.6 毫米。颖果顶端具毛茸。花果期春季 5 月和秋季 9 月。与雀麦的主要区别在于，后者小穗较小，长圆状披针形，芒自外稃先端下部伸出，内稃略短于外稃，花药较长。

应用价值：常作短期牧草种植，牧草产量较高，质地较粗。

校园分布：校园多见，如校医院南侧草地上及青年教师公寓与留学生公寓之间的草地上。

071
雀麦
Bromus japonicus Thunb.

禾本科 Poaceae

雀麦属 *Bromus* L.

俗名：瞌睡草、山稷子、野燕麦

花语：自然之美

物种特征：一年生草本，高 40~90 厘米。叶鞘闭合，被柔毛；叶舌先端近圆形；叶片两面生较密柔毛。圆锥花序疏展，具 2~8 分枝；分枝细，上部着生 1~4 小穗；芒自外稃先端下部伸出；内稃略短于外稃；花药长 1 毫米。颖果长 7~8 毫米。花果期 5~7 月。与扁穗雀麦的主要区别在于，后者小穗大，极压扁，外稃顶端具芒尖，内稃长为外稃之半，花药短。

应用价值：全草入药，具有止汗、催产之功效。

校园分布：校园常见杂草，如东操场东侧有大片生长。

072 假苇拂子茅

禾本科 Poaceae
拂子茅属 *Calamagrostis* Adans.
俗名： 假苇子、光柄野青茅

Calamagrostis pseudophragmites (Haller f.) Koeler

物种特征： 秆直立，高40~100厘米。叶舌膜质，长4~9毫米，顶端钝而易破碎。圆锥花序疏松开展，分枝簇生，直立，细弱；小穗长5~7毫米；颖成熟后张开，第二颖长为第一颖的2/3~3/4；外稃透明膜质，芒自顶端或稍下伸出，细直；内稃长为外稃的1/3~2/3。花果期7~9月。

应用价值： 可作饲料；生活力强，可为防沙固堤的材料。

校园分布： 校东门内向南河西岸偶见。

073 野青茅

Deyeuxia pyramidalis (Host) Veldkamp

禾本科 Poaceae

野青茅属 *Deyeuxia* Clarion ex P. Beauv.

俗名：短舌野青茅、湖北野青茅、长序野青茅

物种特征： 多年生草本，高 50~60 厘米。叶鞘疏松裹茎；叶舌膜质，顶端常撕裂；叶片扁平或边缘内卷。圆锥花序紧缩，分枝 3 或数枚簇生，直立贴生；小穗草黄色或带紫色；两颖近等长；芒自外稃下部伸出，近中部膝曲；内稃近等长或稍短于外稃；花药长 2~3 毫米。花果期 6~9 月。

应用价值： 用作地被，亦为山区冬草的主要来源之一。

校园分布： 中心食堂北侧铁塔公园南门口向东成片栽植。

074 狼尾草

Pennisetum alopecuroides L. Spreng.

禾本科 Poaceae

狼尾草属 *Pennisetum* Rich.

俗名：狗尾巴草、芮草、老鼠狼

花语：坚忍，不被人了解的、艰难的爱，暗恋

物种特征：多年生草本，高30~120厘米。叶鞘光滑，主脉呈脊，秆上部者长于节间；叶舌具纤毛；叶片线形，基部生疣毛。圆锥花序直立；主轴密生柔毛；小穗通常单生，偶有双生，其下围以淡绿色或紫色总苞状的粗糙刚毛。颖果长圆形。花果期夏秋季。

应用价值：观赏草，也可作饲料，或作编织和造纸的原料，或作固堤防沙植物。

校园分布：中心食堂北侧铁塔公园南门口向东成片栽植。

075 狗牙根

Cynodon dactylon (L.) Persoon

禾本科 Poaceae
狗牙根属 *Cynodon* Rich.
俗名：绊根草、爬根草、咸沙草
花语：新生和重生

物种特征：低矮草本，具根茎。秆细而坚韧，下部匍匐，蔓延甚长，节上常生不定根。叶舌仅为一轮纤毛。穗状花序（2）3~5（6）枚；小穗灰绿色或带紫色，仅含1小花；小花外稃舟形，背部明显成脊；内稃与外稃近等长；花药淡紫色；柱头紫红色。花果期5~10月。

应用价值：良好的固堤保土植物，常用以铺建草坪或球场；全草入药，有清血、解热、生肌之效。

校园分布：校园常见杂草，如铁塔湖南侧三观园草地上大片生长。

076 马唐

禾本科 Poaceae

马唐属 *Digitaria* Haller

Digitaria sanguinalis (L.) Scop.

俗名：蹲倒驴、大抓根草、红茎马唐

花语：柔美的爱

物种特征：一年生草本。秆直立或下部倾斜，膝曲上升，无毛或节生柔毛。叶鞘和叶片无毛或散生柔毛。总状花序4~12枚；穗轴两侧具宽翼；小穗第一颖小，第二颖长约为小穗的1/2；稃片等长于小穗，第一外稃边脉上具小刺状粗糙，脉间及边缘生柔毛，第二外稃灰绿色；花药长约1毫米。花果期6~9月。本种"第二颖长约为小穗的1/2"，区别于纤毛马唐。

应用价值：优良牧草，又是危害农田、果园的杂草；可全草入药，用于治疗目暗不明、肺热咳嗽等疾病。

校园分布：校园少见杂草，如铁塔湖南侧三观园草地上小片生长。

077 纤毛马唐

Digitaria ciliaris (Retz.) Koeler

禾本科 Poaceae

马唐属 *Digitaria* Haller

俗名： 升马唐、爬毛抓秧草、蟋蟀草

物种特征： 一年生草本。秆基部横卧地面，节处生根和分枝，高30~90厘米。叶鞘常多少具柔毛；叶片上面散生柔毛。总状花序5~8枚，呈指状排列；小穗第一颖小，第二颖长约为小穗的2/3；稃片约等长于小穗，第一外稃边脉间贴生柔毛，边缘具长柔毛，第二外稃黄绿色或带铅色；花药长0.5~1.0毫米。花果期5~10月。本种"第二颖长约为小穗的2/3"，区别于马唐。

应用价值： 优良牧草，也是果园旱田中危害庄稼的主要杂草。

校园分布： 校园常见杂草，如铁塔湖南侧三观园草地上多处小片生长。

禾本科 Poaceae

马唐属 *Digitaria* Haller

俗名：黄縊马唐

078
毛马唐

Digitaria ciliaris (Retz.) Koeler var. *chrysoblephara* (Figari & De Notaris) R. R. Stewart

物种特征：纤毛马唐的变种，不同于原变种的是，其第一外稃间脉与边脉间具柔毛及疣基刚毛，成熟后，两种毛均明显平展张开；第二外稃淡绿色；花药长约1毫米。花果期6~10月。

应用价值：优良牧草，又是危害农田、果园的杂草。

校园分布：中心食堂后草地上偶见，铁塔湖南侧三观园草地上可见。

079 光头稗

Echinochloa colona (L.) Link

禾本科 Poaceae

稗属 *Echinochloa* P. Beauv.

俗名：芒稷、光头芒、旱稗

物种特征：草本，高 10~60 厘米。叶鞘压扁而背具脊；叶舌缺；叶片扁平，线形。圆锥花序狭窄；主轴具棱，无毛；花序分枝长 1~2 厘米，排列稀疏；穗轴基部有时被 1~2 根疣基长毛；小穗无芒，成四行排列于穗轴的一侧；第一颖长约为小穗的 1/2。花果期夏秋季。与稗的主要区别在于，后者毛被明显较多，圆锥花序分枝较长，分枝或可再分枝，常有芒。

应用价值：全草为牲畜青饲料。

校园分布：校园少见，如十号楼（尚学楼）东侧草地上、铁塔湖东南角。

禾本科 Poaceae

稗属 *Echinochloa* P. Beauv.

俗名：旱稗、风稗、水稗、野稗

080 稗

Echinochloa crus-galli (L.) P. Beauv.

物种特征：一年生草本，高 50~150 厘米。叶鞘疏松裹秆；叶舌缺；叶片扁平，线形。圆锥花序直立；主轴具棱，粗糙或具疣基长刺毛；分枝斜上举或贴向主轴，有时再分小枝；小穗脉上密被疣基刺毛；第一颖长为小穗的 1/3~1/2；第二颖与小穗等长；第一小花外稃顶端具芒，粗壮。花果期夏秋季。与光头稗的主要区别在于，后者圆锥花序狭窄，分枝短而排列稀疏，分枝不再分枝，无芒。

应用价值：全草既是优良牧草，也可以当作绿肥。

校园分布：校园少见，如十号楼（尚学楼）东侧草地上、铁塔湖东南角。

叁·被子植物

081

无芒稗

Echinochloa crus-galli (L.) P. Beauv. var. *mitis* (Pursh) Peterm.

禾本科 Poaceae

稗属 *Echinochloa* P. Beauv.

俗名：落地稗

物种特征： 稗的一变种。秆高 50~120 厘米，直立，粗壮。圆锥花序直立，分枝斜上举而开展，常再分枝；小穗卵状椭圆形，长约 3 毫米，脉上被疣基硬毛，无芒或具极短芒，芒长常不超过 0.5 毫米。

应用价值： 优等牧草。

校园分布： 校园少见，如十号楼（尚学楼）东侧草地上。

082 西来稗

禾本科 Poaceae
稗属 Echinochloa P. Beauv.
俗名： 旱稗

Echinochloa crus-galli (L.) P. Beauv. var. *zelayensis* (Kunth) Hitchc.

物种特征： 稗的一变种。秆高 50~75 厘米。圆锥花序直立，分枝上不再分枝；小穗卵状椭圆形，长 3~4 毫米，顶端具小尖头而无芒，脉上无疣基毛，但疏生硬刺毛。

应用价值： 全草药用，可止血、生肌，用于损伤出血、金疮、麻疹等症。

校园分布： 校园少见，如十号楼（尚学楼）东侧草地上。

083

牛筋草

Eleusine indica (L.) Gaertn.

禾本科 Poaceae
䅟属 *Eleusine* Gaertn.

俗名：蟋蟀草、绊倒驴、扁草、千人踏
花语：挑逗的爱

物种特征：一年生草本，高10~90厘米。叶鞘两侧压扁而具脊；叶片平展，线形。穗状花序2~7个指状着生于秆顶，很少单生；小穗含3~6小花；颖具脊，脊粗糙，第一颖短于第二颖；第一外稃具1脊；内稃短于外稃，具2脊。囊果基部下凹，具明显的波状皱纹。花果期6~10月。

应用价值：全草入药，有清热利湿的功效，作用于治疗伤暑发热、小儿惊厥等病症。

校园分布：校园常见杂草，如艺术学院南楼西南角成片生长。

084 鹅观草

禾本科 Poaceae
披碱草属 *Elymus* L.
俗名：弯穗鹅观草、柯孟披碱草

***Elymus kamoji* (Ohwi) S. L. Chen**

物种特征： 秆直立或基部倾斜，高 30~100 厘米。叶鞘外侧边缘常具纤毛；叶片扁平。穗状花序弯垂；小穗绿色或带紫色；颖边缘宽膜质，第一颖短于第二颖；外稃边缘宽膜质，第一外稃先端具长芒，劲直或稍曲折；内稃约与外稃等长，脊显著具翼。花果期 5~7 月。与纤毛鹅观草的主要区别在于，后者花时直立，以后多少下垂，颖边缘与边脉上具纤毛，芒反曲，内稃长为外稃的 2/3。

应用价值： 可作牲畜的饲料。

校园分布： 校园多见杂草，如综合办公楼南侧成片生长。

叁·被子植物

085 纤毛鹅观草

Elymus ciliaris (Trin. ex Bunge) Tzvelev

禾本科 Poaceae
披碱草属 *Elymus* L.
俗名：纤毛披碱草、碱草

物种特征： 秆单生或成疏丛，直立，高 40~80 厘米。叶鞘通常无毛；叶片扁平。穗状花序花时直立，以后多少下垂；小穗通常绿色；颖边缘与边脉上具纤毛；外稃背部被粗毛，边缘具长硬纤毛，第一外稃顶端具反曲的芒；内稃长为外稃的 2/3。花果期 5~7 月。与鹅观草的主要区别在于，后者穗状花序常弯垂，颖边缘宽膜质，常无毛，芒长，劲直或稍有曲折，内稃与外稃约等长。

应用价值： 本种秆叶柔嫩，幼时为家畜喜吃。

校园分布： 校园常见杂草，如铁塔湖南侧三观园草地上多处小片生长，羽毛球馆门口大片生长。

禾本科 Poaceae

画眉草属 *Eragrostis* Wolf

俗名：牛毛毛草、蚊子草、星星草

花语：相知相守

086
小画眉草
***Eragrostis minor* Host**

物种特征：一年生草本，高 15~50 厘米。叶鞘较节间短，松裹茎；叶舌为一圈长柔毛；叶片线形，平展或卷缩。圆锥花序开展而疏松，每节 1 分枝，分枝平展或上举；第一外稃具 3 脉，侧脉明显并靠近边缘；花药长约 0.3 毫米。颖果红褐色，径约 0.5 毫米。花果期 6~9 月。与知风草的主要区别在于，后者叶鞘两侧极压扁，较节间长，圆锥花序每节分枝 1~3 个，颖果较大。

应用价值：可作饲料，马、牛、羊均喜食。

校园分布：校园常见杂草，如学五公寓北边园中。

087

知风草

Eragrostis ferruginea (Thunb.) P. Beauv.

禾本科 Poaceae

画眉草属 *Eragrostis* Wolf

俗名：梅氏画眉草、程咬金、知风画眉草

花语：守候

物种特征： 多年生草本，高 30~110 厘米，粗壮。叶鞘两侧极压扁，基部相互跨覆，较节间长；叶舌为一圈短毛；叶片平展或折叠。圆锥花序大而开展，每节生枝 1~3 个，向上；颖开展；花药长约 1 毫米。颖果棕红色，长约 1.5 毫米。花果期 8~12 月。与小画眉草的主要区别在于，后者叶鞘圆筒形，较节间短，圆锥花序每节分枝 1 个，颖果较小。

应用价值： 优良饲料；根系发达，可作保土固堤之用；全草入药可舒筋散瘀。

校园分布： 体育学院室外网球场北围栏外偶见。

088 蓝羊茅

禾本科 Poaceae

羊茅属 *Festuca* L.

Festuca glauca Vill.

俗名：滇羊茅

花语：伪装的爱

物种特征：多年生半常绿草本，植株丛生，株高 20~30 厘米。叶基生，纤细，细针状，蓝灰色。圆锥花序，每节 1 分枝，小花淡绿色。花期夏季，果期秋季。

应用价值：叶色特别，成片种植，或花坛、道路绿化带镶边，效果突出。

校园分布：中心食堂西侧琢玉路的北头少量栽植。

089 苇状羊茅

Festuca arundinacea Schreb.

禾本科 Poaceae
羊茅属 *Festuca* L.

俗名： 法斯克草、高羊茅、苇状狐茅

物种特征： 多年生草本，高80~100厘米，粗壮。叶鞘通常平滑无毛；叶片扁平，边缘内卷；叶耳披针形且镰形弯曲。圆锥花序疏松开展，每节分枝2，稀4~5，下部1/3裸露；小穗绿色带紫色，成熟后呈麦秆黄色；颖片边缘宽膜质；内稃稍短于外稃。颖果长约3.5毫米。花期7~9月。

应用价值： 该种是建立人工草场及改良天然草场的优良草种。

校园分布： 校园常见草坪草，如体育学院门口。

禾本科 Poaceae

白茅属 *Imperata* Cirillo

俗名：茅针、茅草、甜草根

花语：理想的爱

090 白茅

Imperata cylindrica (L.) P. Beauv.

物种特征：多年生草本，具粗壮的长根状茎，高 30~80 厘米。叶鞘质地较厚；秆生叶片通常内卷，质硬。圆锥花序稠密；小穗基盘具丝状长柔毛；第二外稃与其内稃近相等；雄蕊 2，花药长 3~4 毫米；花柱细长，柱头 2，紫黑色，羽状。颖果长约 1 毫米。花果期 4~6 月。

应用价值：根状茎入药称"白茅根"，可清热解毒、利尿消肿、祛痰止咳。

校园分布：校园常见杂草，如东操场东侧及大礼堂东侧马可广场东北角均有大片生长。

091 虮子草

Leptochloa panicea (Retz.) Ohwi

禾本科 Poaceae

千金子属 *Leptochloa* P. Beauv.

俗名：蜡子草、千金子、细千斤子

物种特征：一年生草本。秆较细弱，高30~60厘米。叶鞘疏生疣基柔毛；叶舌膜质，多撕裂；叶片质薄，扁平。圆锥花序分枝细弱；小穗灰绿色或带紫色，含2~4小花；颖果圆球形，长约0.5毫米。花果期7~10月。与千金子的主要区别在于，后者叶鞘无毛，小穗多带紫色，小花较多，颖果较大。

应用价值：本种草质柔软，为优良牧草。

校园分布：校园多见，如文学院北楼南墙根处小片生长，其他处散生。

禾本科 Poaceae

千金子属 *Leptochloa* P. Beauv.

俗名：畔茅、绣花草、千斤子

092
千金子
Leptochloa chinensis (L.) Nees

物种特征：一年生草本。秆直立，基部膝曲或倾斜，高30~90厘米。叶鞘无毛；叶舌膜质，常撕裂具小纤毛；叶片扁平或多少卷折。圆锥花序；小穗多带紫色，含3~7小花。颖果长圆球形，长约1毫米。花果期8~11月。与虮子草的主要区别在于，后者叶鞘疏生疣基柔毛，小穗灰绿色或带紫色，小花较少，颖果较小。

应用价值：可作牧草。

校园分布：校园少见，如校东门内侧河东岸围栏处。

093 多花黑麦草
Lolium multiflorum Lamk.

禾本科 Poaceae

黑麦草属 *Lolium* L.

俗名：多花黑燕麦、意大利黑麦草、多花毒麦

物种特征：一年生草本，越年生或短期多年生，高50~130厘米。叶鞘疏松；叶舌长达4毫米；叶片扁平。穗形总状花序直立或弯曲；穗轴柔软；小穗含10~15小花；颖质硬，通常与第一小花等长；外稃具细芒，或上部小花无芒。花果期7~8月。与黑麦草的主要区别在于，后者多年生，花期具分蘖叶；颖长为小穗长的1/3，外稃无芒。

应用价值：草坪用草、优良牧草和良好的绿肥作物，也是开垦荒地的先锋草种。

校园分布：校园常见草坪草，如琴房楼南侧园中。

094 黑麦草

Lolium perenne L.

禾本科 Poaceae

黑麦草属 *Lolium* L.

俗名：黑燕麦、麦草、宿根毒麦

花语：清新的爱和无尽的思念

物种特征：多年生草本，具细弱根状茎。秆丛生，高 30~90 厘米，质软，基部节上生根。叶舌长约 2 毫米；叶片线形，柔软。穗形穗状花序直立或稍弯；颖为小穗长的 1/3；外稃顶端无芒，或上部小穗具短芒。花果期 5~7 月。与多花黑麦草的主要区别在于，后者一年生，花期不具分蘖叶，小穗含小花 10~15，颖通常与第一小花等长，外稃有细芒。

应用价值：草坪用草，也是各地普遍引种栽培的优良牧草。

校园分布：校园少见草坪草，如校东门内北侧。

095 硬直黑麦草

Lolium rigidum Gaudich.

禾本科 Poaceae

黑麦草属 *Lolium* L.

俗名：瑞士黑麦草、一年生黑麦草

物种特征： 一年生草本，秆高20~60厘米。直立丛生或基部膝曲，较粗壮。叶片基部叶耳明显。穗形总状花序硬直；穗轴质硬；小穗含5~10小花；颖片长约为小穗之半；外稃具长3毫米之芒。花果期5~7月。其植株粗壮，叶耳发达，花序硬直，颖片长约为小穗之半，有芒，易与多花黑麦草和黑麦草相区别。

应用价值： 可作饲料。

校园分布： 校园少见草坪草，如校东门内北侧。

禾本科 Poaceae

乱子草属 *Muhlenbergia* Schreb.

俗名： 毛芒乱子草、毛发乱子草

花语： 美好的等待

096
粉黛乱子草
Muhlenbergia capillaris Trin.

物种特征： 多年生草本，常具匍匐根茎。秆直立或基部倾斜、横卧。叶片内卷或开展，叶舌膜质，常2裂。圆锥花序每节多个分枝，分枝可再次分枝，分枝细长柔弱，粉红色，每枝端生1小穗；小穗粉红色，细小，含1小花；外稃先端主脉延伸成芒，其芒细弱，劲直或稍弯曲。颖果细长。花期9~10月。

应用价值： 大片种植，亦可孤植、盆栽，或作为背景、镶边材料，观赏性极佳。

校园分布： 中心食堂后铁塔公园南门口东侧偶见。

097 糠稷

Panicum bisulcatum Thunb.

禾本科 Poaceae

黍属 *Panicum* L.

俗名： 糠黍、粮稷、糖黍、野黍

花语： 平凡、无私、奉献、傲立、朴素大方、默默无闻、永生不息

物种特征： 一年生草本，高 50~100 厘米。叶鞘松弛，边缘被纤毛；叶舌膜质，顶端具纤毛；叶片几无毛。圆锥花序，分枝纤细；小穗绿色或带紫色，具细柄；第一颖长约为小穗的 1/2；第二颖与第一外稃同形且等长；第一内稃缺；第二外稃表面平滑，光亮，成熟时黑褐色。花果期 9~11 月。

应用价值： 种子入药，具有安中利胃、益脾、凉血解暑、益气之功效。

校园分布： 中心食堂后铁塔公园南门口东侧偶见。

098 双穗雀稗

***Paspalum distichum* L.**

禾本科 Poaceae

雀稗属 *Paspalum* L.

俗名：游水筋、双耳草、铜线草

物种特征：多年生草本。匍匐茎横走，粗壮，长达1米，前端向上直立，节生柔毛。叶鞘短于节间，背部具脊，边缘或上部被柔毛。总状花序2枚对连；小穗着生于穗轴一侧；第一颖退化或微小；第二颖贴生柔毛，中脉明显。花果期5~9月。

应用价值：为优良牧草；匍匐茎发达，可用于固堤、防沙及保土。

校园分布：综合办公楼（北楼）南侧成片生长。

叁·被子植物

099 芦苇

Phragmites australis (Cav.) Trin. ex Steud.

禾本科 Poaceae

芦苇属 *Phragmites* Adans.

俗名：葭、芦芽、芦草根

花语：坚忍、自尊又自卑的爱

物种特征：多年生草本，高1~3(~8)米，多节，节下被蜡粉。叶鞘下部者短于其节间，而上部者长于其节间；叶舌边缘密生毛。圆锥花序大型，分枝多数；小穗柄明显；小穗含4花；第一不孕外稃雄性；第二外稃两侧密生与之等长的丝状柔毛，外稃基部具明显关节；内稃远短于外稃。花果期夏秋季。

应用价值：秆为造纸原料或作编席织帘及建棚材料；茎、叶嫩时为饲料；根状茎供药用；为固堤造陆先锋环保植物。

校园分布：校园常见，如铁塔湖东南角及校东门内向南河西岸大片生长。

禾本科 Poaceae

刚竹属 *Phyllostachys* Siebold & Zucc.

俗名：燕子竹

花语：正直、高尚的气节

100 变竹

Phyllostachys glauca McClure var. *variabilis* J. L. Lu

物种特征：淡竹的变种。竿高 5~12 米。幼竿无白粉或微被薄白粉，竿环与箨环均稍隆起，同高。分枝以下各节的箨鞘背面具云雾状淡褐色纵长斑纹，无箨耳及鞘口繸毛；箨舌暗紫褐色，截形，边缘有裂齿及细短纤毛；箨片线状披针形或带状，绿紫色，边缘淡黄色。末级小枝具 2~3 叶。笋期 4~5 月。

应用价值：河南常见的栽培竹种之一；竹材适于编织竹器及制作工艺品。

校园分布：逸夫图书馆东北角竹林。

101 桂竹

Phyllostachys reticulata (Rupr.) K. Koch

禾本科 Poaceae

刚竹属 *Phyllostachys* Siebold & Zucc.

俗名： 五月季竹、轿杠竹

花语： 在逆境中忠贞不渝

物种特征： 竿高可达 20 米，粗达 15 厘米。幼竿无毛，无白粉或几无白粉；竿环稍高于箨环。箨鞘背面黄褐色，有时带绿色或紫色，有紫褐色斑块、小斑点和脉纹；箨耳镰状，或无箨耳，紫褐色，繸毛发达；箨舌拱形，淡褐色或带绿色，边缘生纤毛；箨片中间绿色，两侧紫色，边缘黄色，平直或稍皱曲，外翻。末级小枝 2~4 叶；叶耳繸毛发达；叶舌明显伸出。笋期 5 月下旬。

应用价值： 该种竿粗大，竹材坚硬，篾性也好，为优良用材竹种；笋味微淡涩，可供食用；竿箨可作药品、食品包裹材料。

校园分布： 图书馆门前东侧竹林。

102 金竹

禾本科 Poaceae

刚竹属 *Phyllostachys* Siebold & Zucc.

Phyllostachys sulphurea (Carrière) Riviere & C. Rivière

俗名：刚竹、黄竿、黄皮竹、硫磺竹

花语：金玉满堂，有富贵荣华、尊贵典雅、学识渊博之意

物种特征：竿高 7~8 米，径 3~4 厘米。新竿鲜黄色，老竿金黄色。竿环在不分枝的节上不明显；箨环微隆起。大竿箨鞘背面乳黄色或微带紫红色，上部有深色斑点；无箨耳及鞘口繸毛；箨舌绿黄色；箨片近带状，外翻，微皱曲，绿色，边缘橘黄色。末级小枝 2~5 叶。笋期 5 月中旬。图为金竹的一栽培品种"绿皮黄筋竹" *P. sulphurea* 'Houzeau'，其竿绿色，沟槽有时为绿黄色。校园另见金竹的一变种"刚竹" *P. sulphurea* var. *viridis*，其幼竿绿色，成长的竿绿色或黄绿色（未加图片）。

应用价值：金竹的竹竿优美，可栽培于庭院、公园等场所供观赏，还可做农具、家具，竹篾可编制竹器。竹笋富含纤维素，可食用。

校园分布：绿皮黄筋竹位于大礼堂与校南门之间（博雅路）中段长廊东北角，刚竹位于外语学院北楼门口。

103 水竹
Phyllostachys heteroclada Oliv.

禾本科 Poaceae

刚竹属 *Phyllostachys* Siebold & Zucc.

俗名：烟竹、江南竹、毛竹

花语：生命力顽强、果敢坚韧

物种特征：竿高达6米，粗达3厘米。幼竿具白粉并疏生短柔毛；竿环与箨环同高（粗竿中），或竿环明显高于箨环（细竿中）；分枝角度大。箨鞘背面深绿带紫色，被白粉，边缘生纤毛；箨耳小，淡紫色，有紫色繸毛，或无箨耳及鞘口繸毛；箨舌低，边缘生短纤毛；箨片直立，绿色，绿紫色或紫色。末级小枝多具2叶；无叶耳，鞘口繸毛直立，易落。笋期5月，花期4~8月。

应用价值：竹材韧性好，宜编制各种生活及生产用具，著名的湖南益阳水竹席就是用本种为材料编制而成的；笋供食用。

校园分布：综合办公楼东侧台阶旁，艺术学院北楼西北角。

104 紫竹

Phyllostachys nigra
(Lodd. ex Lindl.) Munro

禾本科 Poaceae

刚竹属 *Phyllostachys* Siebold & Zucc.

俗名：观音竹、黑竹、乌竹、紫竹竿

花语：坚决、勇敢、无畏、无垠力量

物种特征：竿高 4~8（~10）米，直径可达 5 厘米，幼竿绿色，密被细柔毛及白粉，一年生以后竿逐渐变为紫黑色，无毛；竿环与箨环均隆起，且竿环高于箨环或两环等高。末级小枝具 2 或 3 叶；叶耳不明显，有脱落性鞘口繸毛；叶舌稍伸出。笋期 4 月下旬。

应用价值：传统的观竿竹类；其根状茎入药，具祛风、散瘀、解毒等功效。

校园分布：远程与继续教育学院门口小竹丛。

105 草地早熟禾
Poa pratensis L.

禾本科 Poaceae

早熟禾属 *Poa* L.

俗名：狭颖早熟禾、多花早熟禾、扁秆早熟禾

花语：万年长青和忠贞不渝

物种特征： 多年生草本。具匍匐根状茎，高可达90厘米。叶片线形，扁平或内卷。圆锥花序，每节3~5分枝，开展，二次分枝，每小枝上3~6小穗，主枝中部以下裸露；小穗卵圆形，绿色至草黄色，含3~4小花；外稃膜质，内稃短于外稃。颖果纺锤形。5~6月开花，7~9月结果。与早熟禾主要区别在于，后者植株较低矮，花序常每节2~3分枝，内稃与外稃近等长。

应用价值： 常见草坪用草和重要牧草。

校园分布： 校园少见草坪草，如学十四公寓后东北角。

106 早熟禾

禾本科 Poaceae

早熟禾属 *Poa* L.

Poa annua L.

俗名： 爬地早熟禾

花语： 常青不老

物种特征： 一年生或冬性禾草。秆直立或倾斜，质软，高 6~30 厘米。叶鞘稍压扁；叶片扁平或对折，质地柔软。圆锥花序，每节 2~3 分枝；小穗卵形，含 3~5 小花；外稃卵圆形，顶端与边缘宽膜质，内稃与外稃近等长，两脊密生丝状毛。颖果纺锤形。花期 4~5 月，果期 6~7 月。与草地早熟禾的主要区别在于，后者植株较高大，花序每节 3~5 分枝，内稃短于外稃。

应用价值： 草坪用草；优质饲料和绿肥；可降血糖，作用与胰岛素相似。

校园分布： 校园常见杂草，如十号楼（尚学楼）东侧草地上、艺术学院北楼北侧等处。

107 棒头草

Polypogon fugax Nees ex Steud.

禾本科 Poaceae

棒头草属 *Polypogon* Desf.

俗名：狗尾梢草、麦毛草、露水草

花语：顽强

物种特征：一年生草本。秆丛生，基部膝曲。叶鞘光滑常短于或下部者长于节间；叶舌膜质，常2裂；叶片扁平。圆锥花序开展，具缺刻或有间断；小穗灰绿色或带紫色；颖先端2浅裂，芒从裂口处伸出，颖片之芒短于或稍长于小穗。颖果椭圆形，一面扁平。花果期4~9月。与长芒棒头草主要区别在于，后者圆锥花序穗状不开展，小穗淡灰绿色，颖片之芒长为小穗的3~4倍。

应用价值：优良牧草。

校园分布：校园常见杂草，如十号楼（尚学楼）东侧草地上大片生长。

禾本科 Poaceae

棒头草属 *Polypogon* Desf.

俗名：棒头草、大芒棒头草

108

长芒棒头草

Polypogon monspeliensis (L.) Desf.

物种特征：一年生草本。秆直立或基部膝曲，高 8~60 厘米。叶鞘松弛抱茎，大多短于或下部者长于节间；叶舌膜质，2 深裂或呈撕裂状。圆锥花序穗状；小穗淡灰绿色；颖片先端 2 浅裂，芒自裂口处伸出，颖片之芒长为小穗的 3~4 倍。颖果倒卵状长圆形。花果期 5~10 月。与棒头草主要区别在于，后者圆锥花序较开展，小穗灰绿色或带紫色，颖片之芒短于或稍长于小穗。

应用价值：花序美观，可作切花、插花素材，适合制作贺卡或其他贴花素材。

校园分布：校园偶见杂草，如校东门内侧向南河西岸围栏处。

109 碱茅
Puccinellia distans (Jacq.) Parl.

禾本科 Poaceae
碱茅属 *Puccinellia* Parl.
俗名：铺茅、乌龙

物种特征： 多年生草本。秆直立，丛生或基部偃卧，常压扁。叶鞘长于节间；叶片线形，扁平或对折。圆锥花序开展，每节具2~6分枝；分枝细长，下部裸露；小穗很小，含5~7小花；内稃等长或稍长于外稃。颖果纺锤形，长约1.2毫米。花果期5~7月。

应用价值： 优良牧草。

校园分布： 十号楼（尚学楼）东侧草地上偶见。

禾本科 Poaceae

业平竹属 *Semiarundinaria* Makino ex Nakai

俗名：苦竹、毛环短穗竹

110
短穗竹
Semiarundinaria densiflora (Rendle) T. H. Wen

物种特征： 竿散生，高达 2~6 米，幼竿被白色细毛，老竿则无毛。节间圆筒形；在箨环下方具白粉或黑垢。箨鞘背面绿色，有纵条纹，边缘生紫色纤毛，基部有一圈棕色毛环；箨耳发达，常椭圆形，边缘具弯曲繸毛；箨舌褐棕色，边缘生短纤毛；箨片绿色带紫色，向外斜举或水平展开。竿每节通常分3枝，上举，彼此长短近相等。末级小枝具(1)2~5叶。笋期 5~6 月，花期 3~5 月。

应用价值： 栽培供观赏；竿可做伞柄、钓鱼杆，也可劈篾编制家庭用具。

校园分布： 大礼堂与校南门之间（博雅路）中段长廊东侧竹林，东工字楼后勤服务总公司院内。

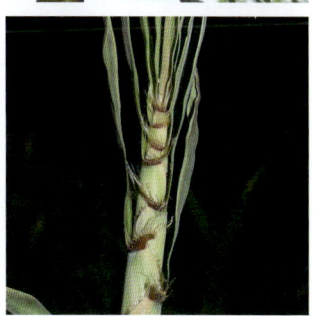

111 大狗尾草
Setaria faberi R. A. W. Herrmann

禾本科 Poaceae

狗尾草属 *Setaria* P. Beauv.

俗名：法氏狗尾草、长狗尾、谷莠子

花语：暗恋、不被人了解的爱、艰难的爱

物种特征：一年生草本，通常具支柱根。秆直立或基部膝曲，高可达120厘米。叶鞘松弛，边缘常具细纤毛。圆锥花序紧缩呈圆柱状，通常垂头，主轴具较密长柔毛；小穗椭圆形，先端尖，小穗下芒状刚毛粗而直，通常绿色。颖果椭圆形，先端尖。花果期7~10月。与狗尾草主要区别在于，后者花序直立或稍弯垂，穗下刚毛直或稍扭曲，小穗稍小，先端钝。

应用价值：秆、叶可作牲畜饲料。

校园分布：中心食堂后草地上偶见。

禾本科 Poaceae
狗尾草属 *Setaria* P. Beauv.

俗名：莠、谷莠子
花语：暗恋、不被人了解的爱、艰难的爱

112 狗尾草
Setaria viridis (L.) P. Beauv.

物种特征：一年生草本。秆直立或基部膝曲，高10~100厘米。叶鞘松弛，边缘密具长纤毛；叶片扁平，边缘粗糙。圆锥花序紧密呈圆柱状，或基部稍疏离，直立或稍弯垂，主轴被较长柔毛；小穗2~5簇生于主轴上，或更多的小穗着生在短小枝上，先端钝，铅绿色，小穗下刚毛直或稍扭曲，通常绿色；颖果灰白色，先端钝。花果期5~10月。与大狗尾草主要区别为，后者花序通常垂头，穗上刚毛较粗而直，小穗稍大，先端尖。

应用价值：秆、叶可作饲料，也可入药。

校园分布：校园常见杂草。

113 巨大狗尾草

Setaria viridis (L.) Beauv. subsp. *pycnocoma* (Steud.) Tzvelev

禾本科 Poaceae

狗尾草属 *Setaria* P. Beauv.

俗名：长穗狗尾草、谷莠子、长穗谷莠子草

花语：暗恋、不被人了解的爱、艰难的爱

物种特征：狗尾草的一亚种。植株粗壮高大，约60~90厘米，基部数节具不定根。叶鞘较松，上部不太包秆，边缘密生细长纤毛；叶舌为一圈密长纤毛。圆锥花序大，刚毛浅紫色、浅褐色或绿色，花序基部簇生小穗的小枝延伸而稍疏离，小穗密集，长约2.5毫米以上。

应用价值：秆、叶可作饲料，也可入药。

校园分布：塔云路西篮球场北侧草地上偶见。

114 金色狗尾草

禾本科 Poaceae

狗尾草属 *Setaria* P. Beauv.

Setaria pumila (Poir.) Roem. & Schult.

俗名：金狗尾、恍莠莠、硬稃狗尾草

花语：暗恋、不被人了解的爱、艰难的爱

物种特征：一年生草本，单生或丛生。秆直立或基部倾斜膝曲，近地面节可生根。叶鞘下部压扁具脊，上部圆形；叶片近基部疏生长柔毛。圆锥花序紧密呈圆柱状或狭圆锥状，直立，刚毛金黄色或稍带褐色，粗糙，通常一簇中仅一个小穗发育。先端尖，成熟时，背部极隆起，具明显的横皱纹。花果期6~10月。

应用价值：田间杂草，秆、叶可作牲畜饲料。

校园分布：校园常见杂草，如校东门内侧向南河西岸围栏处。

115 山羊草

Aegilops tauschii Coss.

禾本科 Poaceae
山羊草属 *Aegilops* .L
俗名： 节节麦、粗山羊草
花语： 赞美

物种特征： 秆高 20~40 厘米。叶鞘紧密抱茎，边缘具纤毛。穗状花序圆柱形，含（5）7~10（13）个小穗；穗轴具凹陷，成熟时逐节断落；小穗圆柱形，嵌于穗轴凹陷内，含 3~4（5）小花；颖草质，纵脉明显，先端平截或具 2 齿；外稃顶端具 1 芒，稃具 5 脉；内稃与外稃等长，脊上具纤毛。花果期 5~6 月。

应用价值： 普通小麦的祖先之一，常用于小麦品质改良。

校园分布： 校园常见杂草，如中心食堂东侧及其东北角草地上。

116 小麦

Triticum aestivum L.

禾本科 Poaceae

小麦属 *Triticum* L.

俗名：冬小麦、普通小麦

花语：赞同、合作

物种特征：一年生或二年生草本。秆直立，丛生，高 60~100 厘米。叶鞘松弛抱茎。穗状花序直立；小穗含 3~9 小花，上部者不发育；颖主脉背面上部具脊，于顶端延伸成短尖头或短芒；外稃顶端具芒或无芒；内稃与外稃几等长。颖果长 6~8 毫米。花果期 5~7 月。

应用价值：优质粮食作物。

校园分布：十号楼（尚学楼）东侧草地上偶见。

117 玉蜀黍
Zea mays L.

禾本科 Poaceae

玉蜀黍属 *Zea* L.

俗名：玉米、包谷、苞米、珍珠米

花语：金玉满堂、年年平安、招财进宝

物种特征：一年生高大草本。秆直立，不分枝，高 1~4 米，基部节具支柱根。叶鞘具横脉；叶片扁平宽大，中脉粗壮。大型雄性圆锥花序顶生；小穗孪生，小穗柄一长一短；花药橙黄色。雌花序生于近中部，鞘状苞片多数；序轴粗壮，小穗孪生，纵行排列；花柱极细长，线形。颖果球形或扁球形。花果期秋季。

应用价值：优质粮食作物；茎秆作饲料。

校园分布：校内浴池西边小菜园中。

禾本科 Poaceae

结缕草属 *Zoysia* Willd.

俗名：台湾草、天鹅绒草

花语：感谢

118
细叶结缕草
Zoysia pacifica
(Goudswaard) M. Hotta & S. Kuroki

物种特征：多年生草本。具匍匐茎。秆纤细，高5~10厘米。叶鞘紧密裹茎；叶舌短，膜质，顶端碎裂为纤毛状，鞘口具丝状长毛。小穗窄狭，黄绿色，或有时略带紫色，披针形；第一颖退化，第二颖革质，顶端及边缘膜质；外稃与第二颖近等长，内稃退化。颖果与稃体分离。花果期8~12月。

应用价值：优良的观赏草坪植物；优等牧草。

校园分布：校园常见草坪草，如大礼堂及广场周围草坪。

119 中华结缕草
Zoysia sinica Hance

禾本科 Poaceae

结缕草属 *Zoysia* Willd.

俗名：长花结缕草

物种特征： 多年生草本。具横走根茎。秆直立，高 13~30 厘米。叶鞘无毛，长于或上部者短于节间，鞘口具长柔毛；叶舌短而不明显；叶片淡绿或灰绿色，背面色较淡，质地稍坚硬。总状花序穗形；小穗排列稍疏，黄褐色或略带紫色，具长约 3 毫米的小穗柄。颖果棕褐色。花果期 5~10 月。

应用价值： 草坪用草。

校园分布： 校园常见草坪草，如十号楼（尚学楼）东侧草坪。

120 虞美人
Papaver rhoeas L.

罂粟科 Papaveraceae
罂粟属 *Papaver* L.

俗名：蝴蝶满园春、丽春花、花绸子花、野罂粟
花语：白色象征安慰；粉红色代表奢侈、顺从

物种特征：一年生草本，全体被伸展的刚毛。茎直立，高 25~90 厘米。叶互生，叶片羽状全裂到浅裂。花单生于茎、枝顶端；花梗长；花蕾下垂；萼片 2；花瓣 4，紫红色，基部通常具深紫色斑块；雄蕊多数，花丝深紫红色，花药黄色；柱头多个，连成盘状体。蒴果孔裂。种子小，多数。花果期 3~8 月。

应用价值：常见栽培供观赏；花和全株入药，含多种生物碱，有镇咳、止泻、镇痛、镇静等功效。

校园分布：校园少见，如琴房楼南墙根处、十号楼（尚学楼）东墙根处。

121 日本小檗
Berberis thunbergii DC.

小檗科 Berberidaceae

小檗属 *Berberis* L.

俗名：刺檗、百得利、紫叶小檗

花语：善与恶

物种特征：落叶灌木，一般高约1米，多分枝。枝条具细条棱，幼枝淡红带绿色，老枝暗红色，茎刺单一。叶薄纸质，全缘，上面绿色，背面灰绿色。伞形花序，具总梗，花2~5，或近簇生；花黄色；外萼片带红色；花瓣先端微凹。浆果椭圆形，亮鲜红色。花期4~6月，果期7~10月。图为其一品种"紫叶小檗" *B. thunbergii* 'Atropurpurea'。

应用价值：宜作观果、观叶、刺篱材料，亦可作盆景或剪果枝瓶插观赏；根和茎含小檗碱，可供提取黄连素的原料；枝、叶煎水服，可治结膜炎；根皮可作健胃剂；茎皮可作黄色染料。

校园分布：艺术学院北楼东北角偶见。

122 南天竹

Nandina domestica Thunb.

小檗科 Berberidaceae

南天竹属 *Nandina* Thunb.

俗名： 斑鸠窝、土黄连、珍珠盖凉伞

花语： 长寿、吉祥、好运、好兆头

物种特征： 常绿小灌木。茎常丛生而少分枝，高 1~3 米，幼枝常红色，老后灰色。叶集生于茎上部，三回羽状复叶；小叶薄革质，冬季变红色。圆锥花序直立；花小，白色，具芳香；萼片多轮，向内各轮渐大；花瓣先端圆钝；花丝短，花药纵裂。浆果球形，熟时鲜红色。花期 3~6 月，果期 5~11 月。

应用价值： 庭园栽培观赏植物；根、叶可强筋活络、消炎解毒；果为镇咳药。

校园分布： 校园多见，如大礼堂与校南门之间（博雅路）中段长廊东侧竹林旁。

123 花毛茛

Ranunculus asiaticus (L.) Lepech.

毛茛科 Ranunculaceae
毛茛属 *Ranunculus* L.
俗名：芹叶牡丹、波斯毛茛、芹菜花
花语：受欢迎

物种特征：多年生草本。块根纺锤形，常数个聚生于根颈部。茎单生，或少数分枝，株高 20~50 厘米。基生叶为三出复叶，具长柄；茎生叶小，近无柄，羽状细裂。花单生或数朵聚生于茎顶，花径 5~10 厘米，有红、黄、白、橙及紫等多色，重瓣或半重瓣。花期 4~5 月。

应用价值：花大秀美，花色丰富，常种植用作观赏。

校园分布：学一公寓东头盆栽。

毛茛科 Ranunculaceae

毛茛属 *Ranunculus* L.

俗名：地桑葚、老虎爪子、水杨梅

124

茴茴蒜

Ranunculus chinensis Bunge

物种特征：多年生或一年生草本，茎高可达 50 厘米，与叶柄均密生开展的糙毛。基生叶数枚，三出复叶，顶生小叶 3 深裂；茎生叶渐小。花序顶生，3 至数花；萼片 5，反折；花瓣 5，黄色，基部有短爪；雄蕊多数。聚合果长圆形，瘦果扁平，斜倒卵球形。花果期 4~9 月。与石龙芮主要区别在于，后者植株无毛或疏生毛，叶片肾形，3 深裂，瘦果排列紧密，倒卵球形，稍扁。

应用价值：全草药用，外敷引赤发泡，有消炎、退肿、截疟及杀虫之效。

校园分布：体育学院北门东侧林中及东十斋西墙根处偶见。

125 石龙芮

Ranunculus sceleratus L.

毛茛科 Ranunculaceae
毛茛属 *Ranunculus* L.

俗名：水毛茛、假芹菜、地椹

物种特征： 一年生草本。须根簇生，茎直立，高可达50厘米。基生叶多数，叶片肾状圆形，3深裂；茎生叶多数，上部叶3全裂，叶柄基部扩大成鞘状抱茎。聚伞花序多花；萼片5；花瓣5，黄色，基部有短爪；雄蕊10多枚。聚合果长圆形，瘦果极多数，紧密排列，稍扁。花果期5~8月。与茴茴蒜主要区别在于，后者植株密被毛，基生叶及下部叶三出复叶，瘦果扁平，斜倒卵球形。

应用价值： 全草含原白头翁素，有毒，能消结核，治痈肿、疮毒、蛇毒等。

校园分布： 科技馆南侧园中偶见。

悬铃木科 Platanaceae

悬铃木属 *Platanus* L.

俗名：法国梧桐、英国梧桐

花语：才华横溢

126
二球悬铃木

Platanus × acerifolia (Aiton) Willd.

物种特征：一球悬铃木与三球悬铃木的杂交种。落叶大乔木，高30余米。树皮光滑，片状脱落。嫩枝密被灰黄色绒毛，老枝秃净。叶常掌状3~5中裂，幼叶两面和叶柄均密被星状毛；托叶基部鞘状，上部开裂。雌、雄花序均头状，球形；花常4数。果序常2个串生，绒毛不突出。花期4~5月，果期9~10月。与三球悬铃木主要区别在于，后者树皮薄片状剥落，叶掌状5~7深裂，头状果序常3，小坚果之间绒毛突出头状果序外。

应用价值：其树形雄伟端庄，叶大荫浓，适应性强，为世界著名行道树和庭园树。

校园分布：校园常见行道树，如校东门内东辰路、琢玉路、文荫路武术学院门前等处，与一球悬铃木和三球悬铃木混植。

127 三球悬铃木
***Platanus orientalis* L.**

悬铃木科 Platanaceae
悬铃木属 *Platanus* L.
俗名：法桐、法国梧桐、槭叶悬铃木
花语：才华横溢

物种特征：落叶大乔木。树皮灰褐色至灰白色，呈薄片状剥落。幼枝与幼叶密生褐色星状毛。叶掌状 5~7 深裂，裂片长大于宽；托叶基部鞘状，上部圆领状。雌、雄花序均头状，球形。果序 3~5 一串，稀 2，宿存花柱突出呈刺状，小坚果之间有黄色绒毛，突出头状果序外。花期 4~5 月，果期 9~10 月。与一球悬铃木主要区别在于，后者树皮小块状脱落，叶常 3 裂，中裂片长度小于宽度，头状果序 1（2），坚果之间绒毛长，不突出果序外。

应用价值：广泛应用于城市绿化，是优良的行道树种。

校园分布：校园常见行道树，如综合办公楼南侧、文学院门口等处，与一球悬铃木和二球悬铃木混植。

128 一球悬铃木

Platanus occidentalis L.

悬铃木科 Platanaceae

悬铃木属 *Platanus* L.

俗名：美国梧桐、北美悬铃木、单球悬铃木

花语：高大挺拔、坚韧有力、才华横溢

物种特征：落叶大乔木。树皮呈小块状剥落。嫩枝被黄褐色绒毛。叶通常3浅裂，裂片短三角形，叶柄密被绒毛；托叶基部鞘状，上部扩大呈喇叭形，早落。雌、雄花序均头状，球形。果序单生，稀2，坚果间绒毛长，但不突出果序外。花期3~5月，果期6~10月。与二球悬铃木主要区别在于，后者树皮光滑，大片块状脱落，叶常5裂，中裂片长度与宽度略相等，头状果序1~2（3），坚果之间绒毛短，不突出果序外。

应用价值：栽培作行道树及观赏用，也能吸收有毒有害气体。

校园分布：校园常见行道树，如东操场西侧路边、大礼堂西侧琢玉路两侧，与二球悬铃木混植。

129 黄杨

Buxus sinica (Rehder & E. H. Wilson) M. Cheng

黄杨科 Buxaceae

黄杨属 *Buxus* L.

俗名：锦熟黄杨、瓜子黄杨、黄杨木

花语：不屈不挠

物种特征：常绿灌木或小乔木，高 1~6 米。小枝四棱形。叶革质，先端圆或钝，常有小凹口；叶面光亮，中脉凸出，侧脉明显，背面侧脉不明显。雄花与少数雌花簇生叶腋，花密集，黄绿色；雄花约 10 朵。蒴果近球形，花柱宿存。花期 3 月，果期 5~6 月。与雀舌黄杨的主要区别在于，后者叶两面中脉及侧脉均明显凸出，叶片匙形至倒卵形。

应用价值：常用作绿篱、镶边，或制作盆景等；根、叶入药，可祛风除湿、行气活血；其木质紧密、坚韧，也是一种理想的雕刻材料。

校园分布：大礼堂与校南门之间（博雅路）中北段东侧园中小道旁与雀舌黄杨混植，外语学院楼前绿化带绿篱。

130 雀舌黄杨
Buxus bodinieri H. Lév.

黄杨科 Buxaceae
黄杨属 *Buxus* L.

俗名：细叶黄杨、匙叶黄杨、宝地氏黄杨
花语：长寿、吉祥如意和富贵，还可以用来象征家庭和睦

物种特征：灌木，高3~4米。枝圆柱形；小枝四棱形。叶薄革质，先端圆或钝，往往有浅凹口或小凸尖头，叶面绿色，光亮，中脉两面凸出，侧脉极多。雄花与雌花簇生叶腋，头状，花密集，黄绿色；雄花约10朵；雌花花柱略扁。蒴果卵形，宿存花柱直立。花期2月，果期5~8月。与黄杨的主要区别在于，后者叶面有侧脉，背面侧脉不明显，叶片通常阔椭圆形至长椭圆形。

应用价值：嫩枝叶用于治疗目赤肿痛、痈疮肿痛、风湿骨痛、咯血等。

校园分布：大礼堂与校南门之间（博雅路）中北段东侧园中路旁，与黄杨混植。

131 牡丹
Paeonia × *suffruticosa* Andrews

芍药科 Paeoniaceae

芍药属 *Paeonia* L.

俗名： 洛阳花、富贵花、木芍药

花语： 圆满、浓情、富贵、雍容华贵、吉祥和幸福

物种特征： 落叶灌木，茎高达 2 米，分枝短而粗。叶常为二回三出复叶；顶生小叶常 3 裂。花单生枝顶；单瓣或重瓣，玫瑰色、红紫色或粉红色至白色；花丝紫红色、粉红色，上部白色。蓇葖果密生黄褐色硬毛。花期 5 月，果期 6 月。本种为落叶灌木，容易与芍药相区别。

应用价值： 重要观赏植物；根皮药用，称"牡丹皮"，凉血散瘀，治中风等症。

校园分布： 大礼堂与校南门之间（博雅路）中段东侧园中小牡丹芍药园。

132 芍药

Paeonia lactiflora Pall.

芍药科 Paeoniaceae

芍药属 *Paeonia* L.

俗名：白芍、赤芍、将离

花语：情有独钟、真诚不变、难舍难分、依依惜别

物种特征：多年生草本。根粗壮，分枝黑褐色。茎高 40~70 厘米。茎生叶下部者为二回三出复叶，上部者为三出复叶。花数朵，生茎顶和叶腋；花单瓣至重瓣，花色多样，因品种而不同；花丝黄色。蓇葖果常无毛，顶端具喙。花期 5~6 月，果期 8 月。本种为多年生宿根草本，容易与牡丹相区别。

应用价值：重要观赏植物；根药用，称"白芍"，能平肝止痛、养血调经、敛阴止汗；种子含油量约 25%，供制皂和涂料用。

校园分布：大礼堂与校南门之间（博雅路）中段东侧园中小牡丹芍药园。

133 杨梅叶蚊母树

Distylium myricoides Hemsl.

金缕梅科 Hamamelidaceae

蚊母树属 *Distylium* Siebold & Zucc.

俗名：亮叶蚊母树

花语：亲近自然

物种特征：常绿灌木或小乔木。嫩枝及裸芽外面及叶柄有鳞垢。叶革质，矩圆形或倒披针形。总状花序腋生，雄花与两性花同序，两性花位于花序顶端；雄花雄蕊3~8个，长短不一，花药红色，无退化子房。蒴果有黄褐色星状毛，4裂。种子褐色，有光泽。

应用价值：优良绿化树种；根入药，常用于治疗水肿、手足浮肿、风湿骨节疼痛、跌打损伤。

校园分布：西工字楼南侧多株，琴房楼南侧园中1株。

景天科 Crassulaceae

青锁龙属 Crassula L.

俗名： 玉树、玻璃翠、肉质万年青

花语： 吉祥如意

134
燕子掌
Crassula ovata (Mill.) Druce

物种特征： 直立灌木，高可达2.5米。茎粗壮，多分枝，肉质，灰绿色，有水平棕色条纹。叶肉质，具短柄，绿色，常具红色边缘，倒卵形，基部楔形，顶端急尖，通常有短尖。花序顶生，圆顶的聚伞花序。校园内未见花果。

应用价值： 树冠挺拔秀美，茎叶碧绿油亮，可配成小型盆景，也可单独盆栽。

校园分布： 文学院天井院内和羽毛球馆门口盆栽。

135 大叶落地生根

Kalanchoe daigremontiana Hamet & Perrier

景天科 Crassulaceae

伽蓝菜属 *Kalanchoe* Adans.

俗名：宽叶落地生根、落地生根

花语：切切实实、一心一意

物种特征：多年生肉质草本，株高 50~100 厘米，茎单生，直立，淡褐色。叶对生，肉质，长三角形，先端尖，基部渐宽，叶背面具不规则的褐紫斑纹，边缘有粗齿，在缺刻处可长出不定芽，落地生根而成新的植株。复聚伞花序顶生，花小，钟形，下垂，萼片4，花瓣4，淡紫色。

应用价值：多盆栽，置于室内装饰与观赏。

校园分布：东操场羽毛球馆门口盆栽。

136 长寿花

Kalanchoe blossfeldiana Poelln.

景天科 Crassulaceae

伽蓝菜属 *Kalanchoe* Adans.

俗名：多花伽蓝菜、红花落地生根、红景天

花语：祝福、长寿、大吉大利

物种特征：多年生肉质草本。茎直立，株高10~30厘米。叶肉质，对生，椭圆状长圆形，深绿色有光泽，边缘略带红色。圆锥状聚伞花序，花色绯红、桃红、橙红、黄、橙黄和白色；花冠筒长管状，基部稍膨大，檐部4裂，平展。花期12月至次年4月底。

应用价值：株型紧凑，叶片晶莹透亮，花朵稠密艳丽，观赏效果极佳。

校园分布：九号楼门口盆栽，教职工活动中心南墙根处。

137 八宝

Hylotelephium erythrostictum (Miq.) H. Ohba

景天科 Crassulaceae

八宝属 *Hylotelephium* H. Ohba

俗名：白花蝎子草、活血三七、八宝景天

花语：吉祥

物种特征：多年生草本，块根胡萝卜状。茎直立，高 30~70 厘米，不分枝。叶肉质，灰绿色，对生，少有互生或3叶轮生，边缘有疏锯齿，无柄。伞房状花序顶生；花密生；萼片5；花瓣5，白色或粉红色；雄蕊10，与花瓣同长或稍短，花药紫色；心皮5，直立，基部几分离。花期8~10月。

应用价值：常盆栽供观赏；全草药用，有清热解毒、散瘀消肿之效。

校园分布：文学院天井院内及其南侧园中地被。

景天科 Crassulaceae
费菜属 *Phedimus* Raf.

俗名：堪察加景天、费菜、北景天

138
堪察加费菜
Phedimus kamtschaticus (Fisch.) 't Hart

物种特征： 多年生草本，根状茎木质。茎斜上，高15~40厘米，常不分枝。叶互生或对生，少有为3叶轮生。聚伞花序顶生；萼片5；花瓣5，黄色；雄蕊10，较花瓣稍短；心皮5，与花瓣同长或稍短，直立，基部合生。蓇葖果上部星芒状水平横展。花期6~7月，果期8~9月。

应用价值： 株型丰满，花色艳丽，花期长，可配置花坛、花境或花带等；全草或根入药，称"景天三七"，散瘀、止血、安神，用于溃疡病、肺结核、外伤出血、烦躁不安等症。

校园分布： 九号楼南头路边小花坛中。

139 垂盆草
***Sedum sarmentosum* Bunge**

景天科 Crassulaceae

景天属 *Sedum* L.

俗名：三叶佛甲草、水马齿苋、爬景天

花语：清新、健康、爱情与幸福

物种特征： 多年生肉质草本。茎细，匍匐而节上生根。3叶轮生，先端急尖，基部急狭。聚伞花序，花无梗；萼片5；花瓣5，黄色，先端有短尖；雄蕊10，较花瓣短；心皮5，略叉开，有长花柱。花期5~7月，果期8月。

应用价值： 全草皆可药用，可清热解毒。

校园分布： 校园多见，如贡院执事楼南头成片生长。

葡萄科 Vitaceae

乌蔹莓属 *Causonis* Raf.

俗名：五爪龙、地五加、过山龙

花语：勇气、甜蜜和永远的爱情

140
乌蔹莓
Causonis japonica **(Thunb.) Raf.**

物种特征：草质藤本，卷须 2~3 叉分枝。鸟足状 5 小叶复叶，中央小叶显著狭长。复二歧聚伞花序腋生，花萼碟形，花瓣绿色，花盘发达，橘红色。果近球形，径约 1 厘米。花期 3~8 月，果期 8~11 月。

应用价值：全草入药，有凉血解毒、利尿消肿之功效。

校园分布：校园常见，如十号楼（尚学楼）北墙根处及学五公寓北墙根处等均有大片生长。

141 地锦

Parthenocissus tricuspidata (Siebold & Zucc.) Planch.

葡萄科 Vitaceae

地锦属 *Parthenocissus* Planch.

俗名：爬墙虎、趴墙虎、爬山虎

花语：友谊、忠实、婚姻

物种特征：木质藤本。卷须5~9分枝，分枝顶端幼时膨大，遇附着物则扩大成吸盘。单叶，通常3浅裂，基出脉5。多歧聚伞花序生于短枝，主轴不明显；花蕾倒卵状椭圆形；花柱明显。果实球形。花期5~8月，果期9~10月。与五叶地锦的主要区别在于，后者为掌状5小叶复叶。

应用价值：枝叶茂密，分枝多而斜展，秋天叶色变成橙黄色至鲜红色，为著名的垂直绿化植物；根、茎入药，有破瘀血、活筋止血、消肿毒之功效。

校园分布：校园常见垂直绿化材料，如艺术学院南楼北墙、五号楼北墙等处。

142 五叶地锦

Parthenocissus quinquefolia (L.) Planch.

葡萄科 Vitaceae

地锦属 *Parthenocissus* Planch.

俗名：美国地锦、美国爬山虎

花语：友情

物种特征：木质藤本。卷须总状 5~9 分枝，分枝顶端嫩时尖细卷曲，遇附着物则扩大成吸盘。叶为掌状 5 小叶，上面绿色，下面浅绿色。圆锥状多歧聚伞花序假顶生，主轴明显；花蕾椭圆形；子房卵锥形，渐狭至花柱。果实球形。花期 6~7 月，果期 8~10 月。与地锦的主要区别在于，后者叶为单叶，通常 3 浅裂。

应用价值：优良的垂直绿化材料。

校园分布：校园常见，如校南门西侧围墙、东工字楼后勤服务总公司院墙等处。

143 葡萄
***Vitis vinifera* L.**

葡萄科 Vitaceae

葡萄属 *Vitis* L.

俗名：全球红、菩提子

花语：宽容

物种特征：木质藤本。卷须 2 分枝。叶 3~5 浅裂或中裂，基部两侧常靠合。圆锥花序多花，与叶对生；花蕾倒卵圆形；花瓣 5，呈帽状黏合脱落；雄蕊 5，在雌花内显著短而败育或完全退化；花盘发达；雌蕊 1，在雄花中完全退化；花柱短，柱头扩大。果球形或椭圆形。花期 4~5 月，果期 8~9 月。

应用价值：常用藤架和长廊植物；果实生食或制葡萄干、酿酒；根和藤药用，能止呕、安胎。

校园分布：远程与继续教育学院对面开水房院内、教职工活动中心南侧园中北长廊东头等处。

144 蒺藜

Tribulus terrestris L.

蒺藜科 Zygophyllaceae
蒺藜属 *Tribulus* L.

俗名：八角刺、鬼见愁、拦路虎、旁通
花语：暗恋、坚韧

物种特征：一年生草本，茎平卧或斜升。偶数羽状复叶；小叶对生，3~8 对，基部稍偏斜，被柔毛。花腋生，花梗短于叶，花黄色；萼片 5，宿存；花瓣 5。果有分果瓣 5，硬，无毛或被毛，常有小瘤体，中部边缘有锐刺 2 枚，下部常有小锐刺 2 枚。花期 5~8 月，果期 6~9 月。

应用价值：果入药，主治头痛、眩晕、目赤翳障、胸胁不舒等症。

校园分布：校园多见，如体育学院田径场西南角、西北角等处。

145 合欢
Albizia julibrissin Durazz.

豆科 Fabaceae

合欢属 *Albizia* Durazz.

俗名：马缨花、绒花树、夜合

花语：吉祥

物种特征：落叶乔木，高可达 16 米，树冠开展。二回羽状复叶，羽片多个；小叶 10~30。头状花序于枝顶排成圆锥花序；花萼和花冠浅绿色；花丝较长，呈粉红色。荚果带状。花期 6~7 月，果期 8~10 月。

应用价值：常用作行道树；心材多用于制作家具；嫩叶可食，老叶可以洗衣服；树皮供药用，有驱虫之效。

校园分布：校园几处散生，如琴房楼门口多株、留学生楼西南角 1 株。

146 落花生

Arachis hypogaea L.

豆科 Fabaceae

落花生属 *Arachis* L.

俗名：长生果、番豆、地豆、花生

花语：长生长有、长命富贵、生生不息

物种特征： 一年生草本。根部有丰富的根瘤。茎直立或匍匐。偶数羽状复叶，通常具小叶 2 对；托叶发达；叶柄基部抱茎。花腋生；花冠黄色或金黄色，旗瓣开展，先端凹入，具橘红色纵纹。花后子房柄迅速伸长，将未发育的子房推入土中。荚果不裂。花果期 6~8 月。

应用价值： 重要油料作物之一，除食用外，亦是制皂和生发油等化妆品的原料；油麸为肥料和饲料；茎、叶为良好绿肥，茎还可供造纸。

校园分布： 校园多处小菜园中栽植。

147 达乌里黄芪

Astragalus dahuricus (Pall.) DC.

豆科 Fabaceae

黄芪属 *Astragalus* L.

俗名：兴安黄耆、达乌里紫云英、驴干粮

花语：吉祥

物种特征：一年生或二年生草本，被开展的白色柔毛。茎直立，高达80厘米，多分枝。羽状复叶，小叶11~19（23）。总状花序较密，10~20花；苞片线形或刚毛状；花梗短；花萼斜钟状，萼齿线形或刚毛状；花冠紫色。荚果线形，先端喙状，直立，内弯。花期7~9月，果期8~10月。

应用价值：全株可作绿肥和饲料，大牲畜特别喜食，故有"驴干粮"之称。

校园分布：学一公寓东头草地上偶见1株。

148 红花锦鸡儿

Caragana rosea Turcz. ex Maxim.

豆科 Fabaceae

锦鸡儿属 *Caragana* Fabr.

俗名：金雀儿、黄刺条、锦鸡儿

花语：谦逊、卑下、幽雅整洁

物种特征：灌木。树皮绿褐色或灰褐色，小枝细长，具条棱。叶假掌状；小叶4；托叶在长枝者成细针刺状；叶柄脱落或宿存成针刺。花单生；花萼管状，常紫红色；花冠黄色，常紫红色或全部淡红色，凋时变为红色。荚果圆筒形，具渐尖头。花期4~6月，果期6~7月。

应用价值：根入药，可健脾强胃、活血催乳、利尿通经。

校园分布：六号楼李大钊像北边园中1株。

149 紫荆
Cercis chinensis Bunge

豆科 Fabaceae

紫荆属 *Cercis* L.

俗名： 裸枝树、满条红、白花紫荆

花语： 亲情、合家团圆、兄弟和睦

物种特征： 落叶灌木，高 5 米。叶先端急尖，基部心形。花紫红或粉红色，稀白色，簇生于老枝和主干上，常先叶开放；龙骨瓣基部有深紫色斑纹。荚果扁，具翅，喙细而弯曲，不裂。花期 3~4 月，果期 8~10 月。

应用价值： 常见花灌木；树皮可入药，有清热解毒、活血行气、消肿止痛之功效；花可治风湿筋骨痛。

校园分布： 大礼堂与校南门之间（博雅路）北段东侧园中小路旁可见。

150 皂荚

Gleditsia sinensis Lam.

豆科 Fabaceae

皂荚属 *Gleditsia* J. Clayton

俗名：猪牙皂、皂角、三刺皂角

花语：留住美好的回忆

物种特征：落叶乔木，高达 30 米。枝刺圆柱形，粗壮，常分枝。一回偶数羽状复叶。花杂性，黄白色，组成总状花序。荚果带状，肥厚，劲直或扭曲，两面膨起；果瓣革质，褐棕色或红褐色，常被白色粉霜，种子多数；或荚果短小，稍弯呈新月形，俗称"猪牙皂"，内无种子。花期 3~5 月，果期 5~12 月。

应用价值：常见庭院栽培树种；木材坚硬，为车辆、家具用材；荚果煎汁可代肥皂；嫩芽和种子可食；荚、子、刺均入药，可祛痰通窍、镇咳利尿、消肿排脓。

校园分布：校园散生，如大礼堂西侧草坪上 1 株、逸夫图书馆东北角 1 株。

151 大豆
Glycine max (L.) Merr.

豆科 Fabaceae

大豆属 *Glycine* Willd.

俗名：毛豆、黄豆、青豆、黑大豆、菽

花语：富贵、圆满和团圆，象征富足和美满的幸福生活

物种特征：一年生草本，株高达90厘米。茎直立，粗壮，有时上部近缠绕状，密被褐色长硬毛。3小叶复叶，侧生小叶偏斜。总状花序腋生，植株下部的花单生或成对腋生；花萼钟状，密被长硬毛；花冠紫、淡紫或白色。荚果密被黄褐色长毛。种子形状和颜色因品种而异。花期6~7月，果期7~9月。

应用价值：我国重要粮食及油料作物。

校园分布：校内浴池西边小菜园中。

豆科 Fabaceae

大豆属 *Glycine* Willd.

俗名：乌豆、野黄豆、野毛豆

152
野大豆
Glycine soja Siebold & Zucc.

物种特征： 一年生缠绕草本，长 1~4 米，全株疏被褐色长硬毛。茎纤细。3 小叶复叶；顶生小叶卵圆形或卵状披针形，两面均密被绢质糙伏毛，侧生小叶偏斜。总状花序通常短；花小；花萼钟状；花冠淡紫红或白色。荚果长圆形，稍弯，两侧扁。种子椭圆形，稍扁，褐色或黑色。花期 7~8 月，果期 8~10 月。

应用价值： 可栽作牧草、绿肥和水土保持植物；茎皮纤维可织麻袋；种子供食用；全草可药用，有补气血、强壮、利尿等功效。

校园分布： 校东门内向南河西岸围栏处多见。

153 米口袋

Gueldenstaedtia verna (Georgi) Boriss.

豆科 Fabaceae

米口袋属 *Gueldenstaedtia* Fisch.

俗名：紫花地丁、小米口袋、狭叶米口袋

物种特征：多年生草本。奇数羽状复叶；叶柄被毛；小叶 7~19，先端具细尖，两面被疏柔毛。伞形花序 2~3 花；总花梗纤细；花梗极短或近无梗；花萼钟状，被毛；花冠红紫色。荚果长圆筒状。种子圆肾形。花期 4 月，果期 5~6 月。

应用价值：全株可作牲畜饲料；根入药，称"地丁"，有清热解毒之效。

校园分布：铁塔湖南侧三观园草地上偶见。

154 扁豆

Lablab purpureus (L.) Sweet

豆科 Fabaceae

扁豆属 *Lablab* Adans.

俗名：藤豆、梅豆、刀豆

花语：爱情永固

物种特征：多年生缠绕藤本。3 小叶羽状复叶，侧生小叶偏斜。总状花序直立，花序轴粗壮；花冠白色或紫色；子房线形，花柱比子房长。荚果扁平，顶端有弯曲的尖喙，种子 3~5 颗。种子扁平，在白花品种中为白色，在紫花品种中为紫黑色。花期 4~12 月。

应用价值：嫩荚作蔬食；白花和白色种子入药，有消暑除湿、健脾止泻之效。

校园分布：校园内几处小菜园中可见。

155 兴安胡枝子

Lespedeza davurica (Laxm.) Schindl.

豆科 Fabaceae

胡枝子属 *Lespedeza* Michx.

俗名：毛果胡枝子、达呼里胡枝子、大胡枝子

花语：害羞、沉思

物种特征：小灌木。株高达1米，分枝稀少。3小叶复叶；小叶先端有小刺尖。总状花序稍短或等长于叶；花萼5深裂，裂片先端成刺芒状，与花冠近等长；花冠白或黄白色，旗瓣中央稍带紫色；闭锁花生于叶腋，结实。荚果小，先端有刺尖，藏于宿存花萼内。花期7~8月，果期9~10月。

应用价值：优良的饲用植物，亦可作绿肥。

校园分布：铁塔湖南侧三观园草地上偶见。

156 苜蓿

Medicago sativa L.

豆科 Fabaceae

苜蓿属 *Medicago* L.

俗名：紫苜蓿、小苜蓿、蓿草、牧蓿

花语：幸福与希望

物种特征：多年生草本，株高30~100厘米。茎直立、丛生至平卧，四棱形。羽状三出复叶；托叶大；小叶近等大。花序总状或头状，具5~10花；花序梗比叶长；花萼钟形，萼齿比萼筒长；花冠淡黄、深蓝或暗紫色。荚果螺旋状，紧卷2~6圈，种子10~20。种子卵圆形，平滑。花期5~7月，果期6~8月。与小苜蓿的主要区别在于，后者植株矮小，全株被毛，花冠淡黄色，荚果旋转3~5圈，边缝具3棱，被长棘刺。

应用价值：可为饲料与绿肥；全草入药，有清热利尿、凉血通淋之功效。

校园分布：琴房楼东侧墙根处偶见几株。

157 小苜蓿

Medicago minima (L.) Grufberg

豆科 Fabaceae
苜蓿属 *Medicago* L.

俗名：破鞋底、野苜蓿、苜蓿
花语：害羞、沉思

物种特征：一年生草本。株高5~30厘米，全株被柔毛。羽状三出复叶。花序头状，生于叶腋，具3~8花；花序梗通常比叶长；花萼钟形，密被柔毛，萼齿不等长；花冠淡黄色。荚果球形，旋转3~5圈，边缘具3条棱，被长棘刺，水平伸展，尖端钩状，每圈有种子1~2。花期3~4月，果期4~5月。与苜蓿的主要区别在于，后者植株较高大，无毛，花冠常紫色，荚果螺旋状，紧卷2~6圈，无棘刺。

应用价值：良好的牧草和绿肥。

校园分布：校园常见杂草，铁塔湖南侧三观园草地上成片生长。

158 天蓝苜蓿

Medicago lupulina L.

豆科 Fabaceae

苜蓿属 *Medicago* L.

俗名：黑荚苜蓿、黑籽籽、黄花马豆草

花语：幸福

物种特征：1~2年生或多年生草本，茎平卧或上升。羽状三出复叶；托叶常齿裂；顶生小叶较大，侧生小叶柄甚短。花序小，头状，具10~20花；花序梗细，比叶长；萼齿比萼筒稍长或等长；花冠黄色。荚果肾形，具同心弧形脉纹，有1种子。花期7~9月，果期8~10月。以"荚果肾形，具同心弧形脉纹，具1种子"易与该属其他种相区别。

应用价值：可作牧草和饲料；全草药用，可舒筋活络、清热利尿，亦治毒虫咬伤。

校园分布：校园常见杂草，铁塔湖南侧三观园草地上大片生长。

159 草木樨

***Melilotus suaveolens* Ledeb.**

豆科 Fabaceae

草木樨属 *Melilotus* (L.) Mill.

俗名：辟汗草、黄花草木樨

物种特征：一或二年生草本。茎高通常60~90厘米，多分枝。3小叶复叶；小叶长椭圆形至倒披针形，先端截形，中脉凸出成短尖头，边缘有疏细齿；托叶条形。总状花序腋生；花萼钟状；花冠黄色。荚果无毛，卵球形，有网脉，种子1粒。种子卵球形，褐色。花期5~9月，果期6~10月。

应用价值：优质家畜饲料，也可作绿肥；全草药用，有清热解毒、健胃化湿、利尿、杀虫的效用。

校园分布：校园多见，散生，如校东门内桥头西南角草地上。

160 刺槐

Robinia pseudoacacia L.

豆科 Fabaceae

刺槐属 *Robinia* L.

俗名：洋槐、青岛槐

花语：晶莹、美丽、脱俗、春之深爱、隐秘的爱

物种特征：落叶乔木，高 10~25 米。树皮浅裂至深纵裂。奇数羽状复叶，具托叶刺。总状花序腋生，下垂；花芳香；花萼斜钟形，密被柔毛；花冠白色，各瓣均具瓣柄，旗瓣先端凹缺，反折，内有黄斑；雄蕊二体（9+1）。荚果扁平，沿腹缝线具狭翅，具 2~15 种子。花期 4~6 月，果期 8~9 月。另有一品种"扭枝刺槐" *R. pseudoacacia* 'Tortuosa'，以其小枝扭曲易于识别（未提供图片）。

应用价值：为优良固沙保土和速生薪炭林树种，又是优良的蜜源植物；材质硬重，抗腐耐磨，宜作枕木、车辆、建筑、矿柱等多种用材。

校园分布：校园常见，如六号楼周围、体育学院北侧林中、东斋房东头等处。扭枝刺槐 1 株，见于琴房楼门口南侧。

161 紫花洋槐

Robinia pseudoacacia L. var. *decaisneana* Carrière

豆科 Fabaceae

刺槐属 *Robinia* L.

俗名：红花刺槐、红花洋槐

花语：隐秘的爱、隐居的美人

物种特征： 刺槐的一变种。以其"花冠粉红色，果实上具刺毛"容易与原变种相区别。

应用价值： 同刺槐。

校园分布： 校园常见，东斋房东头林中多株。

162 决明

Senna tora (L.) Roxb.

豆科 Fabaceae

决明属 *Senna* Mill.

俗名：马蹄决明、假绿豆、假花生、草决明

花语：缠绵，代表着天长地久的深厚友谊

物种特征：一年生亚灌木状草本，株高达2米。偶数羽状复叶；小叶3对；每对小叶间各有1棒状腺体。花腋生，通常2朵聚生；萼片稍不等大；花瓣黄色，下面2片稍长；能育雄蕊7，花药顶孔开裂，花丝短于花药。荚果纤细，近四棱形。种子菱形，光亮。花果期8~11月。

应用价值：其种子叫决明子，有清肝明目、利水通便之功效，同时还可提取蓝色染料；苗叶和嫩果可食。

校园分布：远程与继续教育学院对面，开水房院内小片种植。

163 槐

Styphnolobium japonicum (L.) Schott

豆科 Fabaceae
槐属 *Styphnolobium* Schott
俗名：国槐、豆槐、槐树
花语：繁荣、生机

物种特征： 乔木，高达25米。当年生枝深绿色。羽状复叶；小叶基部稍偏斜，下面灰白色。圆锥花序顶生；花冠白色或淡黄色；雄蕊近分离。荚果串珠状，种子间常明显缢缩，具肉质果皮，成熟后不开裂，具种子1~6粒。花期7~8月，果期8~10月。另有一栽培品种"龙爪槐" *S. japonicum* 'Pendula'，以其"植株伞形，枝下垂，并向不同方向弯曲盘旋，形似龙爪"而易于识别（未提供图片）。

应用价值： 常作行道树，又是优良的蜜源植物；花蕾和荚果入药，有清凉收敛、止血降压作用；叶和根皮有清热解毒作用，可治疗疮毒；木材供建筑用。

校园分布： 校园常见绿化树种，如校南门口内侧单株、法学院西侧及塔云路北段行道树等。另有多株龙爪槐散生，如河南留学欧美预备学校校门前数株。

164 白车轴草

Trifolium repens L.

豆科 Fabaceae

车轴草属 *Trifolium* L.

俗名：荷兰翘摇、白三叶、三叶草

花语：幸福

物种特征：短期多年生草本，生长期达5年，匍匐或斜升。掌状三出复叶；叶柄较长；小叶常有弧形白斑，叶脉近叶缘分叉并伸达锯齿齿尖。花序球形，顶生；总花梗甚长，具花20~50朵，密集；开花后花梗立即下垂；萼钟形，具脉纹；花冠白色、乳黄色或淡红色，具香气。花果期5~10月。

应用价值：可作牧草、堤岸防护草种、草坪装饰以及蜜源和药材等用。

校园分布：校园常见草坪草，如西工字楼北侧草坪、小礼堂西侧林下草坪等。

165 蚕豆
Vicia faba L.

豆科 Fabaceae

野豌豆属 *Vicia* L.

俗名：佛豆、胡豆、荷兰豆

花语：缠绵，代表天长地久的深厚友谊

物种特征：一年生草本，高 30~100 厘米。根瘤粉红色。茎粗壮，直立，具四棱。偶数羽状复叶，卷须短，短尖头状；托叶具深紫色蜜腺点；小叶通常 1~3 对，互生。总状花序腋生；花萼钟形，下萼齿较长；花冠白色，具紫色脉纹及黑色斑晕；雄蕊 2 体（9+1）。荚果肥厚，种子 2~4。种皮革质，种脐黑色，明显。花期 4~5 月，果期 5~6 月。

应用价值：种子作为杂粮食用；茎叶嫩时作蔬菜或饲料；民间药用治疗高血压等。

校园分布：远程与继续教育学院对面开水房院内小片种植。

豆科 Fabaceae

野豌豆属 *Vicia* L.

俗名：鬼豆角、落豆秧、灰野豌豆

166
广布野豌豆
Vicia cracca L.

物种特征：多年生草本，高 40~150 厘米。茎攀缘或蔓生，有棱。偶数羽状复叶，叶轴顶端卷须 2~3 分枝；托叶半箭头形或戟形，上部 2 深裂；小叶 5~12 对，互生。总状花序与叶轴近等长，花多数，密集，生于总花序轴上部的一侧；花冠紫色、蓝紫色或紫红色。荚果先端有喙，种子 3~6。花果期 5~9 月。

应用价值：为水土保持和绿肥作物；嫩时为牛、羊等牲畜喜食饲料；花期早春为蜜源植物。

校园分布：大礼堂西侧草坪上偶见几株。

167 救荒野豌豆

Vicia sativa L.

豆科 Fabaceae

野豌豆属 *Vicia* L.

俗名：马豆、野豌豆、大巢菜

物种特征： 一年生或二年生草本，高15~90厘米。茎斜升或攀缘，具棱。羽状复叶，叶轴顶端卷须2~3分枝；托叶戟形，有裂齿；小叶长椭圆形或近倒心形，先端圆或平截有凹，具短尖头。花1~2腋生；花冠紫红色或红色；子房线形。荚果线状长圆形。花期4~7月，果期7~9月。与窄叶野豌豆的主要区别在于，后者托叶半箭头形或披针形，小叶线形或线状长圆形，先端平截或微凹。

应用价值： 为绿肥及优良牧草；全草药用；花果期及种子有毒，国外曾有用其提取物作抗肿瘤的报道。

校园分布： 校园常见杂草，如河南留学欧美预备学校校门东南角草地上大片生长。

豆科 Fabaceae
野豌豆属 *Vicia* L.
俗名：紫花苕子、野碗豆、铁豆秧

168
窄叶野豌豆
Vicia sativa Guss. subsp. *nigra* (L.) Ehrh.

物种特征： 救荒野豌豆的一变种。一年生或二年生草本，高20~50厘米。茎斜升、蔓生或攀缘。羽状复叶，叶轴顶端卷须发达；托叶半箭头形或披针形，有2~5齿；小叶线形或线状长圆形，先端平截或微凹，具短尖头。花1~2腋生；花冠红色或紫红色；子房纺锤形。荚果长线形，微弯。花期3~6月，果期5~9月。与救荒野豌豆原变种的主要区别在于，后者托叶戟形，小叶长椭圆形或近倒心形，先端圆或平截有凹。

应用价值： 可作为绿肥及牧草，亦为早春蜜源及观赏绿篱等。

校园分布： 校园常见杂草，如河南留学欧美预备学校校门东南角草地上大片生长。

169 四籽野豌豆

Vicia tetrasperma (L.) Schreb.

豆科 Fabaceae

野豌豆属 *Vicia* L.

俗名：小巢菜、野苕子、野扁豆、四籽草藤

物种特征： 一年生缠绕草本，高20~60厘米。茎细柔有棱。羽状复叶，卷须无分枝。总状花序与叶近等长，花1~2朵生于花序轴先端，花甚小，淡蓝色或带蓝、紫白色。荚果长圆形，具网纹，种子4。花期3~6月，果期6~8月。与小巢菜的主要区别在于，后者卷须分枝，总状花序明显短于叶，果实密被长硬毛，种子2。

应用价值： 优良牧草，嫩叶可食；全草药用，有平胃、明目之功效。

校园分布： 校园偶见，如河南留学欧美预备学校校门东南角草地上、校东门内侧向南河东岸草地上。

豆科 Fabaceae

野豌豆属 *Vicia* L.

俗名：硬毛果野豌豆、苕、薇、雀野豆

170
小巢菜
Vicia hirsuta (L.) Gray

物种特征：一年生草本，高15~90厘米，攀缘或蔓生。茎细柔有棱。羽状复叶，卷须分枝。总状花序明显短于叶；花甚小，2~4密集于花序轴顶端；花冠白色、淡蓝青色或紫白色。荚果长圆菱形，密被棕褐色长硬毛，种子2。花果期2~7月。与四籽野豌豆的主要区别在于，后者卷须不分枝，总状花序与叶近等长，果实无毛，种子4。

应用价值：可作为绿肥及饲料；全草入药，有活血、平胃、明目、消炎等功效。

校园分布：偶见于图书馆东南角墙根处。

171 绿豆
***Vigna radiata* (L.) R. Wilczek**

豆科 Fabaceae
豇豆属 *Vigna* Savi

俗名：青小豆、菉豆、植豆
花语：纯情，象征单纯美好的爱情

物种特征：一年生直立草本，高20~60厘米。茎被长硬毛。羽状三出复叶；托叶盾状，具缘毛；小托叶显著。总状花序腋生；萼筒无毛，裂片具缘毛；花黄绿色。荚果线状圆柱形，平展，被长硬毛，种子间多少缢缩；种子8~14，淡绿色或黄褐色。花期初夏，果期6~8月。

应用价值：种子作杂粮供食用；遮光发芽，可制成芽菜，供蔬食；入药，有清凉解毒、利尿明目之效；全株是很好的夏季绿肥。

校园分布：铁塔湖南侧三观园草地上多见，塔云路西侧篮球场北边草地上偶见。

172 豇豆

豆科 Fabaceae
豇豆属 *Vigna* Savi
俗名：红豆、饭豆

Vigna unguiculata (L.) Walp

物种特征： 豇豆的原亚种。一年生近直立草本，有时顶端缠绕状。羽状三出复叶，小叶卵状菱形。总状花序腋生，具长梗；花2~6朵；花梗间常有肉质蜜腺；花萼浅绿色，钟状；花冠黄白色而略带青紫。荚果长20~30厘米，下垂，种子多数。种子黄白色、暗红色或其他颜色。花果期5~8月。

应用价值： 嫩荚作蔬菜食用。

校园分布： 校内浴池西边小菜园中。

173 眉豆

Vigna unguiculata (L.) Walp. subsp. *cylindrica* (L.) Verdc.

豆科 Fabaceae

豇豆属 *Vigna* Savi

俗名： 短豇豆、饭豇豆、九月寒豇豆

物种特征： 豇豆的一亚种。与原亚种的主要区别在于，本亚种为一年生直立草本，高 20~40 厘米。荚果长 10~16 厘米，直立或斜展，种子数颗；种子颜色种种。花期 7~8 月，果期 9 月。

应用价值： 种子供食用。

校园分布： 体育学院网球场北围栏外偶见。

豆科 Fabaceae

豇豆属 *Vigna* Savi

俗名：尺八豇、豆角、长红豆

174
长豇豆
Vigna unguiculata (L.) Walp. subsp. *sesquipedalis* (L.) Verdc.

物种特征：豇豆的另一亚种。与原亚种的主要区别在于，本亚种为一年生攀缘植物，长 2~4 米。荚果长 30~70（90）厘米，下垂，嫩时多少膨胀，种子多数。种子肾形，长 8~12 毫米。花、果期夏季。

应用价值：嫩荚作蔬菜。

校园分布：校内几处小菜园中可见。

175 多花紫藤
Wisteria floribunda (Willd.) DC.

豆科 Fabaceae

紫藤属 *Wisteria* Nutt.

俗名： 藤萝花、玫瑰紫藤、日本紫藤

花语： 醉人的恋情、依依的思念、对你执着、最幸福的时刻、沉迷其中

物种特征： 落叶藤本，树皮赤褐色。茎右旋，枝较细，分枝密，叶茂盛。羽状复叶；小叶 5~9 对，自下而上等大或渐狭短；小托叶早落。花期 4~5 月，果期 5~7 月。校园内未见花果。与紫藤的主要区别在于，后者茎左旋，枝较粗壮，小叶数目较少，上部小叶较大，基部 1 对最小，小托叶宿存。

应用价值： 长廊植物，栽培供观赏。

校园分布： 铁塔湖南侧三观园西边长廊（近北头）植物。

豆科 Fabaceae

紫藤属 *Wisteria* Nutt.

176
紫藤
Wisteria sinensis (Sims) Sweet

俗名：紫藤萝

花语：醉人的恋情、依依的思念

物种特征：落叶藤本。茎左旋，枝较粗壮。羽状复叶；小叶3~6对，上部小叶较大，基部1对最小；小托叶宿存。总状花序，长达15~30厘米；花芳香；花萼杯状，上方2齿甚钝；花冠紫色；胚珠6~8粒。荚果密被绒毛，种子1~3粒。花期4~5月，果期5~8月。校园中另有一变型"白花紫藤" *W. sinensis* f. *alba*，花白色与原变型相区别。与多花紫藤的主要区别在于，后者茎右旋，枝较细，小叶数目多，自下而上等大或渐狭短，小托叶早落。

应用价值：长廊植物，栽培供观赏。

校园分布：校园常见长廊植物，如铁塔湖南侧三观园西边长廊（近南头）、学五公寓北侧园中等处。白花紫藤见于学五公寓北侧园中。

177 木瓜海棠

Chaenomeles cathayensis (Hemsl.) C. K. Schneid.

蔷薇科 Rosaceae

木瓜海棠属 *Chaenomeles* Lindl.

俗名：毛叶木瓜、光皮木瓜、贴梗海棠、榠楂

花语：强烈的爱、专一

物种特征： 落叶灌木至小乔木，高2~6米。枝条直立，具短枝刺。叶片与托叶幼时背面密被褐色绒毛。花先叶开放，2~3朵簇生；花梗短粗或近于无梗；萼裂片直立，与萼筒近等长或稍短；花瓣淡红色或白色。果实黄色有红晕，味芳香。花期3~5月，果期9~10月。与贴梗海棠的主要区别在于，后者叶片和托叶无毛或几无毛，花3~5朵簇生，萼裂片长约萼筒之半。

应用价值： 栽培供观赏；果实入药可作木瓜的代用品。

校园分布： 文学院北楼南墙根处1株。

178 贴梗海棠

Chaenomeles speciosa (Sweet) Nakai

蔷薇科 Rosaceae

木瓜海棠属 *Chaenomeles* Lindl.

俗名：铁脚梨、贴梗木瓜、木瓜、皱皮木瓜

花语：平凡、热情

物种特征：落叶灌木，高达2米。枝条直立开展，有枝刺。叶片几无毛；托叶大形，无毛。花先叶开放，3~5朵簇生；花梗短粗；萼裂片直立，长约萼筒之半；花瓣猩红色，稀淡红色或白色。果实黄色或带黄绿色，味芳香。花期3~5月，果期9~10月。与木瓜海棠的主要区别在于，后者叶片与托叶幼时背面密被褐色绒毛，花2~3朵簇生，萼裂片与萼筒近等长或稍短。

应用价值：花色艳，枝密多刺，可作花篱、绿篱；果实入药，有舒筋、活络、镇痛、消肿之效。

校园分布：校园多见，如大礼堂与校南门之间（博雅路）中段东侧的园中小路东侧。

179 枇杷
Eriobotrya japonica (Thunb.) Lindl.

蔷薇科 Rosaceae

枇杷属 *Eriobotrya* Lindl.

俗名： 卢桔、卢橘、金丸

花语： 润物无声、关怀的爱、陪伴、相思

物种特征： 常绿小乔木，高可达10米。小枝、叶片下面，以及叶柄均密生绒毛。圆锥花序顶生，总花梗、花梗、萼筒及萼裂片外面均有锈色绒毛；花瓣白色；雄蕊远短于花瓣。果实黄色或橘黄色，外有锈色柔毛，后脱落。种子褐色，光亮。花期10~12月，果期5~6月。

应用价值： 观赏树木和果树；叶药用，有化痰止咳及和胃降气之效；木材红棕色，可作木梳、手杖、农具柄等用。

校园分布： 大礼堂东侧1株，中心食堂北侧草地上2株。

180 棣棠

Kerria japonica (L.) DC.

蔷薇科 Rosaceae
棣棠属 *Kerria* DC.

俗名：土黄条、鸡蛋黄花、山吹
花语：高贵

物种特征：落叶灌木，高1~2米。小枝绿色，圆柱形，常拱垂，嫩枝有棱角。叶互生，边缘有尖锐重锯齿，两面绿色。花单生于当年生侧枝顶端；萼片果时宿存；花瓣黄色，顶端下凹。瘦果有皱褶。花期4~6月，果期6~8月（图a、b、c）。校园另有一变型"重瓣棣棠花" *K. japonica* f. *pleniflora*，其花重瓣与原变型相区别（图d）。

应用价值：茎髓作为"通草"代用品入药，有催乳利尿之效。

校园分布：大礼堂与校南门之间（博雅路）中段东侧园中小路旁，棣棠及重瓣棣棠花大片混植。

181 北美海棠
Malus 'American'

蔷薇科 Rosaceae
苹果属 *Malus* Mill.

俗名：海棠、海棠花
花语：潇洒

物种特征：北美海棠是苹果属中一些果实较小（直径小于 5 厘米），并具有较高观赏价值的种类的总称，包括多个种及种下变种和品种，由美国、加拿大选育，多为自交变异种。常为落叶小乔木。株高 5~7 米，树干有光泽，分枝多变。花量大，花色多，多有香气。果实形状、大小、颜色因种或品种不同而异，常深冬不落。（图为"绚丽海棠" *Malus* 'Radiant' 品种。）花期 4 月，果期 7~8 月。

应用价值：观赏价值极高的观赏树种，可作苹果嫁接的砧木，也是饮料、果脯、果干和中药等的原料，用途非常广泛。

校园分布：大礼堂与校南门之间（博雅路）中段东侧牡丹芍药园北边几株，东五斋南北两侧均有分布。

182 垂丝海棠

Malus halliana Koehne

蔷薇科 Rosaceae
苹果属 *Malus* Mill.

俗名：海棠花
花语：游子思乡

物种特征：乔木，高达5米。树冠开展，小枝细弱。伞房花序，4~6花，花梗细弱，下垂，常紫色；萼裂片内面密被绒毛，与萼筒等长或稍短；花瓣粉红色；花丝长短不齐，长约花瓣之半；花柱4或5，长于雄蕊。果径6~8毫米，略带紫色，萼片脱落。花期3~4月，果期9~10月。与湖北海棠的主要区别在于，后者柱头3，稀4，果实较大，黄绿色稍带红晕。

应用价值：各地常见栽培供观赏。

校园分布：大礼堂与校南门之间（博雅路）中、北段东侧园中几株（靠近静斋路）。

183 湖北海棠

Malus hupehensis (Pamp.) Rehder

蔷薇科 Rosaceae
苹果属 *Malus* Mill.

俗名：茶海棠、秋子、野花红
花语：离愁别绪、温和、美丽、快乐

物种特征：乔木，高可达8米。老枝紫色至紫褐色。伞房花序，4~6花；萼裂片内面有柔毛，与萼筒等长或稍短；花瓣粉白色或近白色；雄蕊花丝长短不齐，约为花瓣之半；花柱3，稀4，较雄蕊稍长。果径约1厘米，黄绿色稍带红晕，萼片脱落。花期4~5月，果期8~9月。与垂丝海棠的主要区别在于，后者柱头4或5，果实较小，带紫色。

应用价值：春季满树缀以粉白色花朵，秋季结实累累，可作观赏树种；分根萌蘖作为苹果砧木，嫁接成活率高；嫩叶晒干作茶叶代用品，味微苦涩，俗名"花红茶"。

校园分布：综合教学楼（荟学楼）东侧园中2株。

184 苹果

Malus pumila Mill.

蔷薇科 Rosaceae

苹果属 *Malus* Mill.

俗名： 西洋苹果、柰、嘎啦

花语： 陷阱、淳朴

物种特征： 乔木，高可达 15 米。主干短，小枝短而粗，幼时密被绒毛。叶片幼嫩时两面具短柔毛，叶柄粗壮。伞房花序，3~7 花；花梗、萼筒外面及萼裂片内外两面密被绒毛，裂片长于萼筒；花瓣白色，蕾时带粉红色；花丝长约花瓣之半；花柱 5。果实扁球形，果梗短粗。花期 5 月，果期 7~10 月。与楸子的主要区别在于，后者雄蕊花丝长约花瓣 1/3，果实较小，卵形，果梗细长。

应用价值： 著名落叶果树，并可观赏。

校园分布： 学五公寓北侧园中 2 株，学十一公寓门口 1 株。

185 楸子

Malus prunifolia (Willd.) Borkh.

蔷薇科 Rosaceae
苹果属 *Malus* Mill.

俗名：海棠果、海棠、柰子、沙条
花语：美好、忠诚、善良

物种特征：小乔木，高达 3~8 米。小枝粗壮，嫩时密被短柔毛。叶片幼时上下两面的叶脉有柔毛；叶柄嫩时密被柔毛。花 4~10 朵，近伞形花序；萼筒外面和萼片内外两面均被柔毛，裂片长于萼筒；花瓣常白色，蕾时粉红色，或因品种而异；花丝长约花瓣 1/3；花柱 4（5）。果实卵形，果梗细长。花期 4~5 月，果期 8~9 月。与苹果的主要区别在于，后者花丝长约花瓣之半，果实较大，扁球形，果梗短粗。

应用价值：栽培供观赏，也是苹果的优良砧木，有些品种果实可供食用及加工。

校园分布：学五公寓北侧园中 1 株。

186 西府海棠

Malus × *micromalus* Makino

蔷薇科 Rosaceae
苹果属 *Malus* Mill.

俗名：子母海棠、小果海棠、海红
花语：单恋

物种特征：小乔木，高达 2.5~5 米。树枝直立性强。嫩叶被短柔毛，下面较密。伞形总状花序，4~7 花；萼筒外面密被白色长绒毛，萼片内面被白色绒毛，外面较稀疏，萼片与萼筒等长或稍长；花瓣粉红色；雄蕊花丝长短不等，稍短于花瓣；花柱 5。果实近球形，萼片多脱落。花期 4~5 月，果期 8~9 月。

应用价值：常栽培供观赏；还可用作嫁接苹果或花红的砧木；果味酸甜，可供鲜食及加工用。

校园分布：校园多处散生，如大礼堂与校南门之间（博雅路）中段东侧园中，七号楼南墙根处均有分布。

187 红叶石楠

Photinia × fraseri Dress

蔷薇科 Rosaceae

石楠属 *Photinia* Lindl.

俗名：费氏石楠、红芽石楠

花语：孤独、威严和庄重

物种特征：常绿灌木或小乔木，株高 4~6 米。幼枝呈棕红色，后呈紫褐色、灰褐色。叶片幼时棕红色，以后变绿，光亮。复伞房花序顶生，萼裂片边缘带红色，花白色。果椭圆形，黄红色或褐紫色。花期 5~7 月，果期 9~10 月。与石楠的主要区别在于，后者幼枝和幼叶紫红绿色，很快转绿，果实近球形，较小。

应用价值：可作绿篱，或修剪成一定造型供观赏；树皮、枝干可萃取桐油，工业用途广泛。

校园分布：校园常见，如综合办公楼（北楼）东侧台阶处、铁塔湖南侧三观园中等处。

188 石楠

Photinia serratifolia (Desf.) Kalkman

蔷薇科 Rosaceae

石楠属 *Photinia* Lindl.

俗名：山官木、凿木、红叶石楠

花语：孤独

物种特征：常绿灌木或小乔木，高4~6米，枝褐灰色。叶片边缘疏生具细锯齿，上面光亮。复伞房花序顶生；花密生；萼筒杯状；花瓣白色，近圆形。果实近球形，红色，后成褐紫色。花期4~5月，果期10月。与红叶石楠的主要区别在于，后者当年生枝偏红色，幼叶较长时间保持红色，夏秋季转绿，果实椭球形，较大。

应用价值：常见观花、观果常绿树种；叶和根供药用，为强壮剂、利尿剂，又可作土农药防治蚜虫等；木材可制车轮及器具柄。

校园分布：校园常见，如校南门外及校东门内各对植2株、综合教学楼（荟学楼）东侧园中多株、东斋房东头林中多株。

189 朝天委陵菜

Potentilla supina L.

蔷薇科 Rosaceae

委陵菜属 *Potentilla* L.

俗名：鸡毛菜、铺地委陵菜、野香菜

物种特征： 一或二年生草本。茎平展，上升或直立，叉状分枝。羽状复叶，小叶 2~5 对，最上面 1~2 对小叶基部下延与叶轴合生。花茎上多叶，下部花自叶腋生，顶端呈伞房状聚伞花序；副萼片比萼片稍长或近等长；花瓣黄色，顶端微凹，与萼片近等长或较短。花果期 3~10 月。

应用价值： 一种常见野菜；可入药，补中益气、清热解毒、润肺化痰、消炎止泻。

校园分布： 校园常见杂草，如体育学院田径场西南角草地等处。

蔷薇科 Rosaceae

蛇莓属 *Duchesnea* Sm.

俗名：三爪凤、龙吐珠、东方草莓

花语：意外收获

190
蛇莓
Duchesnea indica
(Andrews.) Teschem.

物种特征：多年生草本，匍匐茎多数。掌状三出复叶，具小叶柄。花单生于叶腋；副萼片比萼片长，先端常具3~5锯齿；花瓣倒卵形，黄色，先端圆钝；心皮多数，离生；花托在果期膨大，海绵质，鲜红色，有光泽。瘦果鲜时有光泽。花期6~8月，果期8~10月。

应用价值：全草药用，能散瘀消肿、收敛止血、清热解毒；茎、叶捣敷疔疮有特效，亦可敷蛇咬伤、烫伤、烧伤等。

校园分布：校园常见杂草，如贡院执事楼前以及九号楼西侧草地上均有分布。

191 大岛樱
Prunus speciosa (Koidz.) H. Ohba

蔷薇科 Rosaceae
李属 *Prunus* L.

俗名：伊豆大岛樱
花语：纯洁与高尚

物种特征：落叶乔木，高可达 15 米。叶缘具重锯齿，托叶裂片呈线形。花序伞房状，总花序梗明显，4~5 花；萼筒长钟形，萼片边缘有锯齿；花白色，单瓣。核果熟时黑色，球形。花期 3~4 月。与东京樱花的主要区别在于，后者花序伞形总状，总花序梗极短，3~4 花，叶柄、花梗和萼筒均被柔毛。

应用价值：适应性强，满树烂漫，如云似霞，为常见观赏花木。

校园分布：校园常见，如十号楼（尚学楼）东侧园中几株、校东门内南北两侧河东岸行道树。

192 东京樱花

Prunus yedoensis Matsum.

蔷薇科 Rosaceae

李属 *Prunus* L.

俗名：樱花、日本樱花、吉野樱

花语：向你微笑

物种特征：乔木，高 4~16 米。小枝淡紫褐色，嫩枝绿色。叶缘有尖锐重锯齿；叶柄和托叶被毛。花序伞形总状，总梗极短，3~4 花；花梗被短柔毛；萼筒管状，被疏柔毛；花瓣白色或粉红色，单瓣。核果近球形，黑色。花期 4 月，果期 5 月。与大岛樱的主要区别在于，后者花序伞房状，总花序梗明显，4~5 花，叶柄、花梗和萼筒均无毛。

应用价值：园艺品种很多，供观赏用。

校园分布：琴房楼、铁塔湖西岸及玫瑰苑体育馆东门行道树。

叁·被子植物

193 日本晚樱

Prunus serrulata (Lindl.) G. Don var. *lannesiana* (Carri.) Makino

蔷薇科 Rosaceae

李属 *Prunus* L.

俗名：矮樱

花语：转瞬即逝的爱情

物种特征：山樱花的变种。乔木，高 3~8 米。树皮灰褐色或灰黑色。叶缘有重锯齿，齿端有长芒。花序伞房总状或近伞形，2~3 花，有香味；总苞片褐红色，内面被长柔毛；总梗无毛；萼筒管状，先端扩大，萼裂片全缘；重瓣，花瓣白色、粉红色。花期 4~5 月。本种花重瓣，明显区别于大岛樱和东京樱花。

应用价值：花大而芳香，盛开时繁花似锦，为常见观赏花木；花蕾入药，具有镇咳以及祛风的效果，用于治疗咳嗽和气管炎等呼吸道类疾病。

校园分布：大礼堂与校南门之间（博雅路）中段及北段东侧园中少数几株，武术学院门前多株。

194 欧洲甜樱桃

Prunus avium (L.) L.

蔷薇科 Rosaceae

李属 *Prunus* L.

俗名： 欧洲樱桃、西洋实樱、大樱桃

花语： 纯洁、高洁、别无所爱

物种特征： 乔木，株高达25米，树皮黑褐色。叶缘缺刻状圆钝重锯齿。花序伞形，花3~4，花叶同开，花芽鳞片花期反折；萼筒钟状，萼裂片花时反折；花瓣白色。核果红色至紫黑色。花期4~5月，果期6~7月。与樱桃的主要区别在于，后者叶缘尖锐重锯齿，花先叶开放，萼裂片不反折，果红色，较小。

应用价值： 栽培供观赏；果实可鲜食，或制成果酱、果酒及罐头等；木材轻柔，褐色，磨光好，可制家具等。

校园分布： 国际交流处院内1株。

199

樱李梅
***Prunus* × *blireana* André**

蔷薇科 Rosaceae
李属 *Prunus* L.

俗名：美人梅
花语：我纯洁的心只属于你，我只愿跟随你

物种特征：落叶小乔木或灌木。叶片卵圆形，叶缘有细锯齿，叶背面生有短柔毛。花色浅紫，重瓣花；花柄较短；萼筒宽钟状，萼片5，近圆形至扁圆。图为其一品种"美人梅" *Prunus* × *blireana* 'Meiren'，叶紫红绿色，重瓣花，浅紫色，偶有果，果实椭球形，紫红色，被短毛。

应用价值：叶始终紫红绿色，花团锦簇，是优良的观叶和早春观花花木。

校园分布：大礼堂与校南门之间（博雅路）中段东侧园中小池塘南边数株。

200 梅

Prunus mume Siebold & Zucc.

蔷薇科 Rosaceae

李属 *Prunus* L.

俗名：酸梅、干枝梅、春梅、白梅、西梅

花语：坚强、高雅和忠贞

物种特征：小乔木，稀灌木，高 4~10 米。小枝常多数，绿色，光滑无毛。叶尖尾尖。花单生或有时 2 朵，香味浓，先叶开放；花梗短；花萼通常红褐色；花瓣白色至粉红色，因品种而异。果实近球形，被毛，味酸；果肉粘核；核两侧微扁，具棱，表面具蜂窝状孔穴。花期冬春季，果期 5~6 月。

应用价值：栽培供观赏或作核果类果树嫁接的砧木；花、叶、根和种仁均可入药；果实可食，或熏制成乌梅入药，有止咳、止泻、生津、止渴之效。

校园分布：校园常见，如综合教学楼（荟学楼）东侧园中多株，静斋路北段几个斋房之间成片栽植。

201 樱桃李
Prunus cerasifera Ehrh.

蔷薇科 Rosaceae

李属 *Prunus* L.

俗名：樱李、红叶晚李、矮樱、紫叶李

花语：幸福、向上、积极

物种特征：灌木或小乔木，高可达 8 米。多分枝，枝条细长，开展，小枝暗红色。叶片多椭圆形、卵形或倒卵形，叶柄无腺。花 1 朵，稀 2 朵；花梗明显；萼筒钟状；花瓣白色，边缘波状。核果微被蜡粉，具有浅侧沟，粘核；核椭圆形或卵球形。花期 4 月，果期 8 月。图为其一品种"紫叶李" *P. cerasifera* 'Pissardii'，叶紫红绿色，花白色带浅粉红色，单瓣，果实紫红色。

应用价值：果实供食用，也可作为天然色素提取的基料。

校园分布：校园常见，如综合教学楼（荟学楼）东侧园中多株，静斋路北段几个斋房之间成片栽植。

202 木瓜

Pseudocydonia sinensis (Thouin) C. K. Schneid.

蔷薇科 Rosaceae

木瓜属 *Pseudocydonia* (C. K. Schneid.) C. K. Schneid.

俗名：海棠、光皮木瓜、楔楂、木瓜海棠

花语：平凡

物种特征：灌木或乔木，高达 10 米。树皮片状脱落。叶常椭圆形或椭圆状长圆形，叶缘有刺芒状尖锐锯齿。花单生叶腋；花梗粗；萼片内面密被浅褐色绒毛，反折；花瓣淡粉红色；雄蕊长不及花瓣 1/2。果长椭圆形，暗黄色，木质，果柄短，味芳香，果皮干燥后仍光滑，不皱缩。花期 4 月，果期 9~10 月。

应用价值：栽培供观赏；果实味涩，水煮或糖渍以供食用，入药有解酒、去痰、顺气、止痢之效；木材坚硬可作床柱用。

校园分布：大礼堂与校南门之间（博雅路）中北段东侧园中小路两侧多株。

203 火棘

Pyracantha fortuneana (Maxim.) H. L. Li

蔷薇科 Rosaceae

火棘属 *Pyracantha* M. Roem.

俗名：赤阳子、救军粮、火把果

花语：红红火火

物种特征： 常绿灌木，高达3米。侧枝短，先端成刺状，老枝暗褐色。叶片基部下延连于叶柄，边缘有钝锯齿，齿尖内弯；叶柄短。花集成复伞房花序；萼筒钟状；花瓣白色，近圆形；花药黄色；花柱5，离生，与雄蕊等长。果实近球形，橘红色或深红色。花期3~5月，果期8~11月。

应用价值： 栽培作绿篱、花篱；果实磨粉可作代食品。

校园分布： 校园少见，如十号楼（尚学楼）东侧草地上1株、中心食堂西侧琢玉路北头几株。

204 白梨

Pyrus bretschneideri Rehder

蔷薇科 Rosaceae
梨属 *Pyrus* L.

俗名：罐梨、白挂梨
花语：冰清玉洁、风雅、楚楚可人

物种特征：乔木，高达 5~8 米。叶片卵形或椭圆卵形，边缘有尖锐锯齿，齿尖有刺芒。伞形总状花序，花 7~10 朵；苞片和萼片内面密被褐色长绒毛；花瓣白色，先端常呈啮齿状；雄蕊长约花瓣之半；花柱 5 或 4。果实卵形或近球形，径大于 2 厘米，黄色，具细密斑点，果梗肥厚。花期 4 月，果期 8~9 月。

应用价值：果实可供食用，亦可入药。
校园分布：远程与继续教育学院对面开水房院内 1 株。

205 豆梨

Pyrus calleryana Decne.

蔷薇科 Rosaceae

梨属 *Pyrus* L.

俗名：梨丁子、杜梨、糖梨
花语：纯真的爱情

物种特征：乔木，高5~8米。叶片宽卵形至卵形，边缘有钝锯齿。伞形总状花序，花6~12朵；苞片和萼片内面具绒毛；花瓣卵形，白色；雄蕊稍短于花瓣；花柱2，稀3。梨果球形，径约1厘米，黑褐色，有斑点，果梗细长。花期4月，果期8~9月。

应用价值：木材致密可作器具；通常用作沙梨砧木。

校园分布：综合办公楼（北楼）东侧园中1株。

206 玫瑰

Rosa rugosa Thunb.

蔷薇科 Rosaceae

蔷薇属 *Rosa* L.

俗名：滨茄子、滨梨、刺玫

花语：激情的爱

物种特征：直立灌木，高可达2米。茎粗壮，丛生；小枝和皮刺外密被绒毛。羽状复叶，小叶5~9，小叶片叶脉下陷，有褶皱，小叶片下面、叶柄和叶轴密被毛。花单生叶腋，或数朵簇生；萼片被毛；重瓣至半重瓣，芳香，紫红色至白色。果扁球形，砖红色，萼片宿存。花期5~6月，果期8~9月。以"皮刺多直立，小叶5~9，小叶片叶脉下陷，有褶皱，花柱远短于雄蕊，果熟时萼片宿存"区别于月季花。

应用价值：常见观赏植物；鲜花可食，或蒸制芳香油用于化妆品；花蕾入药，治肝胃气痛、胸腹胀满和月经不调。

校园分布：武术学院东侧公共体育教研部门口花坛中。

207 月季花
Rosa chinensis Jacq.

蔷薇科 Rosaceae
蔷薇属 *Rosa* L.

俗名：月月花、月月红、玫瑰、月季
花语：幸福、光荣、等待希望

物种特征：直立灌木，高1~2米。小枝粗壮，常有短粗的钩状皮刺。羽状复叶，小叶常3~5，小叶片上面暗绿色，常带光泽。花几朵集生，稀单生；花重瓣至半重瓣，红色、粉红色至白色，先端有凹缺。果卵球形或梨形，红色，萼片脱落。花期4~9月，果期6~11月。以"皮刺短粗钩状，小叶3~5，小叶片上面暗绿色，带光泽，花柱与雄蕊近等长，果熟时萼片脱落"区别于玫瑰。

应用价值：常见观赏植物；花、根、叶均可入药。

校园分布：校园常见花灌木，如大礼堂与校南门之间（博雅路）中北段东侧园中、琴房楼南侧园中。

208 木香花

Rosa banksiae Aiton

蔷薇科 Rosaceae

蔷薇属 *Rosa* L.

俗名：七里香、金樱、木香藤

花语：我是你的俘虏

物种特征：攀缘小灌木，高可达6米。羽状复叶，小叶3~5，稀7；托叶早落。花小型，多朵成伞形花序；萼片内面被白色柔毛；花瓣重瓣至半重瓣，白色，芳香；心皮多数，花柱离生，密被柔毛，比雄蕊短很多。花期4~5月。

应用价值：著名观赏植物，常栽培供攀缘棚架之用；花含芳香油，可供配制香精化妆品用。

校园分布：学五公寓北侧园中1株，学十四公寓北侧园中圆形廊架上数株。

209 野蔷薇

Rosa multiflora Thunb.

蔷薇科 Rosaceae

蔷薇属 *Rosa* L.

俗名：多花蔷薇、营实墙蘼、白花蔷薇

花语：浪漫的爱情

物种特征：攀缘灌木。羽状复叶，小叶（3）5~9；托叶篦齿状，大部贴生于叶柄。花多朵，排成圆锥状花序；萼片披针形，内面有柔毛；花瓣白色，先端微凹；花柱结合成束，比雄蕊稍长。果近球形，红褐色或紫褐色，有光泽，萼片脱落。花期4~5月。

应用价值：可供观赏；果实可酿酒；花、果、根、茎供药用。

校园分布：校园偶见，如大礼堂与校南门之间（博雅路）中段东侧园中小路旁1株、学十四公寓北侧园中长廊西头北边1株。

210 绣球绣线菊

Spiraea blumei G. Don

蔷薇科 Rosaceae

绣线菊属 *Spiraea* L.

俗名：碎米桠、珍珠梅、绣球

花语：祈福、努力

物种特征：灌木，高 1~2 米。小枝细，开张，稍弯曲，深红褐色或暗灰褐色。叶片菱状卵形至倒卵形，下面浅蓝绿色，基部具有不明显的 3 脉或羽状脉。伞形花序有总梗，花 10~25；花瓣宽倒卵形，先端微凹，白色；雄蕊 18~20，较花瓣短；花柱短于雄蕊。蓇葖果较直立。花期 4~6 月，果期 8~10 月。

应用价值：观赏灌木；叶可代茶；根、果供药用。

校园分布：大礼堂与校南门之间（博雅路）北段东侧园中小路旁花篱。

211 酸枣

Ziziphus jujuba Mill. var. *spinosa* (Bunge) Hu ex H. F. Chow

鼠李科 Rhamnaceae

枣属 *Ziziphus* Mill.

俗名：山枣树、硬枣、棘

花语：亲爱的

物种特征：枣的一变种，常为灌木。叶具2个托叶刺，长刺粗直，短刺下弯；叶片边缘具圆齿状锯齿，基生三出脉。花两性，单生或2~8个密集成腋生聚伞花序；花瓣黄绿色；花盘厚，肉质。核果近球形或短矩圆形，中果皮薄，味酸，核两端钝。花期5~7月，果期8~9月。

应用价值：果可食；蜜源植物；种子入药称"酸枣仁"，有镇定安神之功效。

校园分布：塔云路西篮球场北侧河边偶见1株。

212 榆树

Ulmus pumila L.

榆科 Ulmaceae

榆属 *Ulmus* L.

俗名：白榆、家榆、钻天榆

花语：富裕

物种特征：落叶乔木，高达25米。大树之皮暗灰色，不规则深纵裂，粗糙。叶椭圆状卵形，基部偏斜或近对称。花先叶开放，在去年生枝的叶腋成簇生状。翅果近圆形，顶端具缺口，果核部分位于翅果的中部。花果期3~6月（图a、b、c）。校园另见其一品种"龙爪榆"*U. pumila* 'Pendula'，与榆树的主要区别在于，其小枝卷曲或扭曲而下垂（图d）。

应用价值：木材供家具、桥梁、建筑等用；树皮内含淀粉及黏性物，可食用或作制醋原料；枝皮纤维坚韧，可作造纸原料等；幼嫩翅果可食。

校园分布：校园多处散生，如静斋路北段几个斋房之间、铁塔湖南岸边等处。

213 大叶榉树

Zelkova schneideriana Hand.-Mazz.

榆科 Ulmaceae
榉属 *Zelkova* Spach
俗名： 大叶榆、毛脉榉、面皮树
花语： 智慧、高官厚禄

物种特征： 高大落叶乔木，高达35米。树皮灰褐色至深灰色，呈不规则的片状剥落；当年生枝密生伸展的柔毛。叶厚纸质，基部稍偏斜，叶背密被柔毛。雄花1~3朵簇生叶腋，雌花或两性花单生于小枝上部叶腋。核果，几无梗，淡绿色，斜卵状圆锥形。花期4月，果期9~11月。

应用价值： 木材致密坚硬，纹理美观，不易伸缩，耐腐力强，为造船、桥梁、车辆、家具等的上等木材；树皮纤维发达，为人造棉及造纸原料。

校园分布： 校园常见，如大礼堂西侧草地上多株、东斋房东头林中等处。

214 大叶朴

Celtis koraiensis Nakai

大麻科 Cannabaceae

朴属 *Celtis* L.

俗名：白麻子、草榛子、灰杆子

花语：努力奋斗、坚持不懈

物种特征：落叶乔木，高可达 15 米。树皮灰色或暗灰色，当年生小枝老后褐色至深褐色。叶片先端近平截而具粗锯齿，中间的齿常呈尾状长尖。果单生叶腋，近球形至球状椭圆形，直径约 12 毫米，成熟时橙黄色至深褐色，果柄明显长于叶柄。花期 4~5 月，果期 9~10 月。

应用价值：园林绿化常用树种。

校园分布：塔云路东篮球场东南角偶见 1 株。

215 黑弹树
Celtis bungeana Blume

大麻科 Cannabaceae
朴属 *Celtis* L.

俗名：小叶朴、黑弹朴、菩提树
花语：一花一世界，一叶一菩提

物种特征：落叶乔木，高达10米。树皮灰色或暗灰色，有少数纵裂。叶先端尖至渐尖，中部以上疏具不规则浅齿，有时一侧近全缘。果单生叶腋，果梗（1.5）2~4倍长于其邻近的叶柄，果成熟时蓝黑色，近球形，直径6~8毫米。花期4~5月，果期10~11月。

应用价值：可用于绿化和防风固沙。

校园分布：塔云路东篮球场南侧数株。

216 朴树
Celtis sinensis Pers.

大麻科 Cannabaceae

朴属 *Celtis* L.

俗名：黄果朴、紫荆朴、小叶朴

花语：朴实

物种特征：落叶乔木。树皮黑灰色，粗糙，一年生枝密被柔毛。叶卵形或卵状椭圆形，先端尖或渐尖。果常单生叶腋，近球形，直径5~7毫米，成熟时黄或橙黄色；果梗短于至1.5倍长于其邻近的叶柄；果核近球形，白色。花期3~4月，果期9~10月。与紫弹树的区别在于，后者树皮暗灰色，较光滑，果序中常具2果，果较小，果核两侧压扁。

应用价值：根、皮、嫩叶入药，有消肿止痛、解毒治热的功效，外敷治水火烫伤；茎皮纤维为造纸和人造棉原料；果实榨油作润滑油；木材坚硬，可供工业用材。

校园分布：大礼堂西侧草地上1株（紧靠园中石板路东头）。

217 紫弹树

Celtis biondii Pamp.

大麻科 Cannabaceae

朴属 *Celtis* L.

俗名： 毛果朴、全缘叶紫弹树、黑弹朴

物种特征： 落叶小乔木至乔木，高达18米，树皮暗灰色，较光滑；当年生小枝幼时黄褐色，密被短柔毛。叶先端渐尖至尾状渐尖，边缘稍反卷。果序通常具2果，总梗极短，熟时黄色至橘红色，近球形，直径约5毫米。花期4~5月，果期9~10月。与朴树的区别在于，后者树皮黑灰色，粗糙，果单生叶腋，较大，果核近球形。

应用价值： 用于绿化道路、栽植公园小区、景观树等。

校园分布： 铁塔湖南侧三观园中1株大树，塔云路东篮球场南侧数株。

218 葎草

Humulus scandens (Lour.) Merr.

大麻科 Cannabaceae

葎草属 *Humulus* L.

俗名：葛勒子秧、拉拉秧、割人藤

花语：安慰

物种特征：缠绕草本，茎、枝、叶柄均具倒钩刺。叶掌状5~7深裂，稀为3裂。雄花小，黄绿色，形成圆锥花序；雌花序球果状，苞片纸质，具白色绒毛；子房为苞片包围，柱头2，伸出苞片外。瘦果。花期春夏，果期秋季。

应用价值：全草可作药用；种子油可制肥皂；果穗可代啤酒花用。

校园分布：校园常见杂草，如十号楼（尚学楼）北墙根处等。

219 构

Broussonetia papyrifera (L.) L'Hér. ex Vent.

桑科 Moraceae

构属 *Broussonetia* L'Hér. ex Vent.

俗名：毛桃、谷树、楮桃

花语：生命力顽强

物种特征：乔木，高10~20米，具丰富白色乳汁。树皮暗灰色，小枝密生柔毛。叶基部心形，两侧常不相等，边缘具粗锯齿，不分裂或3~5裂，背面密被绒毛。花雌雄异株；雄花序为柔荑花序，粗壮；雌花序球形头状。聚花果直径15~30毫米，成熟时橙红色，肉质。花期4~5月，果期6~7月。

应用价值：韧皮纤维可作造纸材料；楮实子及根、皮可供药用。

校园分布：校园常见，如综合办公楼（南楼）北侧1株大树、校东门内南北两侧城墙上很多小乔木或灌木丛。

220 无花果

Ficus carica L.

桑科 Moraceae

榕属 *Ficus* L.

俗名：蜜果、明目果、奶浆果

花语：丰富

物种特征：落叶灌木，高 3~10 米。整株富含白色乳汁，多分枝，小枝直立，粗壮。叶大型，通常 3~5 裂，表面粗糙；叶柄粗壮；托叶红色。雌雄异株，雄花和瘿花同生于榕果内壁。榕果单生叶腋，大而梨形，顶部下陷，成熟时紫红色或黄色。花果期 5~7 月。

应用价值：榕果味甜可食或作蜜饯，又可作药用；也供庭园观赏。

校园分布：校园散生几株，如远程与继续教育学院对面开水房院内 1 株。

221 印度榕
Ficus elastica Roxb. ex Hornem.

桑科 Moraceae

榕属 *Ficus* L.

俗名： 印度橡胶树、橡皮榕、印度橡皮树

花语： 坚韧不拔

物种特征： 乔木，高达20~30米，整株具丰富白色乳汁。树皮灰白色，平滑，小枝粗壮。叶厚革质，先端急尖，全缘，表面深绿色，有时带紫色，光亮，背面浅绿色，侧脉平行展出；叶柄粗壮；托叶膜质，深红色，脱落后有明显环状疤痕。花期冬季。校园内未见花果。

应用价值： 北方盆栽作观赏；本种胶乳属于硬橡胶类。

校园分布： 五号楼门口盆栽数株。

222 桑

桑科 Moraceae
桑属 *Morus* L.

Morus alba L.

俗名：桑树、家桑、蚕桑
花语：生死与共、同甘共苦

物种特征：乔木或灌木，富含乳汁。树皮厚，灰黄褐色。叶卵形或广卵形，边缘锯齿粗钝，有时为各种分裂，表面鲜绿色。花单性同株；雄花序柔荑状下垂，花被片淡绿色；雌花序较短；偶见雌雄同序者。聚花果卵状椭圆形，长1~2.5厘米，成熟时红色或暗紫色。花期4~5月，果期5~8月。

应用价值：树皮纤维柔细，可作纺织和造纸原料；根皮入药，称"桑白皮"；果实及枝条也入药；叶饲蚕，亦作药用；桑椹可以酿酒，称"桑子酒"。

校园分布：校园散生几株，如琴房楼东南角1株，科技馆西侧墙根处1株。

叁·被子植物

223 胡桃

Juglans regia L.

胡桃科 Juglandaceae
胡桃属 *Juglans* L.

俗名：核桃
花语：理性、谋略

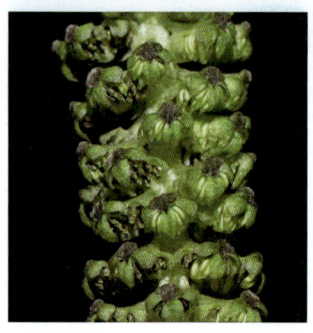

物种特征：乔木，高达 20~25 米。树干较矮，树冠广阔。大型羽状复叶，小叶通常 5~9。雄性柔荑花序下垂；雄蕊 6~30；雌性穗状花序通常具 1~3（4）花。果实近球状；果核稍具皱曲，有 2 条纵棱，顶端具短尖头。花期 5 月，果期 10 月。

应用价值：种仁含油量高，可生食，或榨油；木材坚实，是很好的硬木材料。

校园分布：十号楼（尚学楼）东侧园中草地上几株，文学院北楼南墙根 1 株。

224 枫杨

Pterocarya stenoptera C. DC.

胡桃科 Juglandaceae

枫杨属 *Pterocarya* Kunth

俗名：麻柳、马尿骚、蜈蚣柳

花语：纯洁和盟约

物种特征：落叶大乔木，高达 30 米。幼树树皮平滑，浅灰色，老时深纵裂；裸芽具柄，密被锈褐色腺体。羽状复叶，叶轴常具翅。雄性柔荑花序生于去年生枝叶痕腋内；雌性柔荑花序顶生，雌花柱头暗红色。果序长 20~45 厘米。果实长椭圆形，双生，果翅狭，具近平行的脉。花期 4~5 月，果熟期 8~9 月。

应用价值：可作绿化树种；树皮与枝皮含鞣质，亦可供纤维；果实可作饲料、酿酒；种子可榨油。

校园分布：校园常见，如东操场西侧路边多株、琢玉路北段几株、体育学院南门西侧几株。

225 冬瓜
Benincasa hispida (Thunb.) Cogn.

葫芦科 Cucurbitaceae

冬瓜属 *Benincasa* Savi

俗名：枕瓜、白瓜、瓠子瓜、节瓜

花语：紫气东来、福如东海、吉祥如意

物种特征：一年生蔓生草本，全株密被硬毛，卷须2~3歧。叶掌状5浅裂。通常雌雄同株，花大型、黄色，单生叶腋。雄花柄长，萼筒宽钟形，裂片反折；花冠黄色；雄蕊3，离生，药室3回折曲。雌花花萼和花冠同雄花；子房卵球状，柱头3，膨大，2裂。果长圆柱状或近球状，具糙硬毛及白霜。种子圆形，扁，边缘肿胀。花果期夏季。

应用价值：果实作蔬菜用。

校园分布：校园几处小菜园可见。

226 西瓜

葫芦科 Cucurbitaceae

西瓜属 *Citrullus* Schrad.

Citrullus lanatus (Thunb.) Matsum. & Nakai

俗名：寒瓜

花语：吉祥如意

物种特征：一年生蔓生藤本。茎、枝粗壮，密被白或淡黄褐色长柔毛，卷须2歧。叶三角状卵形，3深裂。雌、雄花均单生叶腋。雄花萼筒宽钟形；花冠淡黄色，外面带绿色；雄蕊3，近离生，1枚1室，另2枚2室，药室折曲。雌花花萼和花冠与雄花同，下位子房密被长毛。果近球形或椭圆形，肉质，果皮光滑，色泽及纹饰各式。种子卵形，黑、红等多色，或有斑纹。花果期夏季。

应用价值：果实为夏季之水果，能降温去暑；种子含油，可作消遣食品；果皮药用，有清热、利尿、降血压之效。

校园分布：校东门内北侧城墙边草地上偶见。

227 黄瓜
Cucumis sativus L.

葫芦科 Cucurbitaceae

黄瓜属 *Cucumis* L.

俗名：青瓜、胡瓜、旱黄瓜

花语：沉默专一的爱、纯真、可爱、活泼

物种特征：一年生攀缘草本。茎、枝伸长，有棱沟，被糙硬毛，卷须细，不分歧。叶柄粗糙，叶宽卵状心形，两面被糙硬毛。雌雄同株。雄花常数朵在叶腋簇生，花梗纤细，花冠黄白色。雌花单生，稀簇生，花梗粗壮。果实长圆形或圆柱形，熟时黄绿色，有具刺尖的瘤状突起。种子小，狭卵形，白色。花果期夏季。

应用价值：果为我国各地夏季主要菜蔬之一；茎藤药用，能消炎、祛痰、镇痉。

校园分布：校园几处小菜园可见。

葫芦科 Cucurbitaceae
黄瓜属 *Cucumis* L.
俗名：稍瓜、菜瓜

228 马泡瓜
Cucumis melo L. var. *agrestis* Naud.

物种特征： 一年生匍匐或攀缘草本。植株纤细，茎、枝有棱，被糙硬毛。卷须纤细，叶片厚纸质。花较小，雌雄同株，花黄色。双生或3枚聚生；子房密被微绒毛和糙硬毛，果实小，长圆形、球形或陀螺状，不甜，果肉极薄。花果期夏季。

应用价值： 常不食用，作观赏。

校园分布： 校东门内北侧河东岸边围栏处偶见1株。

229 南瓜

Cucurbita moschata (Duchesne ex Lam.) Duchesne ex Poir.

葫芦科 Cucurbitaceae
南瓜属 *Cucurbita* L.

俗名：北瓜、番南瓜、饭瓜、倭瓜
花语：开心、快乐、坚持追求自己的梦想

物种特征：一年生蔓生草本。茎和叶柄粗壮，密被短刚毛。叶片宽卵形或卵圆形，有角或浅裂。卷须3~5歧。雌雄同株，花单生。雄花萼裂片上部扩大成叶状；花冠黄色；雄蕊3，药室折曲。雌花花柱短，柱头3，膨大。果梗粗壮，有棱和槽，瓜蒂扩大成喇叭状；瓠果形状多样，因品种而异。种子多数，灰白色，边缘薄。花期6~7月，果期7~8月。

应用价值：果实可食；全株各部供药用，种子有清热除湿、驱虫的功效，藤有清热的作用，瓜蒂有安胎的功效，可根治牙痛。

校园分布：校园几处小菜园可见。

230 小葫芦

葫芦科 Cucurbitaceae
葫芦属 Lagenaria Ser.

Lagenaria siceraria (Molina) Standl. var. *microcarpa* (Naud.) Hara

俗名：压葫芦、宝葫芦、京葫芦
花语：纯洁

物种特征：小葫芦为葫芦的一变种。一年生攀缘草本。茎、枝具沟纹，幼时被黏质长柔毛。卷须纤细，2歧。叶片卵状心形或肾状卵形，两面均被微柔毛。花单生，雌雄同株，花冠白色。雌雄花各部均被微柔毛。果实中间缢细，初为绿色，后变白色至带黄色，熟时木质，长约10厘米。

应用价值：果实药用，成熟后外壳木质化，可作儿童玩具；种子油可制肥皂。

校园分布：科技馆门口南侧以及学一公寓东头等处可见栽培。

231 丝瓜
Luffa aegyptiaca Mill.

葫芦科 Cucurbitaceae
丝瓜属 *Luffa* Mill.
俗名：天吊瓜、胜瓜、菜瓜
花语：思念牵挂

物种特征：一年生攀缘藤本。茎、枝粗糙，有棱沟。卷须稍粗壮，通常2~4歧。叶片三角形或近圆形，通常掌状5~7裂。雌雄同株。雄花形成总状花序；萼裂片反折；花冠黄色；雄蕊通常5，稀3，药室多回折曲。雌花单生，柱头3，膨大。果实圆柱状，未熟时肉质，成熟后干燥，里面呈网状纤维。种子多数，黑色，扁。花果期夏秋季。

应用价值：嫩果为夏季蔬菜；成熟果实中网状纤维即"丝瓜络"，可用以洗刷灶具等，还可供药用，有清凉、利尿、活血、通经、解毒之效。

校园分布：校园几处小菜园可见。

232 苦瓜

Momordica charantia L.

葫芦科 Cucurbitaceae

苦瓜属 *Momordica* L.

俗名：凉瓜、癞瓜、锦荔枝

花语：苦尽甘来

物种特征：一年生攀缘状草本，柔弱。卷须纤细，不分歧。叶片轮廓卵状肾形或近圆形，5~7深裂。雌雄同株，花单生。雄花花梗纤细，中下部具1明显苞片；花冠黄色；雄蕊3，药室2回折曲。雌花苞片生于花梗基部。果实纺锤形或圆柱形，多瘤皱，成熟后橙黄色。种子多数，具红色假种皮。花果期5~10月。

应用价值：果作蔬菜；根、藤及果实入药，有清热解毒的功效。

校园分布：校园几处小菜园可见。

233 栝楼

Trichosanthes kirilowii Maxim.

葫芦科 Cucurbitaceae
栝楼属 *Trichosanthes* L.
俗名：药瓜、瓜楼、瓜蒌
花语：互相帮助

物种特征： 多年生攀缘藤本，长达 10 米。块根圆柱状，粗大肥厚。茎较粗，具纵棱及槽，卷须 3~7 歧。叶片常 3~5（~7）裂。雌雄异株。雄总状花序单生，或与一单花并生；花冠白色，裂片边缘流苏状。雌花单生，花冠同雄花。果实椭圆形或圆形，熟时黄褐色或橙黄色。花期 5~8 月，果期 8~10 月。

应用价值： 根入药称"天花粉"，果实、果皮和种子也为传统的中药，分别称为"（全）瓜蒌""瓜蒌皮""瓜蒌子"。

校园分布： 十号楼（尚学楼）北墙外有大片生长，塔云路东篮球场东南角围栏上可见。

234 白杜

Euonymus maackii **Rupr.**

卫矛科 Celastraceae

卫矛属 *Euonymus* L.

俗名：丝绵木、桃叶卫矛、明开夜合

花语：平平淡淡总是真

物种特征：乔木，高可达 6 米。叶先端长渐尖，叶柄通常细长。聚伞花序 3 至多花；花 4 数，淡白绿色或黄绿色；花丝细长，花药紫红色。蒴果倒圆心状，4 浅裂。种子长椭圆状，假种皮橙红色。花期 5~6 月，果期 9 月。

应用价值：木材可供器具及细工雕刻用；种子可作工业用油。

校园分布：学五公寓北侧园中 1 株，体育学院室外网球场东南角围栏外侧 1 株。

235 冬青卫矛

***Euonymus japonicus* Thunb.**

卫矛科 Celastraceae

卫矛属 *Euonymus* L.

俗名：大叶黄杨、冬青、日本卫矛

花语：严肃、正义

物种特征：常绿灌木或小乔木，高可达3米。小枝绿色。叶革质，有光泽，倒卵形或椭圆形。二歧聚伞花序5~12花，花序梗2~3次分枝；花白绿色，4数。蒴果近球状，淡红色。假种皮橘红色。花期6~7月，果熟期9~10月（图a、b、c）。校园还可见银边冬青卫矛 *E. japonicus* 'Albo-marginatus'（图d）和金心黄杨 *E. japonicus* 'Aureus'（未提供图片）两个品种，前者叶片靠近边缘显黄白色，后者叶片主脉周围显黄色。

应用价值：常用作绿篱，或修剪成一定造型以供观赏。

校园分布：校园常见绿化树种，如河南留学欧美预备学校校门北侧以及小礼堂门口等处有小乔木或大灌木，其他多处用作绿篱。

236 酢浆草

Oxalis corniculata L.

酢浆草科 Oxalidaceae

酢浆草属 *Oxalis* L.

俗名：酸三叶、酸醋酱、酸味草

花语：爱国

物种特征：草本，高 10~35 厘米。茎细弱，多分枝，直立或匍匐，匍匐茎节上生根。掌状复叶，小叶 3，倒心形。花单生或数朵集为伞形花序状，腋生，总花梗与叶近等长；花梗果后延伸；花瓣 5，黄色；雄蕊 10，长、短互间，各 5。蒴果长圆柱形，5 棱。花果期 2~9 月。本种以"下部节上常生根，总花梗与邻近叶柄近等长"易与直酢浆草相区别。

应用价值：全草入药，能解热利尿、消肿散瘀；茎叶含草酸，可擦铜器使其具光泽。

校园分布：校园常见杂草，如综合办公楼（北楼）南侧以及西工字楼北侧等处草地上有大片生长。

237 直酢浆草
Oxalis stricta L.

酢浆草科 Oxalidaceae
酢浆草属 *Oxalis* L.

俗名：酸溜溜、酢浆草、三六九
花语：复活

物种特征：多年生草本植物。根茎细长。茎直立或斜升。掌状复叶，小叶3，倒心形。聚伞花序，腋生，梗长；花瓣5，黄色。蒴果近圆柱形，直立。种子细小，稍扁，褐色。花期5~9月，果期6~10月。本种以"茎直立，总花梗长为邻近叶柄长的2倍或更长"易与酢浆草相区别。

应用价值：全草可作野菜食用，或作鸡饲料，并可入药，有清热解毒等功效。

校园分布：校园常见杂草，如西工字楼北侧等处草地上有大片生长。

238 关节酢浆草

酢浆草科 Oxalidaceae
酢浆草属 *Oxalis* L.
Oxalis articulata Savigny
俗名：红花酢浆草

物种特征：多年生草本。地下具鳞茎，长圆形，有关节。叶基生，叶柄较长，3小叶掌状复叶，小叶倒心形。伞形花序，萼片5，花瓣5，粉红色或白色，有深粉色条纹，花瓣喉部为粉紫色，雄蕊10，5长5短。花期5~9月。校园偶见白花品种。与红花酢浆草的主要区别在于，后者具球状鳞茎，花心嫩绿色。

应用价值：优良的地被花卉，适合用于花坛、花境、疏林地及林缘大片种植。

校园分布：校园常见地被植物，如十号楼（尚学楼）东侧园内东南角及大礼堂与校南门之间（博雅路）东侧园中等处。

239 红花酢浆草

Oxalis corymbosa DC.

酢浆草科 Oxalidaceae
酢浆草属 *Oxalis* L.
俗名：多花酢浆草、铜锤草、大酸味草
花语：璀璨的心

物种特征：多年生直立草本，地下具球状鳞茎。叶基生；叶柄长；小叶3，倒心形。二歧聚伞花序，总花梗常稍长于叶柄；萼片5；花瓣5，淡紫色至紫红色，基部颜色嫩绿色；雄蕊10枚，5长5短。花果期3~12月。与关节酢浆草主要区别在于，后者块状鳞茎具关节，花心粉紫色。

应用价值：优良地被植物；全草入药，止血，治跌打损伤、赤白痢。

校园分布：校园几处小片种植，如图书馆南门口西侧棕榈树下及远程与继续教育学院门口等处。

堇菜科 Violaceae

堇菜属 *Viola* L.

俗名： 宝剑草、犁头草、米布袋

花语： 诚信、活泼可爱

240

紫花地丁

Viola philippica Cav.

物种特征： 多年生草本，无地上茎，根状茎短。叶基生，莲座状；叶片下部者较小，上部者较长，常呈长圆形，先端圆钝，基部截形或楔形；托叶膜质，2/3~4/5 与叶柄合生。花常多数，花梗近中部 2 枚线形小苞片；萼片基部附属物短；花瓣紫堇色或淡紫色，稀白色，喉部色较淡并带有紫色条纹，下方花瓣距细管状，末端圆。蒴果长圆形。花果期 4 月中下旬至 9 月。本种以"叶片较狭长，通常呈长圆形，基部截形；花较小，距较短而细，始花期通常较晚"区别于早开堇菜。

应用价值： 全草供药用，能清热解毒、凉血消肿。嫩叶可作野菜。可作早春观赏花卉。

校园分布： 铁塔湖以南三观园草地上偶见。

241 戟叶堇菜

Viola betonicifolia J. E. Smith

堇菜科 Violaceae

堇菜属 *Viola* L.

俗名：铧头草、箭叶堇菜、紫花地丁

花语：坚韧、暗恋、不被人了解而艰难的爱

物种特征：多年生草本，无地上茎。根状茎通常较粗短。叶多数，基生；叶片基部垂片开展并具明显的牙齿；托叶约3/4与叶柄合生。花梗细长，与叶等长或超出于叶；花白色或淡紫色，有深色条纹，下方花瓣距管状，稍短而粗。花果期4~9月。本种叶长三角状戟形或三角状卵形，距短而粗，区别于紫花地丁。

应用价值：全草供药用，有清热解毒、消肿散瘀，外敷可治疮疖痛肿。

校园分布：塔云路西篮球场北侧草地上偶见1株。

242 早开堇菜
Viola prionantha Bunge

堇菜科 Violaceae
堇菜属 *Viola* L.

俗名：铧头草、早花地丁、紫花地丁
花语：沉默

物种特征：多年生草本，无地上茎。根状茎垂直，短而粗。叶多数，基生；幼叶基部两侧通常向内卷折；托叶2/3与叶柄合生。花梗较粗壮；花紫堇色或淡紫色，喉部色淡并有紫色条纹；上方花瓣向上方反曲，下方花瓣之距末端钝圆且微向上弯。种子多数，深褐色常有棕色斑点。花果期4月上中旬至9月。本种以其"幼叶基部两侧通常向内卷折"易与本属其他种相区别。

应用价值：早春观赏植物；全草供药用，有清热解毒、除脓消炎之效。

校园分布：远程与继续教育学院门口盆栽或成小片生长。

243 加杨

Populus × canadensis Moench

杨柳科 Salicaceae
杨属 *Populus* L.

俗名：加拿大杨、欧美杨、美国大叶白杨
花语：纯洁与盟约

物种特征：乔木，高30多米。树皮粗厚，深沟裂；大枝微向上斜伸；萌枝、苗茎、小枝有棱角。芽大，富黏质。叶三角形或三角状卵形，有圆锯齿，叶柄侧扁而长，带红色（苗期特明显）。雌雄异株；苞片丝状深裂；雌花序有花45~50朵，柱头4裂。果序长达27厘米。花期4月，果期5~6月。

应用价值：为良好的绿化树种；木材供箱板、家具、火柴杆、牙签和造纸等用；树皮含鞣质，可提制栲胶，也可作黄色染料。

校园分布：校园几处散生，如远程与继续教育学院门口北侧2株、体育改革与发展研究中心北侧园中2株。

244 毛白杨

Populus tomentosa Carrière

杨柳科 Salicaceae

杨属 *Populus* L.

俗名：白杨、响叶杨、三倍体毛白杨

花语：坚强不屈

物种特征：乔木，高达 30 米。树皮幼时暗灰色，以后渐变为灰白色；皮孔菱形，散生，或 2~4 连生。侧枝开展，老树枝下垂；小枝（嫩枝）初被灰毡毛，后光滑。叶具齿牙缘，长枝叶上面暗绿色，光滑，下面幼时密生毡毛；短枝叶上面暗绿色有金属光泽，下面光滑。雌雄异株；雄花苞片密生长毛；雌花序长 4~7 厘米，柱头 2 裂。果序长达 14 厘米。花期 3 月，果期 4~5 月。

应用价值：良好的速生用材造林树种之一，可作建筑、家具、火柴杆、造纸等用材；树皮含鞣质，可提制栲胶；可作优良庭园绿化或行道树。

校园分布：校园几处散生，如东操场西侧路边几株、七号楼西侧门球场四周几株等。

245 垂柳
Salix babylonica L.

杨柳科 Salicaceae

柳属 *Salix* L.

俗名：柳树、垂枝柳、倒垂柳

花语：依恋

物种特征：乔木，高达12~18米。树冠开展而疏散。枝特别细长，下垂。叶狭披针形或线状披针形，几无毛。雌雄异株，花序轴有毛；雄花序有短梗，雄蕊2，腺体2；雌花序长于雄花序，有梗，柱头2~4深裂，腺体1。蒴果，种子带毛。花期3~4月，果期4~5月。与旱柳的主要区别在于，后者枝细长，直立或斜展，雌花序短于雄花序，柱头近圆裂，雌、雄花中腺体均2。

应用价值：优美的绿化树种；木材可制家具；枝条可编筐；树皮含鞣质，可提制栲胶；叶可作羊饲料。

校园分布：校园多见，如东操场以东河西岸、静斋路北段东十斋与东九斋之间等处。

246 旱柳

杨柳科 Salicaceae

柳属 *Salix* L.

Salix matsudana Koidz.

俗名：白柳、柳树、羊角柳

花语：愁伤、惜别

物种特征：乔木，高可达18米。大枝斜上，树冠广圆形。小枝细长，直立或斜展。叶披针形，幼叶有丝状柔毛。雌雄异株，花序轴有长毛；雄花序多少有梗，雄蕊2，腺体2；雌花序短于雄花序，柱头近圆裂，腺体2。花期4月，果期4~5月。与垂柳的主要区别在于，后者枝特别细长，下垂，雌花序长于雄花序，柱头2~4深裂，雌花腺体2，雄花腺体1。

应用价值：绿化树种，亦为早春蜜源树；木材供建筑、造纸、人造棉、火药等用；细枝可编筐。

校园分布：校园多见，如东操场以东河西岸、学术交流中心（明园）南头等处。

247 铁苋菜
Acalypha australis L.

大戟科 Euphorbiaceae

铁苋菜属 *Acalypha* L.

俗名：蛤蜊花、海蚌含珠、蚌壳草

花语：真爱

物种特征：一年生草本，高 20~50 厘米。叶膜质，长卵形或阔披针形，顶端短渐尖，边缘具圆锯齿。雌、雄花同序；雌花无梗，生于花序下部，苞片 1~2（4）枚，卵状心形，花后增大；雄花生于花序上部，5~7 朵，簇生。蒴果具 3 个分果爿，果皮具小瘤体。种子近卵状。花果期 4~12 月。

应用价值：全株入药，具清热解毒、利湿消积、收敛止血的功效；嫩叶可食。

校园分布：校园少见杂草，如铁塔湖南侧三观园草地上。

248 斑地锦
Euphorbia maculata L.

大戟科 Euphorbiaceae
大戟属 *Euphorbia* L.

俗名：奶汁草、铺地锦、红痣草
花语：多余的

物种特征：一年生草本。茎匍匐，长10~17厘米，被柔毛。叶对生，长椭圆形至肾状长圆形，叶面中部常具紫斑。花序单生叶腋，总苞狭杯状；雄花4~5，雌花1。蒴果三角状卵形。种子卵状四棱形。花果期4~9月。与地锦草主要区别在于，后者全株几无毛，叶面绿色，无斑，果实通常无毛。

应用价值：全草入药，具有止血、清湿热、通乳之效。

校园分布：校园常见杂草，如铁塔湖南侧三观园草地上多片生长。

249 地锦草

Euphorbia humifusa Willd. ex Schltdl.

大戟科 Euphorbiaceae
大戟属 *Euphorbia* L.

俗名：小虫儿卧单、小红筋草、奶汁草
花语：友谊、忠实、婚姻

物种特征： 一年生草本，根纤细。茎多分枝，被（疏）柔毛。叶对生，矩圆形或椭圆形。花序单生叶腋，总苞陀螺状，雄花数枚，雌花1枚。蒴果和种子均三棱状卵球形。花果期5~10月。与斑地锦草的主要区别在于，后者茎被毛，叶常有紫斑，果实被毛。

应用价值： 全草入药，有清热解毒、利尿、通乳、止血及杀虫作用。

校园分布： 校园少见，如铁塔湖南侧三观园草地上。

250 小叶大戟

Euphorbia makinoi Hayata

大戟科 Euphorbiaceae
大戟属 *Euphorbia* L.

俗名：小叶地锦
花语：坚强、勇敢、有耐力

物种特征：一年生草本。根不分枝。茎多分枝，节处具不定根。叶对生，叶片椭圆状卵形，全缘或近全缘。花序单生，具柄；总苞近窄钟状，腺体4，边缘白色附属物狭窄；雄花3~4，雌花1。蒴果三棱状球形，种子卵状四棱形。花果期5~10月。以其"叶片全缘或近全缘，总苞顶端腺体的附属物较窄而不明显"区别于地锦草和斑地锦。

应用价值：全草入药，有泻水逐饮、消肿散结的作用。

校园分布：校园偶见，如文学院南楼南侧小园中几株、铁塔湖南侧三观园草地1株。

251 猩猩草

Euphorbia cyathophora Murr.

大戟科 Euphorbiaceae
大戟属 *Euphorbia* L.
俗名：草一品红、叶上花
花语：诱惑

物种特征：一年或多年生草本。根基部有时木质化。茎上部多分枝，高可达1米。叶互生，卵形或椭圆形，边缘波状分裂或具波状齿或全缘；总苞叶与茎生叶同形，淡红色或仅基部红色。花序数枚聚伞状排列于枝顶，总苞钟状；腺体1（2）枚，黄色；雄花多枚，雌花1枚。蒴果三棱状球形。种子卵状椭圆形。花果期5~11月。

应用价值：栽培供观赏；可清热解毒、提高免疫力、利尿等。

校园分布：体育学院田径场西南角成片生长。

252 泽漆

Euphorbia helioscopia L.

大戟科 Euphorbiaceae
大戟属 *Euphorbia* L.

俗名： 五朵云、猫儿眼草、眼疼花
花语： 善变

物种特征： 一年生草本。根下部分枝。茎直立，多分枝。叶互生，倒卵形或匙形；总苞叶倒卵状长圆形。花序单生，总苞钟状；腺体 4，淡褐色。雄花数枚，雌花 1 枚。蒴果三棱状阔圆形，具三纵沟。种子卵状。花果期 4~10 月。

应用价值： 全草入药，有清热、祛痰、利尿消肿及杀虫之效；种子含油量达 30%，可供工业用。

校园分布： 校园多见杂草，如国际交流处东围栏内外有大片生长。

253 蓖麻
Ricinus communis L.

大戟科 Euphorbiaceae
蓖麻属 *Ricinus* L.

俗名：红蓖麻、山东黄豆、洋麻子
花语：危险的快乐

物种特征： 一年生草本或草质灌木，高达5米，全株常被白霜。叶近圆形，掌状裂，裂片边缘具齿；叶柄中空，具腺体；托叶长三角形，早落。总状或圆锥花序，雌雄同序，无花冠；雄蕊束众多；子房密生软刺或无刺，花柱3，红色，顶部2裂。蒴果卵球形或近球形。种子椭圆形，具花纹。花期几全年或6~9月。

应用价值： 蓖麻油在工业上用途广泛，在医药上作缓泻剂。

校园分布： 校东门内向北河东岸护栏处偶见1株。

254 乌桕

大戟科 Euphorbiaceae
乌桕属 *Triadica* Lour.

Triadica sebifera (L.) Small

俗名：蜡子树、米桕、糠桕
花语：惜别、生机勃勃、深深地思念、喜庆

物种特征：乔木，高5~10米。枝带灰褐色，具纵棱，有皮孔。叶互生，纸质，叶片阔卵形，全缘；叶柄具2腺体；托叶三角形。总状花序，雌雄同序；雌花在下，雄花在上，或整个花序全为雄花。蒴果近球形，黑色。种子外薄被白色蜡质的假种皮。花期5~7月。

应用价值：常用作行道树；木材白色，坚硬，纹理细致，用途广；叶为黑色染料；根皮治毒蛇咬伤；种子外的蜡质层溶解后可制肥皂、蜡烛等。

校园分布：校园几处散生，如大礼堂西侧草坪上1株、大礼堂广场南侧草坪上1株。

255 重阳木

Bischofia polycarpa (H. Lévl.) Airy Shaw

叶下珠科 Phyllanthaceae
秋枫属 *Bischofia* Blume

俗名：大秋枫、过冬梨、水柳木
花语：品性高洁、忠贞

物种特征：落叶乔木，高达15米。树皮褐色，纵裂。三出复叶；小叶片纸质，卵形或椭圆状卵形，顶端突尖或短渐尖，基部圆或浅心形，边缘具钝细锯齿；托叶小，早落。花雌雄异株，均为总状花序。果实浆果状，圆球形。花期4~5月，果期10~11月。

应用价值：通常作行道树和庭园观赏树；木材适于建筑、造船、车辆、家具等用材；果肉可酿酒；种子油可供食用，也可作润滑油和肥皂油。

校园分布：校园常见，如学四公寓北侧成片栽植、学十三公寓门口行道树。

牻牛儿苗科 Geraniaceae

老鹳草属 *Geranium* L.

俗名：高山破铜钱、鬼针子、鹭嘴草

花语：不变的信赖、开朗、慰藉

256
野老鹳草
Geranium carolinianum L.

物种特征：一年生草本，高 20~60 厘米。茎具棱角，密被倒向短柔毛。基生叶早枯，茎生叶互生或最上部对生；托叶披针形或三角状披针形；叶片圆肾形，掌状裂。伞形花序，被毛；花瓣淡紫红色，倒卵形。蒴果具长喙（宿存的花柱），熟时果瓣由基部先裂后向上卷曲。花期 4~7 月，果期 5~9 月。

应用价值：全草入药，有祛风收敛和止泻之效。

校园分布：校园常见杂草，如铁塔湖南侧三观园草地上多片生长。

257 多花水苋菜

Ammannia multiflora Roxb.

千屈菜科 Lythraceae

水苋菜属 *Ammannia* L.

俗名：多花水苋、水苋菜

花语：生命力强、积极向上、永恒

物种特征：草本，多分枝，高8~35（~65）厘米。叶对生，膜质，长椭圆形，茎下部叶基部渐狭，中部以上叶基部抱茎。二歧聚伞花序，总花梗短；萼筒钟形，稍呈4棱；花瓣4，小而早落。蒴果扁球形，暗红色，光滑。种子半椭圆形。花期7~8月，果期9月。与长叶水苋菜的主要区别在于，后者叶狭披针形或线形，花单生或少数花簇生，果实近球形，有棱。

应用价值：适合水体绿化，是装饰玻璃容器的良好材料；全草可入药，健脾利湿、行气散瘀、止血，用于脾虚厌食、胸膈满闷、小便短赤涩痛、跌打损伤。

校园分布：文学院南楼南侧小园中几株，东十斋与东九斋之间草地上偶见1株。

千屈菜科 Lythraceae

水苋菜属 Ammannia L.

俗名： 红花水苋菜

258 长叶水苋菜

Ammannia coccinea Rottb.

物种特征： 一年生草本，高 20~110 厘米。茎有分枝，主茎叶腋处有火焰状紫色斑。叶对生，无柄，狭披针形或线形，基部半抱茎。花单生或簇生于叶腋；花瓣紫色、淡紫色或粉红色。蒴果近球形，紫红色，有棱。种子卵状三角形，表面有疣状突起。与多花水苋菜的主要区别在于，后者叶长椭圆形，花 15 朵以上簇生状，果实扁球形，较小，光滑。

应用价值： 全草入药，可用于补血、补钙、降血压、增强体质。

校园分布： 东十斋与东九斋之间草地上偶见 1 株。

259 尾叶紫薇

Lagerstroemia caudata
Chun & F. C. How ex S. K. Lee & L. F. Lau

千屈菜科 Lythraceae

紫薇属 *Lagerstroemia* L.

俗名：米结爱、木米杯、尖叶紫薇

花语：爱情、忠诚、温柔、美丽、高贵和永恒

物种特征：大乔木，高 18~30 米。树皮光滑，褐色，片状剥落；小枝圆柱形。叶先端尾尖或短尾状渐尖。圆锥花序顶生；花瓣白色，皱缩，有爪；雄蕊多数，其中 3~6 枚花丝明显较长。蒴果矩圆状球形；种子具翅。花期 4~5 月，果期 7~10 月。与紫薇的主要区别在于，后者小枝具棱，叶顶端短尖或钝，花蕾较平滑，顶端圆钝，果实椭圆球形或阔椭圆形，较大。

应用价值：石灰岩石山优良绿化树种之一；木材坚硬，纹理细致，淡黄色，适于作上等家具、室内装修、细工或雕刻等用材。

校园分布：铁塔湖南侧三观园中 2 株。

260 紫薇
Lagerstroemia indica L.

千屈菜科 Lythraceae

紫薇属 *Lagerstroemia* L.

俗名：千日红、无皮树、痒痒树

花语：好运、雄辩、女性、沉迷的爱、和平

物种特征：落叶灌木或小乔木，高达 7 米。树皮平滑，灰褐色；小枝具 4 棱。叶先端短尖或钝形至微凹。花淡红或紫色、白色，圆锥花序；花瓣皱缩，具长爪；雄蕊多枚，其中 6 枚着生于花萼上，显著较长。蒴果椭圆球形或阔椭圆形。种子有翅。花期 6~9 月，果期 9~12 月。与尾叶紫薇的主要区别在于，后者小枝圆柱形，叶顶端尾尖或短尾状渐尖，花蕾外有脉纹，顶端具小尖头，果实矩圆状球形，较小。

应用价值：可作庭园观赏树，有时亦作盆景；可作农具、家具、建筑等用材；树皮、叶及花为强泻剂；根和树皮煎剂可治咯血、吐血、便血。

校园分布：校园多见，如综合办公楼南侧、十号楼（尚学楼）东侧园中及静斋路西侧等处。

261 千屈菜
Lythrum salicaria L.

千屈菜科 Lythraceae
千屈菜属 *Lythrum* L.
俗名：水柳、对叶莲、红筷子
花语：孤独

物种特征： 多年生草本。茎分枝，高 30~100 厘米，具 4 棱。叶对生或三叶轮生，披针形或阔披针形，无柄。聚伞花序，似穗状；苞片阔披针形至三角状卵形；花瓣 6，红紫色，有短爪，稍皱缩。蒴果扁圆形。花果期 7~9 月。

应用价值： 栽培于水边或作盆栽，供观赏；全草入药，治肠炎、痢疾、便血，外用于外伤出血。

校园分布： 中心食堂后铁塔公园南门口西侧偶见 2 株。

262 石榴

千屈菜科 Lythraceae

石榴属 *Punica* L.

Punica granatum L.

俗名：丹若、安石榴、花石榴

花语：多子多福、红红火火、富贵、吉祥。

物种特征：落叶灌木或乔木，高 3~5 米。短枝顶常成刺，幼枝具棱角。叶对生，在小枝上簇生，纸质，矩圆状披针形，叶柄短。两性花，花瓣红色、黄色或白色；萼筒漏斗状者，其子房不发育；萼筒下部膨大者，其子房发育可结实。浆果近球形。种子钝角形，外种皮肉质可食。花期 5~7 月，果期 9~10 月。

应用价值：栽培供观赏；果实可食用；果皮入药，称"石榴皮"，可涩肠止血，治慢性下痢及肠痔出血等症；树皮、根皮和果皮均含多量鞣质，可提制栲胶。

校园分布：校园多见，如学五公寓门口及北侧园中等处。

叁·被子植物

263 小花山桃草

Oenothera curtiflora W. L. Wagner & Hoch

柳叶菜科 Onagraceae

月见草属 *Oenothera* L.

俗名：光果小花山桃草

花语：纯洁善良的人、成功的希望

物种特征：一年生草本，主根粗壮，全株被毛。茎高50~100厘米。基生叶宽倒披针形；茎生叶狭椭圆形、长圆状卵形。花序穗状；花管带红色；花瓣白色，后变红。蒴果坚果状，纺锤形。种子卵状。花期7~8月，果期8~9月。

应用价值：具观赏价值。

校园分布：校园常见，如铁塔湖南侧三观园草地上、校东门内南北两侧城墙边等处。

264 飞蛾槭

无患子科 Sapindaceae

槭属 *Acer* L.

Acer oblongum Wall. ex DC.

俗名：宽翅飞蛾槭、三裂飞蛾槭、绿叶飞蛾槭

物种特征： 常绿乔木，高 10~20 米。树皮灰色，粗糙，薄片脱落。小枝近圆柱形。叶革质，长圆卵形，下面有白粉，主脉在上面显著，在下面凸起。花杂性，绿色或黄绿色，雄花与两性花同株，伞房花序。翅果，翅与小坚果张开近直角。花期 4 月，果期 9 月。与金沙槭的主要区别在于，后者叶全缘或 3 裂，中裂片三角形，叶脉上面微陷、下面显著，翅果两翅张开呈钝角。

应用价值： 优良的庭院观赏树种，适于庭院及公园各处孤植、丛植。

校园分布： 铁塔湖南侧三观园中 1 株。

265 金沙槭

Acer paxii Franch.

无患子科 Sapindaceae

槭属 *Acer* L.

俗名：金江槭、川滇三角枫、半圆叶金沙槭

花语：坚毅

物种特征：常绿乔木，高 5~10 米。树皮褐色，粗糙。叶厚革质，长圆卵形、倒卵形或圆形，全缘或 3 裂；叶柄紫绿色。花绿色，杂性，雄花与两性花同株，伞房花序。翅果；小坚果特别凸起，卵圆形，翅与小坚果张开成钝角，稀成水平。花期 3 月，果期 8 月。与飞蛾槭主要区别在于，后者叶全缘，叶主脉在上面显著、下面凸起，翅果两翅张开近直角。

应用价值：树形优美，常作园林栽培树种。

校园分布：铁塔湖南侧三观园中 2 株。

266 三角槭

Acer buergerianum Miq.

无患子科 Sapindaceae

槭属 *Acer* L.

俗名： 三角枫、福州槭、宁波三角槭

花语： 积极向上、健康独立

物种特征： 落叶乔木，高 5~20 米。树皮褐色，粗糙。叶纸质，椭圆形或倒卵形，常浅 3 裂，裂片向前延伸，稀全缘；叶柄淡紫绿色。雄花与两性花同序，排成伞房状，花瓣淡黄色。翅果黄褐色；小坚果特别凸起，翅与小坚果张开成锐角或近于直立。花期 4 月，果期 8 月。以其"叶常 3 浅裂，裂片向前延伸，两翅张开成锐角或近于直立"与飞蛾槭和金沙槭相区别。

应用价值： 作庭荫树、行道树及护岸树种。

校园分布： 河南留学欧美预备学校校门与六号楼之间数株。

267 元宝槭

Acer truncatum Bunge

无患子科 Sapindaceae
槭属 *Acer* L.

俗名：平基槭、槭树、五角枫
花语：纯洁的爱

物种特征：落叶乔木，高8~10米。树皮灰褐色，深纵裂。当年枝绿色，多年枝灰褐色，具皮孔。叶纸质，常5（7）裂，有时中央裂片的上段再3裂。花黄绿色，雄花与两性花同株，花瓣淡黄色或淡白色。翅果，小坚果压扁状，翅与小坚果等长，张开成锐角或钝角。花期4月，果期8月。以其"小坚果压扁状，翅与小坚果等长"易于识别。

应用价值：很好的庭园树和行道树；木材细密可制造各种特殊用具，并可作建筑材料。

校园分布：中心食堂后铁塔公园南门口西侧1株。

268 红花槭

Acer rubrum L.

无患子科 Sapindaceae

槭属 *Acer* L.

俗名：美国红枫

花语：热忱、激情奔放

物种特征：大型乔木，高达30米。茎干光滑无毛，有皮孔。叶片掌状深裂，背面灰绿色，秋叶亮红色，极为绚丽。花簇生，红色或淡黄色。果实为翅果，红色，长2.5~5.0厘米。

应用价值：著名的秋色叶树种，适于庭院、山地风景区造景，也可用作行道树。

校园分布：文学院南侧园中数株。

269 鸡爪槭

Acer palmatum Thunb.

无患子科 Sapindaceae

槭属 *Acer* L.

俗名：七角枫、红枫、青枫

花语：优美雅致

物种特征：落叶小乔木。树皮深灰色。叶纸质，掌状分裂，叶柄细瘦。花紫色，雄花与两性花同株，伞房花序。翅果淡棕黄色；小坚果球形，脉纹显著；翅与小坚果张开成钝角。花期5月，果期9月。校园另见一品种"红槭"*A. palmatum* 'Atropurpureum'，其叶和果均红色（未提供图片）。

应用价值：广泛栽培，供观赏。

校园分布：中心食堂后铁塔公园南门口西侧偶见2株，向东篮球场北围栏外有2株红槭。

270 复羽叶栾

Koelreuteria bipinnata Franch.

无患子科 Sapindaceae

栾属 *Koelreuteria* Laxm.

俗名：全缘叶栾树、黄山栾树、响铃子、灯笼树

花语：奇妙震撼、绚烂一生、喜庆吉祥

物种特征：乔木，高达20余米。枝具小疣点。二回羽状复叶，小叶斜卵形，边缘有齿或全缘。圆锥花序大型，雄花与两性花同序，花黄色；雄花花瓣4，花瓣向后反折，瓣爪具深红色鸡冠状鳞片；两性花瓣爪被柔毛，花丝较短。蒴果椭圆形或近球形，具3棱。种子近球形。花期7~9月，果期8~10月。

应用价值：常作行道树，栽培于庭园供观赏；种子油工业用；根入药，有消肿、止痛、活血、驱蛔之功；花能清肝明目、清热止咳，又为黄色染料。

校园分布：校园常见绿化树种，如贡院路两侧行道树、西工字楼北侧多株。

271 花椒
Zanthoxylum bungeanum Maxim.

芸香科 Rutaceae

花椒属 *Zanthoxylum* L.

俗名：蜀椒、大椒、胡椒木

花语：勇敢、友谊、奉献、爱情、幸福

物种特征：落叶小乔木，高 3~7 米。枝有短刺。复叶，叶轴有翼；小叶对生，无柄，卵形、椭圆形，稀披针形，叶缘有齿，齿缝有油点。花序顶生；花被片黄绿色；雄花中退化雌蕊顶端叉状浅裂；雌花很少有发育雄蕊。果紫红色，散生油点。花期 4~5 月，果期 8~9 月或 10 月。

应用价值：常作调味料；入药具温中行气、逐寒等功效；其木材具美工价值。

校园分布：科技馆门口北侧 1 株，校内浴池后小菜园旁 1 株。

272 臭椿

苦木科 Simaroubaceae
臭椿属 *Ailanthus* Desf.

Ailanthus altissima (Mill.) Swingle

俗名：樗、黑皮樗、椿树、臭椿
花语：深沉的思念、执着的恋情

物种特征：落叶乔木，高达20余米。树皮平滑有直纹。奇数羽状复叶，小叶对生或近对生，纸质，卵状披针形，揉碎后具臭味。圆锥花序顶生，单性花；花淡绿色。翅果长椭圆形。种子扁圆形。花期4~5月，果期8~10月。与楝科的香椿主要区别在于，后者树皮深褐色，长片状脱落，偶数羽状复叶（稀奇数），具香味，花序和果序下垂，花白色，果实为蒴果，种子带翅。

应用价值：可作石灰岩地区的造林树种，或作园林风景树和行道树；叶可饲椿蚕（天蚕）；树皮、根皮、果实均可入药，有清热利湿、收敛止痢等效。

校园分布：校园常见，如塔云路中段行道树、西工字楼南侧小路行道树。

273 香椿
Toona sinensis (Juss.) Roem.

楝科 Meliaceae
香椿属 *Toona* (Endl.) M. Roem.
俗名： 毛椿、椿芽、椿树
花语： 长寿

物种特征： 乔木，树皮粗糙，片状脱落。偶数羽状复叶，具长柄，小叶纸质，卵状披针形或卵状长椭圆形。圆锥花序顶生，常下垂，花瓣基部带橙色，上部白色。蒴果狭椭圆形。种子有翅。花期6~8月，果期10~12月。与苦木科的臭椿主要区别在于，后者树皮灰白，具浅裂纹，奇数羽状复叶，具异臭味，花序直立，花淡绿色，果实为翅果。

应用价值： 幼芽、嫩叶可供蔬食；为家具、室内装饰品及造船的优良木材；根皮及果入药，有收敛止血、去湿止痛之功效。

校园分布： 学四公寓北侧1株。

274 米仔兰

Aglaia odorata Lour.

楝科 Meliaceae

米仔兰属 *Aglaia* Lour.

俗名： 米兰、鱼子兰、山胡椒

花语： 崇高品质

物种特征： 灌木或小乔木。茎多小枝。复叶，叶轴和叶柄具狭翅，小叶对生。圆锥花序腋生，花蕾小米粒状；花芳香，雄花的花梗纤细，两性花的花梗稍短而粗；花瓣黄色。浆果，卵形或近球形。花期 5~12 月，果期 7 月至翌年 3 月。

应用价值： 芳香植物；枝、叶有活血散瘀、消肿止痛的功效，用于跌打骨折、痈疮；花具行气解郁、醒酒清肺的功效，可用于治疗感冒。

校园分布： 东辰路欧亚学院门口小花坛中数株。

275 楝

Melia azedarach L.

楝科 Meliaceae

楝属 *Melia* L.

俗名：苦楝树、金铃子、川楝子

花语：温暖的笑容、希望、祝福

物种特征：落叶乔木，高10余米。树皮灰褐色，纵裂。2~3回奇数羽状复叶；小叶对生，卵形、椭圆形至披针形。圆锥花序约与叶等长，花瓣淡紫色，雄蕊管紫色。核果球形至椭圆形。种子椭圆形。花期4~5月，果期10~12月。

应用价值：行道树或造林树种；家具、建筑、舟车、乐器等用材；鲜叶、茎皮、根皮和果实均可入药；果核仁油可供制油漆、润滑油和肥皂。

校园分布：校园常见散生，如校西门与大礼堂之间（西月路）两侧多株。

276 苘麻

***Abutilon theophrasti* Medikus**

锦葵科 Malvaceae

苘麻属 *Abutilon* Mill.

俗名：磨盘草、白麻、塘麻

花语：温柔的爱

物种特征：一年生亚灌木状草本，高 1~2 米。茎枝被柔毛。叶互生，圆心形；托叶早落。花黄色，单生于叶腋，花瓣倒卵形。蒴果半球形。种子肾形，被柔毛。花期 7~8 月。

应用价值：茎皮可编织麻袋等纺织材料；种子供制皂、油漆和工业用润滑油，还可作润滑性利尿剂，并有通乳汁等功效；全草也作药用。

校园分布：校园常见散生，如琴房楼南侧园中等处。

277 蜀葵

Alcea rosea L.

锦葵科 Malvaceae
蜀葵属 *Alcea* L.

俗名：棋盘花、麻杆花、一丈红
花语：梦

物种特征：二年生草本，高2米，茎枝被刺毛。叶近圆心形，掌状裂或具波状棱角；托叶卵形，具3尖。花生于叶腋，单生或近簇生，总状花序式；花红、紫、白、粉红、黄和黑紫等色，单瓣或重瓣。果盘状，分果爿近圆形。花期2~8月。

应用价值：花大色艳，栽培供观赏；全草入药，有清热止血、消肿解毒之功效，治吐血、血崩等症；茎皮纤维发达，可代麻用。

校园分布：校园偶见，如校东门口内北侧城墙根、学一公寓东头草地上。

278 梧桐

Firmiana simplex (L.) W. Wight

锦葵科 Malvaceae

梧桐属 *Firmiana* Marsili

俗名： 青桐、中国梧桐、调羹树

花语： 优雅的心、使命、爱的使者（情窦初开）

物种特征： 落叶乔木，高达 16 米。树皮青绿色，平滑。叶心形，掌状裂，叶柄与叶片等长。圆锥花序顶生，花单性，淡黄绿色；萼 5 深裂至基部，萼片向外卷曲。蓇葖果膜质，成熟前开裂成叶状。种子圆球形。花期 6 月。

应用价值： 栽培于庭园的观赏树木；木材为制木匣和乐器的良材，还可刨片浸出黏液，称"刨花"，用于润发；种子炒熟可食或榨油；茎、叶、花、果和种子均可药用，有清热解毒的功效；树皮可用以造纸和编绳等。

校园分布： 校园少见散生，如文学馆与校内浴池之间几株、老干部活动中心西北角 1 株。

279 木槿

Hibiscus syriacus L.

锦葵科 Malvaceae

木槿属 *Hibiscus* L.

俗名：木棉、朝开暮落花、篱障花

花语：坚持、坚韧、美丽、永恒不变的爱和热情

物种特征：落叶灌木，高3~4米。小枝密被绒毛。叶菱形至三角状卵形，托叶线形。花单生于枝端叶腋间，钟形，淡紫色，单瓣或重瓣。蒴果卵圆形。种子肾形，背部被长柔毛。花期7~10月。

应用价值：供园林观赏用，或作绿篱、花篱材料；茎皮富含纤维，供造纸原料；花捣碎外敷，治疗皮肤癣疮，内服则清热利湿、凉血解毒，用于痢疾、白带臭秽以及肺热咳嗽等症。

校园分布：校园少见散生，如学五公寓北侧园中、东操场网球场东围栏外。

280 野西瓜苗
Hibiscus trionum L.

锦葵科 Malvaceae

木槿属 *Hibiscus* L.

俗名：小秋葵、灯笼花、香铃草

花语：温柔的坚持、坚韧、美丽永恒

物种特征：一年生草本，高 25~70 厘米。茎柔软，被粗毛。下部叶圆形，不分裂，上部叶掌状深裂；托叶线形。花单生叶腋，萼钟形，淡绿色，脉纹明显；花淡黄色，内面基部紫色。蒴果长圆状球形。种子肾形，黑色。花期 7~10 月。

应用价值：全草和果实、种子作药用，治烫伤、烧伤、急性关节炎等。

校园分布：塔云路北段路边偶见 1 株。

281 朱槿

Hibiscus rosa-sinensis L.

锦葵科 Malvaceae
木槿属 *Hibiscus* L.

俗名：扶桑、花叶朱槿、月月红
花语：热情奔放、脱俗美丽、友谊长存

物种特征：常绿灌木，高约1~3米；小枝圆柱形，疏被毛。叶阔卵形或狭卵形，托叶线形。花单生于叶腋；花梗有节；萼钟形；花冠漏斗形，玫瑰红色或淡红、淡黄等色；雄蕊单体；花柱和柱头红色。蒴果卵形，有喙。花期全年。

应用价值：花大色艳，供园林观赏用。

校园分布：九号楼门口及东操场羽毛球馆门口盆栽。

282 锦葵

锦葵科 Malvaceae

锦葵属 *Malva* Tourn. ex L.

Malva cathayensis M. G. Gilbert, Y. Tang & Dorr

俗名：棋盘花、小白淑气花、金钱紫花葵

花语：讽刺

物种特征：二年或多年生直立草本，高 50~90 厘米。多分枝，疏被粗毛。叶圆心形或肾形，具圆齿状钝裂片；叶柄槽内被毛；托叶偏斜，卵形，具锯齿。花簇生，紫红色或白色，爪具髯毛。果扁圆形，分果爿肾形，被柔毛。种子黑褐色，肾形。花期 5~10 月。

应用价值：花供园林观赏，地植或盆栽均宜；其花白色的常作药用。

校园分布：国际交流处西南角小片生长，其他处偶有散生。

283 圆叶锦葵

Malva pusilla Sm.

锦葵科 Malvaceae
锦葵属 *Malva* Tourn. ex L.

俗名：烧饼花、托盘果、野锦葵

物种特征： 多年生草本，高25~50厘米。分枝多而常匍生，被粗毛。叶肾形；托叶小，卵状渐尖。花簇生于叶腋，偶单生；萼钟形；花白色至浅粉红色。果扁圆形。种子肾形。花期夏季。

应用价值： 可供观赏；根可入药，补气虚，消水肿，固表止汗。

校园分布： 校园常见杂草，如九号楼西北角草地上、逸夫图书馆北门口等处。

锦葵科 Malvaceae

黄花稔属 *Sida* L.

花语：欢乐、庆祝、幸福、吉祥

284
湖南黄花稔
Sida cordifolioides K. M. Feng

物种特征： 直立、多枝亚灌木状草本，高达40厘米。叶卵形，先端钝，边缘具圆锯齿；托叶线形。花单生于叶腋或近簇生，花梗近端具节；花冠黄色，花瓣倒卵状楔形。分果爿5，密被星状柔毛，顶端具2芒尖。花果期7~10月。

应用价值： 茎皮纤维是编织绳索的优良原料，或和黄麻混纺，可织麻袋用。

校园分布： 中心食堂后铁塔公园南门口东侧草地上偶见1株。

285 芥菜
Brassica juncea (L.) Czern.

十字花科 Brassicaceae
芸薹属 *Brassica* L.

俗名：凤尾菜、大叶芥菜、雪里蕻
花语：冷漠

物种特征：一年生草本，高30~150厘米，带粉霜，有辣味。茎分枝。叶柄长，基生叶宽卵形至倒卵形；茎下部叶边缘有缺刻或牙齿，上部叶窄披针形。总状花序顶生；花黄色；萼片淡黄色，长圆状椭圆形。长角果线形。种子球形，紫褐色。花期3~5月，果期5~6月。与芸薹的主要区别在于，后者上部茎生叶基部抱茎，长角果果瓣有中脉及网纹，喙长，渐尖。

应用价值：优良的蜜源植物；叶盐腌供食用；种子及全草药用，能化痰平喘、消肿止痛；种子磨粉称"芥末"，为调味料；榨出的油称"芥籽油"，供食用。

校园分布：校园多见，小片栽培或零星分布，如学四公寓北侧西围墙处及文学院北楼南墙根处均有小片生长。

286 芸薹

十字花科 Brassicaceae

芸薹属 *Brassica* L.

Brassica rapa L. var. *oleifera* DC.

俗名：油菜、芸苔

花语：加油鼓励、无私奉献

物种特征：二年生草本，高 30~90 厘米；茎稍带粉霜。基生叶大头羽裂；叶柄宽，基部抱茎；下部茎生叶羽状半裂，有毛；上部茎生叶长圆状倒卵形、长圆形或长圆状披针形，抱茎。总状花序伞房状，常鲜黄色，或因品种而异；花瓣倒卵形，有爪。长角果线形。种子球形，紫褐色。花期 3~4 月，果期 5 月。与芥菜的主要区别在于，后者茎生叶不抱茎，长角果果瓣具 1 突出中脉，喙短粗。

应用价值：栽培供观赏；主要食用油料植物之一；亦为重要的蜜源植物；嫩茎叶和总花梗作蔬菜；种子药用，能行血、散结、消肿；叶可外敷治痈肿。

校园分布：科技馆南侧小菜园小片种植，其他处有零星分布。

287 青菜

Brassica rapa L. var. *chinensis* (L.) Kitam.

十字花科 Brassicaceae

芸薹属 *Brassica* L.

俗名：塌棵菜、小油菜、菜薹

花语：加油、勇于追求梦想、为理想而奋斗

物种特征：一年生或二年生草本，高达70厘米。茎直立，有分枝。基生叶倒卵形、宽倒卵形、长椭圆形或宽卵形，叶柄宽而肥厚；下部茎生叶与基生叶相似；上部茎生叶倒卵形、卵形、椭圆形或窄长圆形，基部耳状抱茎。总状花序圆锥状；花瓣黄色，长圆形。长角果线形，喙细。种子球形，紫褐色，有蜂房纹。花期4月，果期5~6月。

应用价值：作蔬菜食用。

校园分布：校园几处小菜园可见。

十字花科 Brassicaceae

荠属 *Capsella* Medik.

俗名：地米菜、芥、荠菜

花语：为你献上我的全部

288

荠

Capsella bursa-pastoris (L.) Medik.

物种特征：一年或二年生草本，高（7）10~50厘米。基生叶莲座状，大头羽状分裂或不裂；茎生叶（窄）披针形，抱茎，边缘有缺刻或齿。总状花序；花瓣白色，卵形，有爪。短角果倒三角形或倒心状三角形。种子长椭圆形。花果期4~6月。

应用价值：全草入药，有利尿、止血、清热、明目、消积功效；茎叶作蔬菜食用；种子油属于干性油，供制油漆及肥皂用。

校园分布：校园常见杂草。

289 粗毛碎米荠

Cardamine hirsuta L.

十字花科 Brassicaceae

碎米荠属 *Cardamine* L.

俗名：宝岛碎米荠、碎米荠

物种特征： 一年生草本，株高 15~30 厘米。茎多分枝，下部有时淡紫色，被较密柔毛。多数羽状复叶，顶生小叶具 3~5 圆齿，侧生小叶具 1~3 浅钝齿。总状花序，花小，直径约 3 毫米；花梗纤细；花瓣白色。长角果线形，稍扁，长达 30 毫米；果梗纤细，直立开展。种子椭圆形。花期 2~4 月，果期 4~6 月。

应用价值： 全草可作野菜食用，也供药用，能清热去湿。

校园分布： 校园少见，如九号楼西侧以及十号楼（尚学楼）东侧草地上。

290 弯曲碎米荠

Cardamine flexuosa With.

十字花科 Brassicaceae

碎米荠属 *Cardamine* L.

俗名：高山碎米荠、峨眉碎米荠

花语：热情

物种特征：一年或二年生草本，高30厘米。茎多分枝，斜升呈铺散状，疏生柔毛。基生叶有柄，茎生叶多为长卵形或线形。总状花序，花瓣白色。长角果线形，扁平，长12~20毫米。种子长圆形而扁。花期3~5月，果期4~6月。"花更小，果序轴左右弯曲，角果较短，熟时与果序轴近于平行"容易与粗毛碎米荠相区别。

应用价值：全草入药，能清热、利湿、健胃、止泻。

校园分布：校园多见，如九号楼西侧草地上成片生长。

291 播娘蒿

Descurainia sophia (L.) Webb ex Prantl

十字花科 Brassicaceae
播娘蒿属 *Descurainia* Webb & Berthel
俗名：腺毛播娘蒿
花语：亲切、温暖

物种特征：一年生草本，高 20~80 厘米。茎分枝多，下部淡紫色。叶 3 回羽状深裂，下部叶具柄，上部叶无柄。花序伞房状；花瓣黄色，长圆状倒卵形，具爪；雄蕊比花瓣长 1/3。长角果圆筒状。种子长圆形，有网纹。花期 4~5 月。

应用价值：种子含油 40%，油工业用，并可食用；种子亦可药用，有利尿消肿、祛痰定喘的效用。

校园分布：校园多见，如科技馆南侧墙根处、校东门内城墙根处。

292 盐芥

十字花科 Brassicaceae
山萮菜属 *Eutrema* R. Br.

Eutrema salsugineum
(Pall.) Al-Shehbaz & Warwick

俗名：特鲁木吉
花语：献身

物种特征：一年生草本，株高达35~45厘米。茎分枝，下部常有盐粒。叶灰绿色，具粉霜；基生叶具柄，早枯，卵形或长圆形；茎生叶无柄，长圆状卵形，抱茎。花序伞房状，果期伸长；花小，花瓣白色，长圆状倒卵形，先端钝圆。长角果。种子椭圆形。花果期4~5月。

应用价值：耐盐，适应性强，是研究植物逆境适应机制的理想材料。

校园分布：校园少见，如琴房楼南侧棕榈树下、铁塔湖南侧三观园草地上。

293 臭荠
Lepidium didymum L.

十字花科 Brassicaceae
独行菜属 *Lepidium* L.

俗名：芸芥、臭芸芥、臭独行菜
花语：亲切、温暖

物种特征：一年或二年生匍匐草本，高5~30厘米，有臭味。主茎短，多分枝。叶一（二）回羽状全裂。总状花序生于茎顶，不分枝；花极小，花瓣白色，或无花瓣。短角果和种子均肾形。花期3月，果期4~5月。

应用价值：全草入药，主治单纯性骨折。

校园分布：校园多见，如体育改革与发展研究中心对面草地上、大礼堂与校南门之间（博雅路）南段东侧长廊南头。

294 独行菜

十字花科 Brassicaceae
独行菜属 *Lepidium* L.

Lepidium apetalum Willd.

俗名：腺茎独行菜、辣辣菜、拉拉罐
花语：初次的爱、感情的纯洁、美好、清新

物种特征：一年或二年生草本，高5~30厘米，有分枝。基生叶窄匙形，一回羽状浅裂或深裂，茎上部叶线形。总状花序，花瓣不存在或退化成丝状，比萼片短。短角果近圆形或宽椭圆形，有短翅。种子椭圆形。花果期5~7月。

应用价值：嫩叶作野菜食用；全草及种子供药用，有利尿、止咳、化痰功效；种子亦可榨油。

校园分布：校园少见，如远程与继续教育学院门口、校医院院内。

295 诸葛菜

Orychophragmus violaceus (L.) O. E. Schulz

十字花科 Brassicaceae

诸葛菜属 *Orychophragmus* Bunge

俗名：二月蓝、紫金菜、菜子花

花语：谦逊质朴、无私奉献、礼让朴素

物种特征：一年或二年生草本，高10~50厘米。茎稍分枝，浅绿色或带紫色。基生叶及下部茎生叶大头羽状全裂，上部叶长圆形或窄卵形。总状花序，花色紫、浅红或白。长角果线形，具4棱。种子卵形至长圆形，有纵条纹。花期4~5月，果期5~6月。

应用价值：栽培供观赏；嫩茎叶可食；种子可榨油。

校园分布：校园常见地被，如小礼堂西侧和大礼堂北侧均有分布。

296 萝卜

Raphanus sativus L.

十字花科 Brassicaceae
萝卜属 *Raphanus* L.

俗名：白萝卜、莱菔、水萝卜
花语：黄昏、身体健康、人丁兴旺

物种特征：一或二年生草本，高20~100厘米。直根肉质，外皮绿、白或红。茎有分枝，稍具粉霜。基生叶和下部茎生叶大头羽状半裂，上部叶长圆形。总状花序；花瓣倒卵形，白色或粉红色，具紫纹，有爪。长角果圆柱形，具长喙，在种子间缢缩，不裂。种子卵形。花期4~5月，果期5~6月。

应用价值：根、叶作蔬菜食用；种子入药称"莱菔子"，消食化痰；鲜根止渴、助消化，枯根利二便；叶治初痢，并预防痢疾；种子榨油工业用及食用。

校园分布：校园几处小菜园里可见。

297 风花菜

Rorippa globosa (Turcz. ex Fisch. & C. A. Mey.) Hayek

十字花科 Brassicaceae

蔊菜属 *Rorippa* Scop.

俗名：圆果蔊菜、球果蔊菜、云南亚麻荠

花语：好运、旺福

物种特征：一或二年生直立粗壮草本，高 20~80 厘米。茎基部木质化，下部被长毛。茎下部叶具柄，叶片基部渐狭，半抱茎，边缘具齿。总状花序呈圆锥状排列，花黄色；雄蕊 6，4 强或近等长。短角果。种子扁卵形。花期 4~6 月，果期 7~9 月。以其"短角果近球形，果瓣隆起"易与本属其他种相区别。

应用价值：种子可以榨油；全草入药，可清热利尿、解毒、消肿，治疗黄疸、水肿、淋病、咽痛、痈肿、烫伤。

校园分布：校东门内南侧和十号楼（尚学楼）东侧两处草地上偶见。

298 蔊菜

十字花科 Brassicaceae

蔊菜属 *Rorippa* Scop.

Rorippa indica (L.) Hiern

俗名：印度蔊菜、野萝卜菜、风花菜、水荠菜

花语：品格、阻挠恋爱的人

物种特征：一或二年生草本，高 20~40 厘米。茎具纵沟。叶互生，基生叶及茎下部叶具柄，叶形多变，常大头羽状分裂。总状花序，花瓣黄色，匙形。角果长，线状圆柱形。种子卵圆形而扁，具网纹。花期 4~6 月，果期 6~8 月。

应用价值：全草入药，内服可解表健胃、止咳化痰，外用治痈肿疮毒及烫火伤。

校园分布：校东门内向北城墙上可见。

299 沼生蔊菜

Rorippa palustris (L.) Besser

十字花科 Brassicaceae
蔊菜属 *Rorippa* Scop.

俗名：风花菜、湿生葶苈、水萝卜

物种特征：一或二年生草本，高50厘米。茎下部带紫色，具棱。基生叶具柄，叶片羽状深裂或大头羽裂，茎生叶向上渐小，近无柄，基部耳状抱茎。总状花序；花黄色或淡黄色。角果短，椭圆形或近圆柱形。种子近卵形而扁。花期4~7月，果期6~8月。

应用价值：植株质地细嫩，类似荠菜风味，可以食用，具清热利尿和解毒功效。

校园分布：校东门内向北城墙上可见，学一公寓东头草地上偶见。

十字花科 Brassicaceae

蔊菜属 *Rorippa* Scop.

俗名：广东葶苈、细籽蔊菜、风花菜

300 广州蔊菜

Rorippa cantoniensis (Lour.) Ohwi

物种特征： 一或二年生草本，高 10~30 厘米。茎分枝。基生叶具柄，基部扩大贴茎，叶片羽状深裂或浅裂；茎生叶渐小，基部短耳状抱茎。总状花序顶生，花黄色。角果短圆柱形。种子扁卵形。花期 3~4 月，果期 4~6 月。以其"花近无柄，单花生于叶状苞片腋部"易于识别。

应用价值： 幼苗可食用，亦可作优质饲料。

校园分布： 学一公寓东头草地上偶见 1 株。

301 柽柳

Tamarix chinensis Lour.

柽柳科 Tamaricaceae
柽柳属 *Tamarix* L.

俗名：西河柳、红柳、香松
花语：赎罪

物种特征：乔木或灌木，高3~6（~8）米。老枝暗褐红色，幼枝红紫色或暗紫红色，嫩枝繁密纤细，悬垂。叶薄膜质，鳞片状。春季开花时，总状花序侧生，花瓣粉红色，果时宿存。蒴果圆锥形。夏、秋季开花时，总状花序成大圆锥式，花较春季者略小（图为春季开花状态）。花期4~9月。

应用价值：极耐盐碱，是防风固沙、改造盐碱地的优良树种；可栽培供观赏；枝叶药用为解表发汗药，有去除麻疹之效。

校园分布：校园几处散生，如校内东门向南河西岸几小株散生。

302 扛板归

Persicaria perfoliata (L.) H. Gross

蓼科 Polygonaceae
蓼属 *Persicaria* (L.) Mill.

俗名：蛇倒退、杠板归、贯叶蓼、酸藤
花语：绝望中等待爱情

物种特征：一年生草本。茎攀缘，多分枝，长1~2米，具纵棱和倒生皮刺。叶三角形，薄纸质，盾状着生；托叶鞘叶状，草质，近圆形，穿茎。总状花序呈短穗状；花被深裂，白色或淡红色，果时肉质，深蓝色。瘦果球形，黑色，包于宿存花被内。花期6~8月，果期7~10月。

应用价值：嫩茎叶可食，味酸；全草入药，主治咽喉肿痛、肺热咳嗽、水肿尿少、湿热泻痢、湿疹、疖肿、蛇虫咬伤等。

校园分布：校园偶见，如体育学院田径场南头草地上。

303 红蓼

Persicaria orientalis (L.) Spach

蓼科 Polygonaceae

蓼属 *Persicaria* (L.) Mill.

俗名：狗尾巴花、荭草、水红花子

花语：立志、思念

物种特征：一年生草本，高1~2米。茎多分枝，密被柔毛。叶顶端渐尖，基部圆形或近心形；托叶鞘筒状，膜质。总状花序呈穗状，花被淡红色或白色。瘦果近圆形，黑褐色，有光泽，包于宿存花被内。花期6~9月，果期8~10月。

应用价值：果实入药，名"水红花子"，有活血、止痛、消积、利尿功效。

校园分布：校园偶见，如国际交流处（明园）西墙根处、学五公寓北侧园中。

蓼科 Polygonaceae

蓼属 *Persicaria* (L.) Mill.

俗名：大马蓼

花语：立志、思念、离别、依赖

304

酸模叶蓼

Persicaria lapathifolia (L.) Delarbre

物种特征：一年生草本，高 40~90 厘米。茎具分枝，节部膨大，节间具深红色斑点。叶披针形或宽披针形，具一黑褐色新月形斑块；叶柄短，具毛；托叶鞘筒状，膜质。总状花序呈穗状，再组成圆锥状；花被淡红色或白色。瘦果宽卵形。花期 6~8 月，果期 7~9 月。

应用价值：可作蔬菜食用，但有一定的毒性；全草入药具利尿、消肿、止痛、止呕等功能，果实主治水肿和疮毒，鲜茎叶治霍乱和日射病，外用可敷治疮肿和蛇毒。

校园分布：铁塔湖东南角偶见。

305 绵毛酸模叶蓼

Persicaria lapathifolia (L.) Delarbre var. *salicifolia* (Sibth.) Miyabe

蓼科 Polygonaceae
蓼属 *Persicaria* (L.) Mill.

俗名：酸溜溜

物种特征：酸模叶蓼的一个变种，与原变种的明显区别是叶下面密生白色绵毛。
应用价值：同酸模叶蓼。
校园分布：铁塔湖东南角偶见。

306 何首乌

Pleuropterus multiflorus (Thunb.) Nakai

蓼科 Polygonaceae

何首乌属 *Pleuropterus* Turcz.

俗名：夜交藤、紫乌藤、多花蓼

花语：健康长寿

物种特征：多年生草本。块根肥厚。茎缠绕，多分枝，具纵棱，下部木质化。叶卵形或长卵形，托叶鞘膜质。花序圆锥状，花梗细弱，下部具关节，花被白色或淡绿色。瘦果卵形，包于宿存花被内，呈三棱锥形。花期8~9月，果期9~10月。

应用价值：其块根入药，可安神、养血、活络、解毒、截疟、消痈。

校园分布：校园常见，如学二公寓南墙外以及教职工活动中心南墙根大片生长。

307 萹蓄

***Polygonum aviculare* L.**

蓼科 Polygonaceae

萹蓄属 *Polygonum* L.

俗名：竹叶草、大蚂蚁草、扁竹

花语：相信就是幸福

物种特征： 一年生草本。茎高10~40厘米，多分枝，具纵棱。叶椭圆形、狭椭圆形或披针形，叶柄短或近无柄，托叶鞘膜质。花单生或数朵簇生于叶腋；花梗顶部具关节；花被片椭圆形，绿色，边缘白色或淡红色。瘦果卵形。花期5~7月，果期6~8月。与习见萹蓄的主要区别在于，后者叶较小，花梗中部具关节，瘦果宽卵形，平滑，有光泽。

应用价值： 全草供药用，有通经利尿、清热解毒功效。

校园分布： 校园少见杂草，如铁塔湖南侧三观园草地上散生。

蓼科 Polygonaceae

萹蓄属 *Polygonum* L.

俗名：小萹蓄、铁马齿苋、习见蓼

花语：健康

308

习见萹蓄

Polygonum plebeium R. Br.

物种特征：一年生草本。茎平卧，自基部分枝，长 10~40 厘米，具纵棱和小突起。叶狭椭圆形或倒披针形，叶柄极短，托叶鞘膜质。花簇生叶腋；苞片膜质；花梗中部具关节；花被片长椭圆形，绿色，边缘白色或淡红色。瘦果宽卵形。花期 5~8 月，果期 6~9 月。与萹蓄的主要区别在于，后者叶较大，花梗顶部具关节，瘦果卵形，密被由小点组成的细条纹，无光泽。

应用价值：同萹蓄。

校园分布：学十四公寓西头路边小片生长。

309 虎杖

Reynoutria japonica Houtt.

蓼科 Polygonaceae

虎杖属 *Reynoutria* Houtt.

俗名：斑庄根、大接骨、酸筒杆
花语：恢复

物种特征：多年生草本。根状茎横走。茎高1~2米，空心，具纵棱和小突起，散生红色或紫红色斑点。叶宽卵形或卵状椭圆形，近革质；托叶鞘膜质，早落。花单性，雌雄异株，花序圆锥状；雄花花被片无翅；雌花花被片外面3片背部具翅。瘦果卵形。花期8~9月，果期9~10月。校园内虎杖未见花果。

应用价值：根状茎供药用，有活血、散瘀、通经、镇咳等功效。

校园分布：教职工活动中心南墙根处几株，艺术学院北楼北墙根处几株。

310 齿果酸模
Rumex dentatus L.

蓼科 Polygonaceae

酸模属 *Rumex* L.

俗名： 土大黄、金不换、牛舌头棵

物种特征： 一年生草本。茎高 30~70 厘米，有分枝，具沟槽。茎下部叶长（椭）圆形，茎生叶较小。花序总状组成圆锥状，轮状排列；花梗中下部具关节；外花被片椭圆形；内花被片三角状卵形。瘦果卵形。花期 5~6 月，果期 6~7 月。与皱叶酸模的主要区别在于，后者叶缘皱缩，花序狭，分枝近直立，宿存内花被片边缘近全缘，或有浅波状齿。

应用价值： 根叶可入药，有清热解毒、杀虫、治癣的功效。

校园分布： 校园常见杂草，如东辰路中段欧亚学院东头成片生长。

311 皱叶酸模
Rumex crispus L.

蓼科 Polygonaceae

酸模属 *Rumex* L.

俗名：土大黄、金不换、牛舌头棵

物种特征：多年生草本，高 50~120 厘米。茎具浅沟槽。基生叶披针形或狭披针形；茎生叶较小狭披针形；托叶鞘膜质，易破裂。花序狭圆锥状；花两性，淡绿色；花梗细，中下部具关节；外花被片椭圆形，内花被片顶端稍钝，基部近截形。瘦果卵形。花期 5~6 月，果期 6~7 月。与齿果酸模的主要区别在于，后者叶缘浅波状，花序开展，宿存内花被片边缘每侧具 2~4 个长短不等的刺状齿。

应用价值：同齿果酸模。

校园分布：铁塔湖南侧三观园西北角草地上散生。

312 无心菜

石竹科 Caryophyllaceae

无心菜属 *Arenaria* L.

俗名：鹅不食草、蚤缀、小无心菜

Arenaria serpyllifolia L.

物种特征：一年或二年生纤弱草本，高10~30厘米。茎丛生，密生柔毛。叶片卵形。聚伞花序，多花；花梗细；萼片披针形，边缘膜质；花瓣白色，倒卵形，顶端钝圆，长为萼片的1/3~1/2。蒴果卵圆形，与宿存萼等长。种子肾形。花期6~8月，果期8~9月。

应用价值：全草入药，清热解毒，治麦粒肿和咽喉痛等。

校园分布：校园少见杂草，如科技馆南侧园中、铁塔湖南侧三观园草地上等处。

313
簇生泉卷耳

Cerastium fontanum Baumg.
subsp. *vulgare* (Hartm.) Greuter & Burdet

石竹科 Caryophyllaceae
卷耳属 *Cerastium* L.

俗名：簇生卷耳
花语：相思

物种特征： 草本，高15~30厘米，茎密被柔毛和腺毛。基生叶基部渐狭呈柄状，茎生叶近无柄，叶片顶端急尖或钝尖。聚伞花序顶生；苞片草质；花梗细，密被腺毛；花瓣白色，等长或微短于萼片，顶端2浅裂。蒴果圆柱形。种子具瘤状凸起。花期5~6月，果期6~7月。

应用价值： 可作野菜；全草入药，有降压、清热解毒等效用。

校园分布： 校园少见，如外语学院南楼南侧及中心食堂北侧草地上。

314 常夏石竹
Dianthus plumarius L.

石竹科 Caryophyllaceae
石竹属 *Dianthus* L.

俗名：羽瓣石竹、长夏石竹、地被石竹
花语：纯洁的爱、女性美、大胆

物种特征：多年生草本，高 20~30 厘米。茎丛生，被白粉。叶线形，边缘粗糙或有细锯齿。花 2~4 朵成聚伞花序状，顶生，芳香；花瓣蔷薇色或淡红色，具环纹或花心紫黑色，边缘浅裂。蒴果，苞片和花萼宿存。花期 5~7 月。

应用价值：花量大，色彩艳丽，为世界广为栽培的庭园花卉，也可作地被植物。

校园分布：校东门内向南河东岸护栏处偶见 1 株。

315 麦瓶草

Silene conoidea L.

石竹科 Caryophyllaceae
蝇子草属 *Silene* L.

俗名：米瓦罐、净瓶、面条棵

物种特征： 一年生草本，高 25~60 厘米，全株被短腺毛。根稍木质。茎不分枝。基生叶片匙形，茎生叶片长圆形或披针形。二歧聚伞花序具数花；花直立；花萼圆锥形，果期膨大并包藏果实，脉纹明显；花瓣淡红色；副花冠片狭披针形，白色。蒴果梨状。种子肾形。花期 5~6 月，果期 6~7 月。

应用价值： 全草药用，治鼻衄、吐血、尿血、虚痨咳嗽和月经不调等症。

校园分布： 偶见，学一公寓东头草地上 1 株，外语学院南楼南侧草地上 1 株。

石竹科 Caryophyllaceae
繁缕属 *Stellaria* L.

俗名：牛繁缕、鹅儿肠、石灰菜
花语：恩惠

316
鹅肠菜
Stellaria aquatica (L.) Scop.

物种特征：二年或多年生草本，须根。茎多分枝，上部被腺毛。叶片卵形或宽卵形，上部叶疏生柔毛。顶生二歧聚伞花序；花瓣白色，2深裂至基部，花柱5。蒴果卵圆形，稍长于宿存萼。种子近肾形具小疣。花期5~8月，果期6~9月。本种花柱5个，明显区别于繁缕和鸡肠繁缕。

应用价值：全草供药用，驱风解毒，外敷治疔疮；幼苗可作野菜和饲料。

校园分布：学一公寓东头草地上少见，综合办公楼（北楼）东侧园中偶见。

317 繁缕
Stellaria media (L.) Vill.

石竹科 Caryophyllaceae
繁缕属 *Stellaria* L.

俗名：鸡儿肠、鹅耳伸筋、鹅肠菜
花语：恩惠

物种特征： 一年或二年生草本，高10~30厘米。茎基部分枝，常带淡紫红色。叶片宽卵形或卵形。疏聚伞花序顶生；花梗具1列短毛；花瓣白色，长椭圆形，短于萼片；花柱3。蒴果卵形。种子卵圆形至近圆形，脊较显著。花期6~7月，果期7~8月。与鸡肠繁缕的主要区别在于，本种植株较瘦弱，花瓣短于萼片，雄蕊3~5，种子具半球形瘤状凸起，脊较显著。

应用价值： 茎、叶及种子供药用，嫩苗可食。

校园分布： 校园常见杂草，如科技馆东南角以及艺术学院北楼北侧均有成片生长。

318 鸡肠繁缕

Stellaria neglecta Weihe ex Bluff & Fingerh.

石竹科 Caryophyllaceae
繁缕属 *Stellaria* L.

俗名：鹅肠繁缕、赛繁缕
花语：恩惠

物种特征：一年或二年生草本，高 30~80 厘米。茎丛生，被一列柔毛。叶对生，叶基部稍抱茎，两叶基部及节上被长柔毛。二歧聚伞花序顶生；花瓣白色，与萼片近等长，2 深裂；花柱 3。蒴果卵形。种子近扁圆形。花期 4~6 月，果期 6~8 月。与繁缕的主要区别在于，本种植株较高大粗壮，花瓣与萼片近等长，雄蕊 8~10，种子具棘凸。

应用价值：全草药用，有抗菌消炎作用。

校园分布：校园多见杂草，艺术学院北楼北侧以及文物馆西北角均有成片生长。

319 牛膝
Achyranthes bidentata Blume

苋科 Amaranthaceae
牛膝属 *Achyranthes* L.
俗名：牛磕膝、倒扣草、怀牛膝
花语：洁净、干净、纯洁

物种特征： 多年生草本，高70~120厘米。根圆柱形，肉质，土黄色；茎有棱角或方形，分枝对生，节部常膝状膨大。叶片顶端尾尖，基部楔形或宽楔形，两面有毛。穗状花序顶生及腋生，花多数，密生；小苞片刺状；花被片披针形。果熟时果序轴强烈伸长，胞果和种子均矩圆形。花期7~9月，果期9~10月。

应用价值： 根入药，生用，可活血通经，治产后腹痛、月经不调、闭经，及鼻衄、虚火牙痛、脚气水肿等症；熟用，则补肝肾、强腰膝，可治腰膝酸痛、肝肾亏虚、跌打瘀痛。另外，还可治牛软脚症、跌伤断骨等。

校园分布： 校园少见，如学五公寓北墙根处以及艺术学院南楼北墙根处等。

320 空心莲子草

苋科 Amaranthaceae

莲子草属 *Alternanthera* Forssk.

俗名：水花生、水蕹菜

Alternanthera philoxeroides (Mart.) Griseb.

物种特征： 多年生草本。茎管状，不明显 4 棱，具分枝，幼茎及叶腋有白色或锈色柔毛。叶片顶端急尖或圆钝，具短尖，基部渐狭。花密生，成头状花序，单生叶腋；苞片及小苞片白色；花被片矩圆形，白色。花期 5~10 月。

应用价值： 全草入药，有清热利水、凉血解毒作用；可作饲料。

校园分布： 校园常见杂草，如西工字楼北侧以及图书馆西侧草地上均有成片生长。

叁·被子植物

321 凹头苋
Amaranthus blitum L.

苋科 Amaranthaceae
苋属 *Amaranthus* L.
俗名：野苋菜

物种特征： 一年生草本，高 10~30 厘米。茎从基部分枝，淡绿色或紫红色。叶片卵形或菱状卵形，先端凹缺。腋生花簇，直至下部叶腋，茎端成直立穗状花序或圆锥花序；花被片淡绿色。胞果扁卵形。种子环形。花期 7~8 月，果期 8~9 月。与皱果苋相近，但本种由基部分枝，茎及分枝下部即生花，叶先端凹缺，胞果近平滑，种子环形，可以区别。

应用价值： 茎叶可食或作猪饲料；全草入药，用作止痛、收敛、利尿、解热剂；种子有明目、利大小便、去寒热的功效。

校园分布： 校园偶见，如校内浴池西侧小菜园旁 1 株、十号楼（尚学楼）东侧园中草地上 1 株。

苋科 Amaranthaceae
苋属 *Amaranthus* L.
俗名：绿苋、野苋菜、白苋

322
皱果苋
Amaranthus viridis L.

物种特征：一年生草本，高 40~80 厘米。茎有不明显棱角，稍分枝，绿色或带紫色。叶片先端常有小凹口。穗状花序形成圆锥式，有分枝。胞果扁球形；种子近球形。花期 6~8 月，果期 8~10 月。不同于凹头苋，本种植株上部分枝，花序生于茎及分枝顶端，胞果皱缩，种子近球形。

应用价值：嫩茎叶可食或作饲料；全草入药，有清热解毒、利尿止痛的功效。

校园分布：校园常见，如学四公寓北侧草地上、学五公寓北侧园中。

323 繁穗苋

Amaranthus cruentus L.

苋科 Amaranthaceae

苋属 *Amaranthus* L.

俗名：天雪米、老鸦谷

物种特征： 一年生草本，高达2米。茎具钝棱，近无毛。叶卵状长圆形或卵状披针形，具芒尖。花单性或杂性，穗状圆锥花序；苞片和小苞片钻形，绿色或紫色；花被片膜质，绿或紫色，顶端具短芒。胞果卵形，盖裂。花期6~7月，果期9~10月。本种以"穗状圆锥花序直立，或以后下垂，花穗顶端尖，胞果与花被片等长"明显区别于绿穗苋。

应用价值： 茎叶可作蔬菜；种子为粮食作物，食用或酿酒。

校园分布： 校园偶见，如校东门内向南河西岸锅炉房东墙根1株。

苋科 Amaranthaceae

苋属 *Amaranthus* L.

俗名：籽粒苋、西风谷、毛野苋

324
绿穗苋
Amaranthus hybridus L.

物种特征：一年生草本，高 30~50 厘米。茎分枝，被柔毛。叶片卵形或菱状卵形。穗状花序较细长，聚集成圆锥花序；苞片及小苞片钻状披针形，绿色；花被片矩圆状披针形。胞果卵形。种子近球形。花期 7~8 月，果期 9~10 月。本种以"花序较细长，直立，胞果超出宿存花被片"明显区别于繁穗苋。

应用价值：嫩茎叶和种子可食用和药用，但其茎叶草酸含量较高，还含强心苷和氰化物等物质，种子含凝集素，可能会引起腹泻、呕吐和过敏等反应，须慎用。

校园分布：校园偶见，如校东门内向南河西岸护栏处 1 株。

325 苋

Amaranthus tricolor L.

苋科 Amaranthaceae
苋属 *Amaranthus* L.

俗名：三色苋、老来少、雁来红
花语：我的心正在燃烧

物种特征：栽培，一年生草本，高80~150厘米。茎粗壮，绿色或红色，常分枝。叶片卵形、菱状卵形或披针形，叶色多样。花簇腋生，直到下部叶，或同时具顶生花簇，成下垂的穗状花序；雄花和雌花混生；花被片矩圆形，绿色或黄绿色。胞果卵状矩圆形。种子近圆形或倒卵形。花期5~8月，果期7~9月。

应用价值：茎叶作为蔬菜食用；叶杂有各种颜色者供观赏；根、果实及全草入药，有明目、利大小便、去寒热的功效。

校园分布：校内几处小菜园中可见。

326 地肤

Bassia scoparia **(L.) A. J. Scott**

苋科 Amaranthaceae

沙冰藜属 *Bassia* All.

俗名： 扫帚苗、孔雀松、碱地肤

花语： 幽寂无声、默默奉献

物种特征： 一年生草本，被具节长柔毛。茎高达1米，有分枝，茎枝常红色。叶扁平，线状披针形或披针形。花两性兼有雌性，常1~3朵簇生；花被近球形，翅状附属物角形或倒卵形。胞果扁。种子卵形或近圆形。花期6~9月，果期7~10月。

应用价值： 幼苗可作蔬菜；果实称"地肤子"，为常用中药，能清湿热、利尿，治尿痛、尿急、小便不利及荨麻疹，外用治皮肤癣及阴囊湿疹。

校园分布： 校园少见，如铁塔湖南岸边、学一公寓东头等处。

327 青葙
Celosia argentea L.

苋科 Amaranthaceae

青葙属 *Celosia* L.

俗名：野鸡冠花、指天笔、狗尾草

花语：真挚永恒的爱情，也有独立、勤奋之意

物种特征：一年生草本，高 30~100 厘米。茎有分枝，绿色或红色，具条纹。叶片绿色常带红色；花密生，成塔状或圆柱状穗状花序；苞片及小苞片披针形，白色；花被片矩圆状披针形，初为白色顶端带红色，或全部粉红色，后成白色。胞果卵形。种子凸透镜状肾形。花期 5~8 月，果期 6~10 月。

应用价值：种子供药用，有清热明目作用；花被片宿存经久不凋，可作干花观赏。

校园分布：东十斋与东九斋之间草地上偶见 1 株。

328 尖头叶藜

Chenopodium acuminatum Willd.

苋科 Amaranthaceae
藜属 *Chenopodium* L.

俗名：红眼圈灰菜、金边儿灰菜、圆叶藜

物种特征：一年生草本，高 20~80 厘米。茎具条棱及色条，多分枝，分枝细弱。叶片宽卵形至卵形。花两性，团伞花序排成穗状花序或穗状圆锥花序；花被扁球形。胞果顶基压扁，圆形或卵形。种子具点纹。花期 6~7 月，果期 8~9 月。本种以"叶片先端有短尖头，上面无粉，淡绿色，下面微被粉，灰白色，全缘并具红色或黄褐色半透明的环边，花序分枝细长"较易识别。

应用价值：全草入药，用于风寒头痛、四肢胀痛。

校园分布：校内浴池西边荒草地上 1 株。

329 藜
Chenopodium album L.

苋科 Amaranthaceae
藜属 *Chenopodium* L.
俗名：灰灰菜、地肤子、红心藜

物种特征： 一年生草本，高30~150厘米。茎直立，粗壮，具条棱及绿色或紫红色色条，多分枝。叶片菱状卵形至宽披针形，先端急尖或微钝，边缘具不整齐锯齿。花两性，花簇密集排成较粗壮直立的穗状圆锥状或圆锥状花序，花被裂片5。胞果包于花被内或稍露出。种子双凸镜状。花果期5~10月。本种以"茎粗壮，叶片较宽，边缘具不整齐锯齿"较易识别。

应用价值： 幼苗可食或作饲料。全草又可入药，能止泻痢、止痒，可治痢疾腹泻；配合野菊花煎汤外洗，治皮肤湿毒及周身发痒。

校园分布： 校园常见杂草，如科技馆南侧、琴房楼南侧园中等处。

苋科 Amaranthaceae
藜属 *Chenopodium* L.

330
菱叶藜
Chenopodium bryoniifolium Bunge

物种特征： 一年生草本，疏被粉粒。茎下部圆柱形，上部稍有条棱及色条；分枝常在上部，稀疏，细瘦。叶卵状三角形或卵状菱形，先端尖，基部宽楔形，两侧近基部各一个具2裂的侧裂片。团伞花序组成稀疏、细瘦常弯垂的穗状圆锥花序，花5基数。宿存花被片半包胞果。种子双凸镜形。花果期7~9月。

应用价值： 嫩茎叶可作野菜食用，但易过敏者慎用。

校园分布： 校园偶见，如图书馆西南角及北墙根处各数株。

331 小藜

Chenopodium ficifolium Sm.

苋科 Amaranthaceae
藜属 *Chenopodium* L.
俗名：灰菜、灰苋头、小叶藜

物种特征： 一年生草本，高20~50厘米。茎稍粗壮，具条棱及绿色色条。叶片卵状矩圆形，常3浅裂。花两性，数个团集成圆锥状花序；花被近球形，5裂。胞果包于花被内；种子双凸镜状。4~5月开花。本种"叶片3浅裂，中裂片较长，两边近平行，侧裂片位于中部以下，通常各具2浅裂齿"，易区别于藜和菱叶藜。

应用价值： 全草入药，祛湿解毒；有改良盐碱土、增加土壤有机质等作用。

校园分布： 校园常见杂草，如铁塔湖南侧三观园西边长廊旁以及城墙等处。

332 东亚市藜

苋科 Amaranthaceae
市藜属 *Oxybasis* Kar. & Kir.
俗名：市藜

Oxybasis micrantha (Trautv.) Sukhor. & Uotila

物种特征： 一年生草本，全株无粉。茎直立，较粗壮。叶大型，肥厚，叶片菱形至菱状卵形，两面近同色。花两性兼有雌花，顶生穗状圆锥花序为主，少数腋生；花被裂片狭倒卵形，5数。种子表面点纹清晰。花果期7~10月。

应用价值： 适口性好，为猪、牛、羊、兔等多种家畜所喜食。

校园分布： 铁塔湖东南角及南岸边多株。

333 灰绿藜

Oxybasis glauca (L.) S. Fuentes, Uotila & Borsch

苋科 Amaranthaceae

市藜属 *Oxybasis* Kar. & Kir.

俗名：灰叶藜、灰灰菜

物种特征： 一年生草本，高 20~40 厘米。茎自基部多分枝，平卧或斜上，具条棱及绿色或紫红色色条。叶片密被粉粒，矩圆状卵形至披针形。花序穗状或复穗状，花两性或雌性。胞果不完全包于宿存花被内。种子扁球形。花果期 5~10 月。本种以"植株较矮小，叶片中脉明显，黄绿色，花被片常 3~4"易于识别。

应用价值： 嫩茎叶可食或作猪饲料；全草入药，功能同藜。

校园分布： 校园少见、散生，如铁塔湖南岸边数株、中心食堂北侧路边等处。

334 菠菜

Spinacia oleracea L.

苋科 Amaranthaceae

菠菜属 *Spinacia* L.

俗名：角菜、菠薐菜

花语：健康和力量

物种特征：一年生草本，高达1米，无粉。根圆锥状，带红色，少白色。茎中空，脆弱多汁。叶戟形至卵形，柔嫩多汁。雄花集成球形团伞花序，再于茎枝顶端排成穗状圆锥花序；花被片通常4。雌花团集于叶腋；果苞背面具2个棘状突起，顶端具2小齿。胞果卵形或近圆形。

应用价值：茎叶富含维生素及磷、铁，为极常见的蔬菜之一。

校园分布：校内浴池后小菜园可见。

335 露花

Aptenia cordifolia (L. f.) Schwantes

番杏科 Aizoaceae

露花属 *Aptenia* N. E. Br.

俗名：心叶日中花、巴西吊兰、田七菜

花语：尊敬

物种特征： 多年生常绿肉质草本。茎斜卧，铺散，长 30~60 厘米，有分枝，具小颗粒状凸起。叶对生，叶片心状卵形。花单生；花萼裂片 4，两两同形；花瓣多数，红紫色，匙形。蒴果肉质，星状 4 瓣裂。花期 7~8 月。

应用价值： 栽培供观赏，播种或扦插繁殖。

校园分布： 艺术学院（南楼）门前盆栽。

336 垂序商陆

Phytolacca americana L.

商陆科 Phytolaccaceae
商陆属 *Phytolacca* L.

俗名：美洲商陆、见肿消、假人参
花语：自然、元气、情意绵绵

物种特征：多年生草本，高 1~2 米。根粗壮，肥大。茎圆柱形，带紫红色。叶片椭圆状卵形或卵状披针形。总状花序顶生或侧生，纤细；花白色，微带红晕；花被片 5；心皮合生。果序下垂，浆果扁球形，浆汁深紫红色。种子肾圆形。花期 6~8 月，果期 8~10 月。

应用价值：根供药用，治水肿、白带、风湿，并有催吐作用；种子利尿；叶有解热作用，外用可治无名肿毒及皮肤寄生虫病，并治脚气；全草可作农药。

校园分布：校园多见，散生，如国际交流处（明园）南墙根处、学五公寓北侧园中。

337 叶子花

Bougainvillea spectabilis Willd.

紫茉莉科 Nyctaginaceae

叶子花属 *Bougainvillea* Comm. ex Juss.

俗名：三角梅、九重葛、毛宝巾

花语：热情、坚韧不拔

物种特征：藤状灌木。枝、叶密生柔毛；刺腋生，下弯。叶片椭圆形或卵形，基部圆形。花序腋生或顶生；苞片叶状，椭圆状卵形，暗红色或淡紫红色；花被管狭筒形，密被柔毛。瘦果圆柱形或棍棒状，具5棱，密生毛。花期冬春间。

应用价值：栽培供观赏，可作花篱或藤架。

校园分布：东操场羽毛球馆门口盆栽。

338 紫茉莉

Mirabilis jalapa L.

紫茉莉科 Nyctaginaceae
紫茉莉属 *Mirabilis* L.

俗名：晚饭花、粉豆花、胭脂花、地雷花
花语：贞洁、质朴

物种特征：一年生草本，高1米。根肥粗，黑色或黑褐色。茎多分枝，节稍膨大。叶片卵形或卵状三角形。花数朵簇生枝端；总苞钟形；花被紫红色、黄色、白色或杂色；花傍晚开放，有香气，次日上午凋萎。瘦果近球形，黑色，表面具皱纹。胚乳丰富，白粉质。花期6~10月，果期8~11月。

应用价值：观赏花卉；根、叶供药用，有清热解毒、活血调经和滋补的功效；种子白粉可去面部癍痣粉刺。

校园分布：文学院南楼北墙根多株，图书馆西侧池杉林下偶见1株。

339 粟米草

Trigastrotheca stricta (L.) Thulin

粟米草科 Molluginaceae

粟米草属 *Trigastrotheca* F. Muell.

俗名：四月飞、瓜仔草、瓜疮草

物种特征： 一年生铺散草本，高30厘米。茎多分枝，具棱，无毛，老茎常淡红褐色。叶3~5近轮生或对生，茎生叶披针形或线状披针形。花小，聚伞花序顶生或与叶对生；花被片5，淡绿色，椭圆形或近圆形。蒴果近球形；种子肾形，具多数颗粒状凸起。花期6~8月，果期8~10月。

应用价值： 全草入药，可清热解毒、收敛，主治腹痛、泄泻、中暑、疮疖等症。

校园分布： 东十斋与东九斋之间草地上偶见2株。

340 马齿苋树

Portulacaria afra Jacq.

刺戟木科 Didiereaceae

马齿苋树属 *Portulacaria* Jacq.

俗名：小叶玻璃翠、银杏木、金枝玉叶

花语：高贵、幸福、永结同心、血脉相连

物种特征：灌木或小乔木，高 2~4 米。分枝脆，具节；树皮光滑，小枝红棕色。叶宽倒卵形，多汁，圆形，有时具细尖。未见花果。

应用价值：成株茎干粗肥朴拙，极适合小盆栽或制作盆景；嫩茎叶可食，有疏肝理气、健脾养胃、润肠解毒之功效。

校园分布：教职工活动中心南墙根处盆栽。

341 落葵

Basella alba L.

落葵科 Basellaceae

落葵属 *Basella* L.

俗名：蒿芭菜、豆腐菜、木耳菜

物种特征： 一年生缠绕草本，肉质。茎达数米，无毛，绿色或略带紫红色。叶片卵形或近圆形。穗状花序腋生；小苞片萼状，长圆形，宿存；花被片淡红色或淡紫色，卵状长圆形。果实球形。花期 5~9 月，果期 7~10 月。

应用价值： 栽培作蔬菜，也可观赏。全草供药用，为缓泻剂；花汁能解痘毒，外敷治痈毒及乳头破裂。果汁可作食品着色剂。

校园分布： 科技馆门口及校医院西北角有栽培。

马齿苋科 Portulacaceae

马齿苋属 *Portulaca* L.

俗名：太阳花、洋马齿苋、半支莲、死不了

花语：顽强

342
大花马齿苋
Portulaca grandiflora Hook.

物种特征：一年生草本，高 10~30 厘米，肉质。茎紫红色，多分枝，节上丛生毛。叶片细圆柱形，顶端圆钝，无毛；叶腋常生一撮白色长柔毛。花单生或数朵簇生枝端，日开夜闭；花瓣 5 或重瓣，倒卵形，红色、紫色或黄白色。蒴果近椭圆形，盖裂。种子圆肾形。花期 6~9 月，果期 8~11 月。

应用价值：盆栽或作地被，观赏性强，易管理；全草可供药用，有散瘀止痛、清热解毒、消肿功效，用于咽喉肿痛、烫伤、跌打损伤、疮疖肿毒等。

校园分布：文学院天井院内及南楼南侧园中地被植物。

343 马齿苋
Portulaca oleracea L.

马齿苋科 Portulacaceae

马齿苋属 *Portulaca* L.

俗名： 胖娃娃菜、猪肥菜、酸菜

花语： 热情、激情、活力、隐藏的爱

物种特征： 一年生草本，全株无毛，肉质。茎伏地铺散，多分枝，淡绿色或带暗红色，长10~15厘米或更长。叶互生，有时近对生，叶片扁平，肥厚，似马齿状。花无梗，常3~5朵簇生枝端，午时盛开；花瓣黄色，倒卵形。蒴果卵球形，盖裂。种子具小疣状凸起。花期5~8月，果期6~9月。

应用价值： 全草供药用，有清热利湿、解毒消肿、消炎、止渴、利尿作用；种子明目；嫩茎叶可作蔬菜，味酸，也是很好的饲料。

校园分布： 校园常见杂草，如十号楼（尚学楼）北侧空地等处。

344 凤仙花

凤仙花科 Balsaminaceae

凤仙花属 *Impatiens* L.

Impatiens balsamina L.

俗名：指甲花、急性子、凤仙透骨草

花语：不要碰我、贞洁

物种特征：一年生草本，高 60~100 厘米。茎肉质，直立。叶互生，最下部叶有时对生；叶柄具腺体。花单生或簇生叶腋；花梗密被毛；苞片线形；侧生萼片 2，唇瓣深舟状，基部急尖成内弯的距；旗瓣圆形，兜状，顶端具小尖，翼瓣具短柄。蒴果宽纺锤形。种子圆球形。花期 7~10 月。

应用价值：民间常用其花及叶染指甲；茎入药称"凤仙透骨草"，有祛风湿、活血、止痛之效；种子入药称"急性子"，有软坚、消积之效。

校园分布：教职工活动中心南墙根处以及艺术学院（南楼）门口等盆栽。

345 君迁子

Diospyros lotus L.

柿科 Ebenaceae

柿属 *Diospyros* L.

俗名：牛奶柿、黑枣、软枣

花语：顽强、内敛、寓意着美好

物种特征： 落叶乔木，高 30 米。树皮灰黑色或灰褐色，深裂或块状剥落。雌雄异株，花冠壶形；雄花 1~3 朵腋生，雌花单生，具退化雄蕊。果近球形或椭圆形。种子长圆形。花期 5~6 月，果期 10~11 月。与柿的主要区别在于：后者小枝被毛；叶大而厚，多毛；雄花序有短梗；雌花梗较长，被毛；果大，果形多样，熟时橙红色或大红色等；种子侧扁。

应用价值： 嫁接柿树的优良砧木；果实可食或酿醋等，还可入药，具有增强抗病能力、润肠通便、提高心脏功能、温补肾阳的功效。

校园分布： 教职工活动中心南墙根处 1 雄株。

柿科 Ebenaceae

柿属 *Diospyros* L.

俗名：柿树、猴枣、红柿

花语：自然美

346 柿

Diospyros kaki Thunb.

物种特征：落叶大乔木，高 10~14 米以上。树皮沟纹较密，裂成长方块状。花雌雄异株或杂性；雄聚伞花序腋生；雌花单生叶腋，花冠壶形或近钟形。果形多样。种子侧扁，椭圆形。花期 5~6 月，果期 9~10 月。与君迁子的主要区别在于：后者小枝无毛；叶较小而薄，近无毛；雌、雄花近无梗；果小，近球形或椭圆形，熟时蓝黑色；种子稍扁，顶端圆。

应用价值：优良的风景树；可提取柿漆，用作建筑材料等的防腐剂；果实可食用，亦能止血润便、降血压；木材可做家具等。

校园分布：大礼堂与校南门之间（博雅路）南段东侧园中池塘东南角 1 株。

347 泽珍珠菜

Lysimachia candida Lindl.

报春花科 Primulaceae

珍珠菜属 *Lysimachia* L.

俗名： 泽星宿菜、单条草、珍珠菜

花语： 顽强、内敛、美好

物种特征： 一年或二年生草本，茎高10~30厘米，全体无毛。基生叶匙形或倒披针形；茎叶互生，少对生，叶片有黑色或带红色的小腺点。总状花序顶生，花冠白色。蒴果球形。花期3~6月，果期4~7月。

应用价值： 全草捣烂，敷治痈疮和无名肿毒。

校园分布： 校园偶见，如大礼堂与校南门之间（博雅路）中段东侧园中草地上2株、中心食堂北侧铁塔公园门口东侧草地上1株。

348 杜鹃叶山茶
Camellia azalea C. F. Wei

山茶科 Theaceae
山茶属 *Camellia* L.

俗名：杜鹃红山茶、假大头茶
花语：始终属于你

物种特征：灌木，整株无毛。嫩枝红色，老枝灰色。叶革质，倒卵状长圆形。花深红色，单生于枝顶叶腋；花瓣5~6片，长倒卵形，外侧3片较短，先端凹入。蒴果短纺锤形，有半宿存萼片，果爿木质。四季开花不断，盛花期7~9月，持续至次年2月。
应用价值：花大色艳，多盆栽，亦可栽培于草坪、林缘等处。
校园分布：教职工活动中心南墙根处盆栽。

叁·被子植物

349 山茶
Camellia japonica L.

山茶科 Theaceae
山茶属 *Camellia* L.
俗名：茶花、耐冬、薮春
花语：理想的爱

物种特征： 灌木或小乔木，高可达9米。叶革质，椭圆形。花顶生及少量腋生，红色，无梗；苞片及萼片组成杯状苞被；花瓣6~7片，外侧2片近圆形，内侧5片基部连合。蒴果圆球形。品种多样，有单瓣和重瓣之分，花色有红、紫、白、黄和彩色斑纹各种。花期1~4月。

应用价值： 栽培供观赏；花有止血功效；种子榨油，供工业用。

校园分布： 东辰路欧亚学院门口小花坛中数株。

350 锦绣杜鹃

Rhododendron × *pulchrum* Sweet

杜鹃花科 Ericaceae

杜鹃花属 *Rhododendron* L.

俗名：春鹃、鲜艳杜鹃、毛叶杜鹃

花语：爱的喜悦

物种特征：半常绿灌木，高 2~5 米。幼枝密被淡棕色扁平糙伏毛。叶椭圆形或椭圆披针形，叶柄被糙伏毛。顶生伞形花序；花萼被糙伏毛；花冠漏斗形，玫瑰色，有深紫红色斑点。蒴果长圆状卵圆形。花期 4~5 月，果期 9~10 月。

应用价值：盆栽，地栽，或作花篱、花坛镶边，观赏效果极佳。

校园分布：校南门口花坛中、图书馆前小广场花坛中以及九号楼门口盆栽。

351 杜仲

Eucommia ulmoides Oliv.

杜仲科 Eucommiaceae
杜仲属 *Eucommia* Oliv.

俗名：扯丝皮、丝绵木、思仲
花语：希望

物种特征：落叶乔木，高可达20米。树皮灰褐色，粗糙，内含橡胶。嫩枝有黄褐色毛，老枝皮孔明显。叶薄革质，上面暗绿色，折断轻轻拉开有细丝。雌雄异株，花生于当年枝基部；雄花雄蕊的花丝极短，花药长；雌花单生，子房扁而长，先端2裂。翅果扁平。种子线形。早春开花，秋后果实成熟。

应用价值：树荫浓密，常作行道树；树皮药用，作强壮剂及降血压药，可治腰膝痛、风湿及习惯性流产等；树皮分泌的硬橡胶，可制耐酸碱容器及管道的衬里；木材供建筑及制家具。

校园分布：校园多见，如大礼堂东侧草地上、河南留学欧美预备学校校门北侧成片栽植。

352 青木

Aucuba japonica **Thunb.**

丝缨花科 Garryaceae

桃叶珊瑚属 *Aucuba* Thunb.

俗名：东瀛珊瑚、桃叶珊瑚、东洋珊瑚

花语：先见之明，代表快乐、祥和、温暖

物种特征：常绿灌木，高可达3米。叶对生，革质，先端渐尖，基部近圆形或阔楔形。圆锥花序顶生，总梗被毛；花瓣近卵形或卵状披针形，暗紫色。果卵圆形。花期3~4月，果期11月至翌年4月。图为青木的一品种"花叶青木" *A. japonica* 'Variegata'，又称洒金叶珊瑚、金沙树等，校园内未见花果。

应用价值：栽培供观叶，其花叶品种应用广泛；木材可作手杖、烟管之用。

校园分布：东十斋北墙根处几株。

353 拉拉藤

Galium spurium L.

茜草科 Rubiaceae

拉拉藤属 *Galium* L.

俗名：猪殃殃、爬拉秧、光果拉拉藤

物种特征： 蔓生或攀缘状草本，高 30~90 厘米。茎有 4 棱；棱上、叶缘、叶脉均有倒生刺毛。6~8（稀 4~5）叶轮生。聚伞花序，花 4 数；花萼被钩毛，萼檐近截平；花冠黄绿色或白色。分果爿近球状。花期 3~7 月，果期 4~11 月。

应用价值： 全草药用，清热解毒、消肿止痛、利尿、散瘀等。

校园分布： 校园常见杂草，如学四公寓北侧草地上、东门内城墙边等处。

354 鸡屎藤

Paederia foetida L.

茜草科 Rubiaceae

鸡屎藤属 *Paederia* L.

俗名：鸡矢藤、解暑藤、毛鸡矢藤

花语：末路之美

物种特征： 藤本，茎长3~5米。叶对生，卵形、卵状长圆形至披针形。圆锥花序式的聚伞花序腋生和顶生；萼管陀螺形；花冠浅紫色，外面被粉末状柔毛，里面被绒毛。果球形，熟时近黄色，有光泽，平滑，质脆，顶冠以宿存的萼檐裂片和花盘。花期5~7月，果期7~9月。

应用价值： 全草入药，主治风湿筋骨痛、肝胆及胃肠绞痛、肠炎、肺结核咯血、支气管炎、农药中毒等；外用治皮炎、湿疹、疮疡肿毒。

校园分布： 校园常见杂草，如五号楼北墙上、学二公寓南侧等处，常成片生长。

355 茜草
Rubia cordifolia L.

茜草科 Rubiaceae
茜草属 *Rubia* L.

俗名：红根草、四楞草、涩拉秧
花语：爱的呵护、分享伤痛

物种特征：草质攀缘藤本，长1.5~3.5米。根状茎和须根均红色；茎方柱形，有4棱，倒生皮刺，多分枝。叶通常4片轮生，纸质，披针形或长圆状披针形。叶柄有皮刺。聚伞花序，多回分枝；花冠淡黄色。果2裂，分果爿球形，有时仅1个发育。花期8~9月，果期10~11月。

应用价值：根和根状茎红色，是传统的植物染料来源之一，还可以入药，能止血、镇咳祛痰、抗菌、抗癌。

校园分布：校园多见杂草，如文学院南楼北墙根处、体育学院足球场东围栏上等处。

356 灰莉

龙胆科 Gentianaceae

灰莉属 *Fagraea* Thunb.

Fagraea ceilanica Thunb.

俗名：华灰莉、非洲茉莉、华灰莉木

花语：朴素自然、清净纯洁、生机勃勃

物种特征：乔木，高可达 15 米，有时呈攀缘状灌木。小枝粗厚，圆柱形，老枝有凸起的叶痕和托叶痕；全株无毛。叶片椭圆形、卵形、倒卵形或长圆形，有时长圆状披针形，稍肉质；托叶呈腋生鳞片状，常多少与叶柄合生。校园未见其花果。

应用价值：花大型，芳香，枝叶深绿色，为庭园观赏植物。

校园分布：南琴房楼门口盆栽。

357 罗布麻

Apocynum venetum L.

夹竹桃科 Apocynaceae
罗布麻属 *Apocynum* L.

俗名：茶叶花、泽漆麻、羊肚拉角
花语：勇往直前，勇敢面对生活

物种特征： 直立半灌木，高1.5~3米，具乳汁。枝条圆筒形，光滑无毛，紫红色或淡红色。叶对生，叶片具短尖头；叶柄间具腺体，老时脱落。圆锥状聚伞花序一至多歧；花冠两面密被颗粒状突起。蓇葖果双生，有纵纹，种子有毛。花期4~9月，果期7~12月。

应用价值： 野生纤维植物；嫩叶蒸炒揉制后当茶饮，清凉去火、防止头晕；种毛可作填充物；根部含生物碱供药用；良好的蜜源植物。

校园分布： 逸夫图书馆东北角绿篱内侧成片生长。

夹竹桃科 Apocynaceae

鹅绒藤属 *Cynanchum* L.

俗名：老牛肿、白前、何首乌、羊奶角角

花语：轻松柔和

358 鹅绒藤

Cynanchum chinense R. Br.

物种特征：缠绕草本。主根圆柱状，干后灰黄色；全株被短柔毛。叶对生，薄纸质，叶背苍白色。伞形聚伞花序腋生，两歧；花冠白色，裂片长圆状披针形；副花冠杯状，顶端具10丝状体，两轮，内轮稍短。蓇葖向端部渐尖；种子长圆形，种毛白色绢质。花期6~8月，果期8~10月。

应用价值：茎叶中的白色乳汁及根，具有祛风解毒、消积健胃、利水消肿之功效。

校园分布：校园常见杂草，如体育学院足球场东围栏上、校东门内城墙边上。

359 萝藦

Cynanchum rostellatum (Turcz.) Liede & Khanum

夹竹桃科 Apocynaceae
鹅绒藤属 *Cynanchum* L.
俗名：老鸹瓢

物种特征：多年生草质藤本，长达8米，具乳汁。茎下部木质化，上部较柔韧，有纵条纹，幼时密被短柔毛，老时被毛渐脱落。叶对生，膜质；叶柄顶端具丛生腺体。总状式聚伞花序；花冠白色，有淡紫红色斑纹，近辐状。蓇葖果叉生，纺锤形；种子扁平，有膜质边缘。花期7~8月，果期9~12月。

应用价值：全株可药用，果可治劳伤、咳嗽等，根可治跌打、蛇咬等，茎叶可治小儿疳积、疔肿，种毛可止血，乳汁可除瘊子；茎皮纤维坚韧，可制人造棉。

校园分布：校园偶见，如科技馆南侧园中1丛、学十一公寓西头1丛。

360 夹竹桃

夹竹桃科 Apocynaceae
夹竹桃属 *Nerium* L.

Nerium oleander L.

俗名： 红花夹竹桃、欧洲夹竹桃
花语： 红色夹竹桃代表着咒骂，白色为纯洁不变的友情，黄色则为深刻的友情

物种特征： 常绿直立大灌木，高达6米。嫩枝具棱。3叶轮生，稀对生，革质，侧脉平行。聚伞花序排成伞房状，顶生；花芳香；花冠漏斗形，裂片旋转状，多种颜色，单瓣或重瓣；副花冠裂片流苏状撕裂。蓇葖果2，离生。种子种皮被锈色短柔毛。花期长，夏秋最盛，果期冬春季。

应用价值： 花大、艳丽、花期长，常作观赏；叶、茎皮可提制强心剂，但有毒，用时需慎重；茎皮纤维为优良混纺原料；种子可榨制润滑油。

校园分布： 校园常见，如塔云路西篮球场北围栏外、科技馆南侧、学十四公寓北侧园中等多处。

361 柔弱斑种草

Bothriospermum zeylanicum (J. Jacq.) Druce

紫草科 Boraginaceae

斑种草属 *Bothriospermum* Bunge

俗名：细茎斑种草、细累子草、细叠子草

花语：柔弱

物种特征： 一年生草本，高15~30厘米。茎细弱，丛生，直立或平卧，多分枝，茎叶被向上的贴伏毛。花序柔弱，细长；苞片叶状；花梗短；花冠蓝色或淡蓝色，喉部具附属物；花柱极短。小坚果肾形，腹面具纵椭圆形的环状凹陷。花果期2~10月。

应用价值： 全草入药，具有止咳、止血、消肿等功效。

校园分布： 学一公寓东头草地上多见。

紫草科 Boraginaceae

鹤虱属 *Lappula* Moench

俗名：蓝花蒿、鹤不踏、黏珠子

362 鹤虱

Lappula myosotis Moench

物种特征： 一年生或二年生草本。茎直立，高 30~60 厘米，中部以上多分枝，密被白色短糙毛。基生叶两面密被长糙毛；茎生叶不同形。苞片线形；花萼裂片果期增大，星状开展或反折；花冠淡蓝色，喉部具附属物。小坚果卵状，中线具纵脊，边缘具 2 行锚状刺。花果期 6~9 月。

应用价值： 果实入药，有消炎杀虫之功效。

校园分布： 学一公寓东头草地上偶见 2 株。

363 附地菜

Trigonotis peduncularis (Trevis.) Benth. ex Baker & S. Moore

紫草科 Boraginaceae
附地菜属 *Trigonotis* Steven
俗名：地胡椒、黄瓜香、老婆指甲
花语：不要忘记我

物种特征：一年生或二年生草本。茎高 5~30 厘米，通常多条丛生，密集，铺散，被短糙伏毛。基生叶呈莲座状，叶片匙形，先端圆钝，茎上部叶不同形。花序生茎顶，幼时卷曲，后渐次伸长；花梗短，花后伸长；花萼宿存；花冠淡蓝色或粉色。小坚果4，斜三棱锥状。早春开花，花期甚长。

应用价值：全草入药，能温中健胃、消肿止痛、止血；嫩叶可供食用。

校园分布：校园常见杂草，如学一公寓东头草地上、学五楼北侧园中等。

364 打碗花

旋花科 Convolvulaceae

打碗花属 *Calystegia* R. Br.

***Calystegia hederacea* Wall.**

俗名：狗儿秧、喇叭花、篱打碗花

花语：恩赐

物种特征：一年生草本。植株通常矮小，无毛，茎细，平卧，有细棱。基部叶常不裂，中上部叶片 3 裂，中裂片较大。花单生叶腋，花梗长于叶柄；苞片 2，顶端钝或尖；萼片略短于苞片；花冠淡紫色或淡红色。花果期 5~8 月。与旋花的主要区别在于，后者茎缠绕伸长，苞片明显长于花萼，顶端尖。

应用价值：根药用，治妇女月经不调及红、白带下。

校园分布：校园常见杂草，如学一公寓东头草地上、综合办公楼（北楼）北侧草地上等。

365 旋花

Calystegia sepium (L.) R. Br.

旋花科 Convolvulaceae
打碗花属 *Calystegia* R. Br.

俗名：打碗花、面根藤、篱天剑
花语：恩赐

物种特征：多年生草本，全体无毛。茎缠绕，伸长，有细棱。叶形多变，全缘或基部具2~3个大齿缺裂。花单生叶腋；花梗通常稍长于叶柄；苞片2，宽卵形，顶端尖，果期增大；萼片明显短于苞片；花冠通常白色或有时淡红或紫色。花果期6~9月。与打碗花的主要区别在于，后者植株常矮小，平卧，苞片先端钝或尖，萼片略短于苞片。

应用价值：根入药，治白浊、疝气、疔疮等。

校园分布：校园常见杂草，如青年教师公寓北侧草地上以及综合办公楼（北楼）北侧草地上等均有大片生长。

旋花科 Convolvulaceae

打碗花属 *Calystegia* R. Br.

俗名：马刺楷、毛打碗花

花语：恩赐

366 欧旋花

Calystegia sepium (L.) R. Br. subsp. *spectabilis* Brummitt

物种特征：旋花的一亚种，与原亚种的区别在于，本亚种除萼片和花冠外植物体各部分均被柔毛；叶通常为卵状长圆形，长 4~6 厘米，基部戟形，基裂片不明显伸展，圆钝或 2 裂，有时叶形相似于旋花；叶柄较短，长 1~4（~5）厘米；苞片顶端稍钝；花冠淡红色。花果期 6~9 月。

应用价值：根及全草药用，有清热、滋阴、降压利尿的功效。

校园分布：校园少见杂草，如学十四公寓北侧园中草地上以及西工字楼北侧文荫路旁等处。

367 田旋花

Convolvulus arvensis L.

旋花科 Convolvulaceae

旋花属 *Convolvulus* L.

俗名：小旋花、面根藤、箭叶旋花

花语：恩赐

物种特征：多年生草本，根状茎横走，茎平卧或缠绕。叶卵状长圆形至披针形。花序腋生，1或有时2~3至多花；苞片2，线形，远离萼片；花冠白或淡红色，宽漏斗形；雌蕊柱头2，线形。蒴果，果熟期果柄常于苞片着生处向下弯垂。种子暗褐色或黑色。花期6~8月，果期6~9月。

应用价值：全草入药，调经活血、滋阴补虚。

校园分布：校园多见杂草，如校东门内向北城墙边上及其桥头西南角等处。

旋花科 Convolvulaceae

马蹄金属 *Dichondra* J. R. Forst. & G. Forst.

368
马蹄金
Dichondra micrantha Urb.

俗名：小铜钱草、黄疸草、肉馄饨草

花语：坚强

物种特征：多年生匍匐小草本，茎细长，被灰色短柔毛，节上生根。叶肾形至圆形，全缘；具长的叶柄。未见花果。

应用价值：全草供药用，可治急慢性肝炎、黄疸型肝炎、胆囊炎、肾炎等。

校园分布：校园地被植物，如外语学院（南楼）东南角、七号楼门口北侧。

369 番薯

Ipomoea batatas (L.) Lam.

旋花科 Convolvulaceae

番薯属 *Ipomoea* L.

俗名： 白薯、红苕、红薯、地瓜、甘薯

花语： 平淡是真

物种特征： 一年生草本，地下部分具块根，块根的形状、皮色和肉色因品种或土壤不同而异。茎平卧或上升，茎节易生不定根。叶片通常为宽卵形，叶柄长短不一。聚伞花序腋生，花序梗稍粗壮；萼片不等长；花冠粉红色、白色、淡紫色或紫色，钟状或漏斗状；雄蕊及花柱内藏。果实未见。

应用价值： 茎叶和块根可食，块根也是食品加工等的重要原料。

校园分布： 校内几处小菜园中可见。

370 瘤梗番薯

旋花科 Convolvulaceae

番薯属 *Ipomoea* L.

俗名：瘤梗甘薯

Ipomoea lacunosa L.

物种特征： 一年生草本。茎缠绕，多分枝，茎上疏被疣基毛。叶卵形至宽卵形，全缘，基部心形，先端具尾状尖；叶柄有时具小疣。花序腋生，花序梗具棱，且与花梗有瘤状突起；花冠漏斗形，白色、淡红色、淡紫红色；雄蕊内藏。蒴果近球形，花柱宿存。花期 7~9 月

应用价值： 外来入侵物种。

校园分布： 校东门内向南、向北河东岸绿化带内可见。

371 茑萝

Ipomoea quamoclit L.

旋花科 Convolvulaceae

番薯属 *Ipomoea* L.

俗名：五角星花、羽叶茑萝、茑萝松

花语：相互帮助、相互关怀、
忙忙碌碌、爱与自由

物种特征：一年生柔弱缠绕草本。叶卵形或长圆形，羽状全裂，裂片线形至丝状，平展。聚伞花序腋生，花少数；总花梗多长于叶，花直立；萼片绿色；花冠高脚碟状，深红色，冠檐开展，五星状；雄蕊及花柱伸出。蒴果卵形，4瓣裂。种子卵状长圆形，长5~6毫米，黑褐色。花期7~10月。

应用价值：极富攀缘性，花叶俱美，是理想的绿篱植物，或盆栽扎成各种造型。

校园分布：文学院北楼东南角。

372 牵牛

旋花科 Convolvulaceae
番薯属 *Ipomoea* L.

Ipomoea nil (L.) Roth

俗名：裂叶牵牛、喇叭花、二丑
花语：爱情永固

物种特征：一年生缠绕草本，茎上被毛。叶常深或浅 3 裂，偶不裂，叶面被柔毛。花腋生，单一或常 2 朵；萼片 5，近等长，披针状线形，外面被开展的刚毛；花冠漏斗状，蓝紫色或紫红色，花冠管色淡。蒴果近球形。种子卵状三棱形。花果期 6~9 月。与圆叶牵牛的主要区别在于，后者叶常不裂，萼片 5，外面 3 片与内面 2 片不同形，外面均被开展的硬毛。

应用价值：种子为常用中药，名"黑丑""白丑""二丑"（黑、白种子混合），有泻水利尿、消肿散积、逐痰、杀虫的功效。

校园分布：校园常见，如，体育学院足球场东围栏外，科技馆北侧墙角，城墙上等处。

373 圆叶牵牛

Ipomoea purpurea (L.) Roth

旋花科 Convolvulaceae

番薯属 *Ipomoea* L.

俗名：打碗花、牵牛花、心叶牵牛

花语：幸福安康、美满幸福

物种特征：一年生缠绕草本，茎上被毛。叶常全缘，偶有3裂，两面被刚伏毛。伞形聚伞花序腋生；萼片5，外面3片长椭圆形，内面2片线状披针形；花冠漏斗状，紫红色、红色或白色，花冠管通常白色，瓣中带于内面色深，外面色淡。蒴果近球形。种子卵状三棱形。花果期6~9月。与牵牛的主要区别在于，后者叶常3裂，偶全缘，萼片近等长，披针状线形，外面密被开展的刚毛。

应用价值：同牵牛。

校园分布：校园少见，如体育学院足球场东北角围栏外。

374 辣椒

Capsicum annuum L.

茄科 Solanaceae

辣椒属 *Capsicum* L.

俗名：柿子椒、彩椒、灯笼椒、小米辣、簇生椒

花语：热烈奔放

物种特征：一年生或有限多年生植物，高 40~80 厘米。茎分枝稍"之"字形折曲。叶矩圆状卵形、卵形或卵状披针形。花单生，俯垂；花萼杯状，不显著 5 齿；花冠常白色，轮状；花药灰紫色。果梗较粗壮，俯垂；果实形状、颜色、辣度因品种不同而差异很大。种子扁肾形，淡黄色。花果期 5~11 月。图为不同品种辣椒的花或果。

应用价值：重要的蔬菜和调味品；种子油可食用；果亦有驱虫和发汗之药效；或栽培供观赏。

校园分布：校内几处小菜园中可见。

375 曼陀罗
***Datura stramonium* L.**

茄科 Solanaceae

曼陀罗属 *Datura* L.

俗名： 闹羊花、狗核桃、枫茄花

花语： 无间的爱和复仇

物种特征： 草本或半灌木状，茎粗壮，高 0.5~1.5 米。叶广卵形，边缘不规则波状浅裂。花大，直立，有短梗；萼筒筒状，有 5 棱，折断后宿存部分向外反折；花冠漏斗状。蒴果直立，表面常生坚硬针刺，成熟后规则 4 瓣裂。种子黑色。花期 6~10 月，果期 7~11 月。与毛曼陀罗的主要区别在于，后者植株密被毛，萼筒无棱角，果实俯垂，顶端不规则裂，刺稍软。

应用价值： 全株有毒！含莨菪碱，药用有镇痉、镇静、镇痛、麻醉的功能；或有时栽培供观赏。

校园分布： 十号楼（尚学楼）西头偶见 1 株，文学院南楼东北角 1 株。

376 毛曼陀罗

Datura innoxia Mill.

茄科 Solanaceae

曼陀罗属 *Datura* L.

俗名：软刺曼陀罗、毛花曼陀罗、北洋金花、曼陀罗

物种特征：草本或半灌木状，高 1~2 米，茎粗壮，全体密被毛。叶片广卵形，全缘而微波状或有疏齿。花单生，直立或斜升；萼筒圆筒状，折断后宿存部分向外反折；花冠长漏斗状。蒴果俯垂，密生细而稍软的针刺和柔毛，成熟后顶端不规则开裂。种子褐色。花果期 6~9 月。与曼陀罗的主要区别在于，后者植株无毛，萼筒具 5 棱，果实直立，顶端规则 4 裂，针刺坚硬。

应用价值：全株有毒！含莨菪碱，药用有镇痉、镇静、镇痛、麻醉的功能。种子油可制肥皂和掺和油漆用。

校园分布：科技馆门口墙根处 1 株，十号楼（尚学楼）东侧园中 1 株。

377 枸杞
Lycium chinense Mill.

茄科 Solanaceae

枸杞属 *Lycium* L.

俗名：狗奶子、枸棘子、红珠仔刺

花语：延年益寿、喜庆欢乐、吉祥

物种特征：灌木，分枝较多，枝条细弱，弓状弯曲或俯垂，淡灰色。单叶互生或2~4枚簇生。花在长枝上单生或双生于叶腋，在短枝上则同叶簇生。花冠漏斗状，淡紫色，筒部向上骤然扩大，裂片平展或稍向外反曲；雄蕊因花冠裂片外展而伸出花冠。浆果红色。花果期6~11月。

应用价值：果实入药称"枸杞子"，具有滋补肝肾、益精明目的功效；根皮入药称"地骨皮"，有解热止咳之效用；嫩叶可食。

校园分布：校园常见，如远程与继续教育学院门口、中心食堂周围空地或绿化带内等处。

茄科 Solanaceae

洋酸浆属 *Physalis* L.

俗名：洋姑娘

花语：自然美

378 毛酸浆

Physalis philadelphica Lam.

物种特征：一年生草本，全株被毛，常多分枝。叶阔卵形，边缘通常有不等大的尖牙齿。花单生叶腋；花萼钟状，5中裂；花冠淡黄色，喉部具紫色斑纹；雄蕊短于花冠，花药淡紫色。果萼具5棱角和10纵肋，全包球状浆果。花果期5~11月。与小酸浆的主要区别在于，后者毛被较少，花冠黄色，通常不具紫色斑纹，花药黄白色。原产墨西哥，为入侵物种。

应用价值：果可食，可提高机体的免疫功能、促进消化、辅助降糖等。

校园分布：艺术学院（北楼）北侧空地上多株，其他处偶见。

379 小酸浆
Physalis minima L.

茄科 Solanaceae

洋酸浆属 *Physalis* L.

俗名：毛苦蘵

花语：自然美

物种特征：一年生草本。主轴短缩，分枝多，披散或斜升。叶片卵形或卵状披针形，全缘而波状或有少数粗齿。花梗细弱；花萼钟状，裂片缘毛密；花冠黄色，有时喉部具紫色斑纹；花药黄白色。果梗细瘦，俯垂；果萼全包球状浆果。花期7~8月，果期9月。与毛酸浆的主要区别在于，后者毛被较多，花冠淡黄色，喉部具紫色斑纹，花药淡紫色。

应用价值：全草入药，可清热解毒、利尿。

校园分布：校东门内北侧城墙边草地上偶见。

380 白英

Solanum lyratum Thunb.

茄科 Solanaceae

茄属 *Solanum* L.

俗名：蔓茄、蜀羊泉、千年不烂心

花语：平安健康

物种特征：草质藤本，长达 3 米，多分枝，茎及小枝密被长柔毛。叶椭圆形或琴形，基部心形或戟形，全缘或 3~5 深裂，两面被白色长柔毛。圆锥花序顶生或腋外生，花萼杯状；花冠蓝紫或白色；花药长于花丝。浆果球状，红黑色，径 7~9 毫米。花期 6~10 月，果期 10~11 月。

应用价值：全草入药，可利湿消肿、清热解毒、提高免疫力。

校园分布：中心食堂北侧路边绿化带中偶见 1 株。

381 番茄
***Solanum lycopersicum* L.**

茄科 Solanaceae

茄属 *Solanum* L.

俗名： 番柿、西红柿、蕃柿、狼茄

花语： 敢于尝试，虽然平凡弱小，但却富有勇气，只要有理想和耐心，小小的力量也可变成大大的光热

物种特征： 一年生草本，高达2米。羽状复叶或深裂，小叶大小不等。花序具3~7花；花萼辐状钟形，宿存；花冠辐状，黄色，常反折；浆果扁球形或近球形，肉质多汁，光滑，大小、形状、颜色因品种不同而有较大变异。花果期夏秋季。

应用价值： 果实为盛夏的常见蔬菜和水果。

校园分布： 校内几处小菜园中可见，品种多样。

茄科 Solanaceae

茄属 *Solanum* L.

俗名：土豆、荷兰薯、洋芋

花语：真诚和希望

382
马铃薯
Solanum tuberosum L.

物种特征：草本，高 30~80 厘米，地下茎块状。奇数羽状复叶，小叶大小不等，间生。伞房花序顶生，以后侧生；萼钟形，5 裂，先端长渐尖；花冠辐状，直径 25~30 毫米，白色或蓝紫色。浆果圆球状，光滑。花期夏季。

应用价值：块茎可供食用，并为淀粉工业的主要原料。

校园分布：校内几处小菜园中可见。

383 龙葵
Solanum nigrum L.

茄科 Solanaceae
茄属 *Solanum* L.
俗名：黑天天、地泡子、野茄秧
花语：沉不住气

物种特征：一年生直立草本，高25~100厘米。叶卵形，基部下延。蝎尾状花序腋外生，3~6（~10）花；萼小，浅杯状；花冠白色，筒部隐于萼内，冠檐5深裂。浆果球形，熟时黑色。花期5~8月，果期7~11月。与少花龙葵的主要区别在于，后者植株纤细，花序近伞状，通常着生1~6朵花，果及种子均较小。

应用价值：全株入药，具有清热解毒、利水消肿、止咳平喘等功效，可用于咽喉肿痛和痈肿疔疮等病症的治疗。

校园分布：校园常见，如东工字楼北侧草地上成片生长。

茄科 Solanaceae

茄属 *Solanum* L.

俗名：痣草、衣扣草、白花菜

花语：沉不住气

384
少花龙葵
Solanum americanum Mill.

物种特征：纤弱草本，高约 1 米。叶薄，卵形至卵状长圆形，基部下延，叶柄纤细。花序近伞形，腋外生，纤细，1~6 朵花；萼裂片具缘毛；花冠白色，筒部隐于萼内。浆果球状，熟后黑色。几全年开花结果（图 a、b、c）。与龙葵的主要区别在于，后者植株粗壮，短蝎尾状花序通常着生 4~10 朵花，果及种子均较大。图 d 示少花龙葵（左）与龙葵（右）果序特征及果实大小。

应用价值：叶可供蔬食或入药，有清凉散热之功，并可兼治喉痛。

校园分布：校园少见，如琴房楼南侧园中、九号楼西侧等处。

385 紫少花龙葵

Solanum americanum Mill var. *violaceum* (Chen) C. Y. Wu & S. C. Huang

茄科 Solanaceae

茄属 *Solanum* L.

俗名：黑天天、地泡子、野茄秧

物种特征：少花龙葵的一变种，与原变种的主要区别是，本变种的花为紫色。

应用价值：同少花龙葵。

校园分布：文荫路东段的武术学院门口绿化带中偶见几株。

茄科 Solanaceae

茄属 *Solanum* L.

俗名：腺龙葵

386 毛龙葵

Solanum sarrachoides Sendtn.

物种特征： 植株平卧，多分枝，全株密被白色腺毛，具特殊气味。叶卵形，先端短尖。花序少花；花萼较大，宿存，包裹成熟果实一半以上，萼筒及萼裂片密被腺毛；花冠白色，轮状，密被腺毛；雄蕊花丝短，花药黄色。浆果球状，光滑，成熟时黄绿色至黄褐色。花期7~9月，果期8~10月。本种以其"植株多腺毛，花萼大，果实成熟时黄绿色至黄褐色"而易于识别。

应用价值： 为入侵物种，原产于南美洲，国内最早发现于东北地区，河南近年有记录，但其毒性和应用目前还不明确。

校园分布： 校园多见，如校内浴池西侧荒地上成片生长。

387 茄

Solanum melongena L.

茄科 Solanaceae
茄属 *Solanum* L.

俗名： 白茄、紫茄、吊菜子
花语： 实事求是

物种特征： 直立分枝草本至亚灌木，高可达1米，多处被平贴或具短柄的星状毛。小枝多为紫色。叶大，先端钝，基部偏斜，边缘浅波状或深波状圆裂。能孕花单生，花柄粗壮，花后下垂；萼外密被毛及皮刺，宿存；花冠紫色或白色。果的形状、大小变异极大，色泽多样。花果期夏秋季。

应用价值： 果可供蔬食；根、茎、叶入药，为收敛剂，有利尿之效。

校园分布： 校内几处小菜园中可见。

388 珊瑚豆

茄科 Solanaceae

茄属 *Solanum* L.

俗名：冬珊瑚、玛瑙珠、看枣

花语：明天会幸福

***Solanum pseudocapsicum* L. var. *diflorum* (Vell.) Bitter**

物种特征：珊瑚樱 *S. pseudocapsicum* 的一变种。常绿灌木。叶双生，大小不等，叶片基部下延成短柄。花序短，腋生，通常 1~3 朵；花小；萼绿色，5 深裂；花冠白色，筒部隐于萼内；花丝短，花药长约为花丝长度的 2 倍。浆果单生，球状，珊瑚红色或橘黄色。花期 4~7 月，果熟期 8~12 月。

应用价值：四季观果；全株有毒，根入药，可祛风湿、通经络、消肿止痛。

校园分布：九号楼门口盆栽。

389 金钟花

Forsythia viridissima Lindl.

木樨科 Oleaceae

连翘属 *Forsythia* Vahl

俗名：连翘、黄金条、狭叶连翘、迎春花

花语：隐藏在心中的爱

物种特征：落叶灌木，高可达3米。枝较直立，小枝绿或黄绿色，呈四棱形，皮孔明显，具片状髓。叶片长椭圆形至披针形，或倒卵状长椭圆形。花1~3（~4）腋生，先叶开放；花萼长约为冠筒之半；花冠深黄色，裂片边缘反卷。花期3~4月，果期8~11月。与连翘的主要区别在于，后者小枝节间常中空，花萼与花冠管近等长，花冠黄色，裂片平展。

应用价值：早春观花植物；果壳、根或叶入药，清热解毒、消肿，主治感冒发热、目赤肿痛。

校园分布：校园多见，如大礼堂与校南门之间（博雅路）中段东侧园中小路东侧花篱。

390 连翘

木樨科 Oleaceae

连翘属 *Forsythia* Vahl

Forsythia suspensa (Thunb.) Vahl

俗名：黄绶带、黄花条、金翘、青翘

花语：预料

物种特征：落叶灌木。枝开展或下垂，小枝土黄色或灰褐色，略呈四棱形，疏生皮孔，节间中空。叶通常为单叶，或2~3裂至三出复叶。花通常单生或2至数朵腋生，先叶开放；花萼与花冠管近等长；花冠黄色，裂片平展。果疏生皮孔。花期3~4月，果期7~9月。与金钟花的主要区别在于，后者小枝具片状髓，花萼长约为冠筒之半，花冠深黄色，裂片边缘常反卷。

应用价值：早春观花植物，常作花篱或植于岸边；果实入药，具清热解毒、消痈排脓之效；药用其叶，对治疗高血压、痢疾、咽喉痛等效果较好。

校园分布：大礼堂与校南门之间（博雅路）中段东侧园中小路东侧花篱中少量混植于金钟花中。

391 白蜡树
Fraxinus chinensis Roxb.

木樨科 Oleaceae

梣属 *Fraxinus* L.

俗名： 白蜡杆、小叶白蜡、尖叶梣

花语： 生命不息、永恒不变的爱

物种特征： 落叶乔木，高 10~12 米。树皮灰褐色，纵裂。羽状复叶，小叶缘具整齐锯齿。雌雄异株，圆锥花序顶生或腋生于当年生枝；雌花疏离，花萼大，花柱细长，柱头 2 裂。翅果匙形，翅平展。花期 4~5 月，果期 7~9 月。与美国红梣的主要区别在于，后者雄花与两性花异株，圆锥花序生于去年生枝上。

应用价值： 放养白蜡虫生产白蜡；枝条柔韧，供编制各种用具；树皮作药用，称"秦皮"，可用于治疗月经不调、疟疾、儿童头疮等症。

校园分布： 校园老干部活动中心东门口仅见 1 雌株。

392 美国红梣

Fraxinus pennsylvanica Marshall

木樨科 Oleaceae

梣属 *Fraxinus* L.

俗名： 洋白蜡、毛白蜡、宾夕法尼亚梣

物种特征： 落叶乔木，高 10~20 米。树皮灰色，粗糙，皱裂。羽状复叶，小叶薄革质。雄花与两性花异株；圆锥花序生于去年生枝上；花密集，与叶同时开放；雄花花萼小，花药大，花丝短；两性花花萼较宽，花柱细，柱头 2 裂。翅果狭倒披针形，脉棱明显。花期 4 月，果期 8~10 月。与白蜡树的主要区别在于，后者雌雄异株，圆锥花序生于当年生枝上。

应用价值： 常用作行道树及庭院绿化树种。

校园分布： 校园多见，如教职工活动中心门口行道树。

393 湖北梣

Fraxinus hubeiensis S. Z. Qu, C. B. Shang & P. L. Su

木樨科 Oleaceae

梣属 *Fraxinus* L.

俗名：对节白蜡、湖北白蜡、对棘白蜡

花语：永远不变的爱

物种特征：落叶大乔木，高达 19 米。树皮深灰色，老时纵裂；营养枝常呈棘刺状；小枝挺直，皮孔突出。羽状复叶，叶轴具狭翅，小叶着生处通常有关节；小叶革质，叶缘具锐锯齿。花期 2~3 月，果期 9 月。校园内未见花果。

应用价值：树干挺直，材质优良，是很好的材用树种；枝条柔韧，可制作盆景。

校园分布：校东门内向南绿化带中几株盆景造型。

394 茉莉花

Jasminum sambac (L.) Aiton

木樨科 Oleaceae
素馨属 *Jasminum* L.

俗名：茉莉、没丽、木梨花、三白

物种特征：直立或攀缘灌木，高达3米。小枝绿色。单叶对生，叶片侧脉在上面稍凹入，下面凸起；叶柄具关节。聚伞花序顶生，通常有花3朵，极芳香；花萼裂片线形，星状开展；花冠白色，先端圆钝。花期5~8月，果期7~9月。

应用价值：著名的花茶及重要的香精原料；花、叶药用，治目赤肿痛，并有止咳化痰之效。

校园分布：五号楼门口盆栽。

395 迎春花

Jasminum nudiflorum Lindl.

木樨科 Oleaceae

素馨属 *Jasminum* L.

俗名：金腰带、小黄花、清明花

花语：希望、相爱到永远

物种特征：落叶灌木，直立或匍匐，高 0.3~5.0 米，枝条下垂。枝稍扭曲，小枝四棱形，绿色。叶对生，三出复叶，小枝基部常具单叶。花单生于去年生小枝的叶腋，稀生于小枝顶端；苞片小叶状；花萼绿色，裂片 5~6；花冠黄色，冠筒细长，常带红色，裂片 5~6。花期 6 月。

应用价值：常见早春观花植物；枝叶和花入药，有解毒消肿、清热解表之功效。

校园分布：五号楼东头门口以及文学馆门口小花坛。

396 女贞

木樨科 Oleaceae

女贞属 Ligustrum L.

Ligustrum lucidum W. T. Aiton

俗名：大叶女贞、冬青、大叶蜡树

花语：生命

物种特征：常绿灌木或乔木，高可达 25 米。叶革质，叶片卵形、长卵形或椭圆形至宽椭圆形，上面光亮。圆锥花序顶生；花序轴及分枝轴紫色或黄棕色；花萼裂齿不明显或近截形；花白色，花冠裂片反折。果肾形或近肾形，成熟时呈红黑色，被白粉。花期 5~7 月，果期 7 月至翌年 5 月。

应用价值：常用作行道树或作桂花的砧木；果入药称"女贞子"，为强壮剂；枝叶上放养白蜡虫，所产的蜡可供工业及医药用。

校园分布：校园常见绿化树种，如校西门与大礼堂之间西月路旁、铁塔湖南岸长亭旁等处。

397 金叶女贞

Ligustrum × *vicaryi* Rehder

木樨科 Oleaceae
女贞属 *Ligustrum* L.

俗名：黄叶女贞
花语：永恒不变的爱

物种特征：该种为金边卵叶女贞（*L. ovalifolium* 'Aureum'）与欧洲女贞（*L. vulgare*）杂交而成的新种。落叶灌木，株高 2~3 米。单叶对生，薄革质；新叶金黄色，老叶黄绿色至绿色。聚伞圆锥花序枝端顶生；花白色，花冠裂片开展或略外翻；雄蕊 2，花丝稍长于冠筒，较直立。核果近球形，黑紫色。花期 5~6 月，果期 10 月。与日本女贞的"金森女贞"品种的主要区别在于：后者叶厚革质；花丝细长，明显伸出冠筒之上，开展，花药较短。

应用价值：常用的绿篱和模纹图案材料，也可修剪成各种造型；根可作熏香原料，也可作蜜源植物和提取芳香油。

校园分布：校园常见绿篱，如艺术学院（北楼）门口小花坛、十号楼（尚学楼）东侧小园东南角。

398 日本女贞

木樨科 Oleaceae

女贞属 *Ligustrum* L.

Ligustrum japonicum Thunb.

俗名：大叶女贞、苦丁茶、小白蜡、水蜡树

物种特征：常绿灌木，高 3~5 米。小枝疏生皮孔，幼枝节处稍压扁。叶厚革质。圆锥花序塔形；花冠白色，裂片向外反卷；雄蕊明显伸出冠筒外。果长圆形或椭圆形，直立，紫黑色，被白粉。花期 6 月，果期 11 月。图为其一品种"金森女贞"*L. japonicum* 'Howardii'，又称"哈哇蒂女贞"，幼叶黄色，以后变绿。与金叶女贞的主要区别在于，后者叶薄革质，花丝稍长于冠筒，较直立，花药较长。

应用价值：常用作绿篱和模纹图案材料。

校园分布：校园常见，如综合办公楼（北楼）东侧台阶间花坛中、近城墙绿化带中等多处。

399 小蜡

Ligustrum sinense Lour.

木樨科 Oleaceae

女贞属 *Ligustrum* L.

俗名：山指甲、花叶女贞、小叶女贞

花语：宁静

物种特征：落叶灌木或小乔木，高 2~4（~7）米。小枝幼时密被毛。单叶对生，叶片纸质或薄革质。圆锥花序顶生或近顶端腋生，塔形；花序轴被较密柔毛以至近无毛；花梗短；花白色，花冠裂片长于冠筒；雄蕊等于或长于花冠裂片。果近球形，紫黑色。花期 3~6 月，果期 9~12 月。

应用价值：各地普遍栽培作绿篱，或作造型；树皮和叶入药，具清热降火等功效。

校园分布：十号楼（尚学楼）东北角 1 株小乔木，三观园中几株小蜡造型树，科技馆门口贡院路路边花坛等处。

400 木樨

木樨科 Oleaceae

木樨属 *Osmanthus* Lour.

***Osmanthus fragrans* (Thunb.) Lour.**

俗名：大叶女贞、苦丁茶、小白蜡、水蜡树

花语：收获、美好、沉醉

物种特征：常绿乔木或灌木，通常高 3~5 米。单叶对生，叶片革质；腋芽 2~4 个上下叠生。聚伞花序簇生于叶腋，或近于帚状；花梗细弱；花极芳香；花小，花冠黄白色、淡黄色、黄色或橘红色，因品种而异；雄蕊着生于花冠管中部。果歪斜，椭圆形，紫黑色。花期 9~10 月，翌年 3 月果熟。

应用价值：常用庭院绿化、香化树种，或制作盆景；花作食品、香料。

校园分布：校园常见，如大礼堂前广场东西两侧绿地上多株、综合办公楼南侧和东侧多株等。

401 紫丁香
Syringa oblata Lindl.

木樨科 Oleaceae
丁香属 *Syringa* L.

俗名：白丁香、毛紫丁香、华北紫丁香
花语：光辉、光荣、不灭

物种特征： 灌木或小乔木，高可达 5 米。枝叶等多处密被腺毛。叶片革质或厚纸质，上面深绿色，下面淡绿色。圆锥花序直立，由侧芽抽生；花冠紫色，冠筒圆柱形，裂片呈直角开展，先端内弯略呈兜状，或不内弯；雄蕊内藏。果先端长渐尖，光滑。花期 4~5 月，果期 6~10 月。

应用价值： 栽培供观赏；花可提制芳香油；嫩叶可代茶。

校园分布： 大礼堂与校南门之间（博雅路）南段东侧，园中长廊南头数株。

402 车前

Plantago asiatica L.

车前科 Plantaginaceae
车前属 *Plantago* L.

俗名：车轱辘菜、猪耳朵棵、当道
花语：留下脚印

物种特征：二年生或多年生草本。须根多数，根茎短，稍粗。叶基生，莲座状。穗状花序3~10个，下部常间断；花具短梗；花冠白色；花药初为白色。蒴果于基部上方周裂，种子5~6（~12）。种子具角。花期4~8月，果期6~9月。与大车前的主要区别在于：后者花药初为淡紫色，稀白色；蒴果于中部或稍低处周裂；种子较小，数目较多。

应用价值：全草入药，可清热利尿、凉血、解毒，治疗关节炎、支气管炎、口舌生疮、腮腺炎等。

校园分布：校园多见，如学四公寓门口西侧草地、九号楼南头墙根等处。

403 大车前
Plantago major L.

车前科 Plantaginaceae
车前属 *Plantago* L.

俗名： 大猪耳朵草、牛舌头棵、车前草
花语： 沉默的爱

物种特征： 二年生或多年生草本。须根多数，根茎粗短。叶基生，莲座状。穗状花序 1 至数个，基部常间断；花无梗；花冠白色；花药通常初为淡紫色，稀白色。蒴果于中部或稍低处周裂，种子（8）12~24（~34）。种子具角。花期 6~8 月，果期 7~9 月。与车前的主要区别在于，后者花药初为白色，蒴果于基部上方周裂，种子较大且数目较少。

应用价值： 同车前。

校园分布： 校园多见，如九号楼西侧草地上成片生长。

车前科 Plantaginaceae

车前属 *Plantago* L.

俗名：毛车前、小车前、主根车前

花语：留下脚印

404 平车前
Plantago depressa Willd.

物种特征：一年生或二年生草本。直根系，具多数侧根。叶基生，莲座状；叶片纸质，脉 5~7 条，上面略凹陷，于背面明显隆起。穗状花序 3 至 10 余个，上部密集，基部常间断；花冠白色；花药新鲜时白色或绿白色。蒴果于基部上方周裂。种子 4~5。花期 5~7 月，果期 7~9 月。本种"直根系，叶片长远大于宽，每果中种子 4~5"，易与本属前述两种相区别。

应用价值：同车前。

校园分布：校园多见，如学一公寓东南角路边、综合办公楼东侧园中草地上。

405 阿拉伯婆婆纳

Veronica persica Poir.

车前科 Plantaginaceae

婆婆纳属 *Veronica* L.

俗名：波斯婆婆纳、肾子草、大婆婆纳

花语：健康

物种特征：铺散多分枝草本，高达50厘米。茎密生两列柔毛。叶具短柄，叶片卵形或圆形，边缘具钝齿。总状花序很长；花生于叶状苞片腋内，花梗长于苞片；花萼果期增大；花冠蓝、紫或蓝紫色，两侧对称。蒴果肾形，宿存花柱超出凹口。花果期3~5月。与婆婆纳的主要区别在于，后者花梗比苞片略短，蒴果肾形，裂片顶端圆，凹口约为90°角。

应用价值：全草入药，具有补肾强腰、解毒消肿的功效。

校园分布：校园常见杂草，如河南留学欧美预备学校校门东侧草地上大片生长。

406 婆婆纳

车前科 Plantaginaceae

婆婆纳属 *Veronica* L.

Veronica polita Fries

俗名：双铜锤、野芫荽、菜肾子

花语：健康、青春

物种特征：铺散多分枝草本，高10~25厘米。叶具短柄，叶片心形至卵形。总状花序很长；花生于叶状苞片腋内；花梗比苞片略短；花萼果期稍增大；花冠淡紫色、蓝色、粉色或白色，两侧对称。蒴果肾形，略短于花萼，裂片顶端圆。花期3~10月。与阿拉伯婆婆纳的主要区别在于，后者花梗明显长于苞片，肾形蒴果裂片较扁，顶端钝而不浑圆，凹口角度大于90°。

应用价值：茎叶味甜，可食。

校园分布：校园常见杂草，如河南留学欧美预备学校校门东侧草地上大片生长。

407 水苦荬
Veronica undulata Wall.

车前科 Plantaginaceae

婆婆纳属 *Veronica* L.

俗名：水菠菜、水莴苣、芒种草

花语：真诚、友善、温暖

物种特征：多年生草本，根状茎粗。茎直立或基部倾斜，高10~60厘米。叶无柄，上部的半抱茎。总状花序腋生，多花；花梗短于线状苞片，与花序轴成锐角，果期横叉开，与花序轴几乎成直角；花冠白色或淡紫色；雄蕊2，外露。蒴果卵圆形，顶端微凹。花期4~5月，果期5~7月。本种"植株较高大，叶大无柄，苞片线状，果期花梗几垂直于花序轴"，易于识别。

应用价值：带虫瘿的全草药用，可活血止痛、通经止血、治闭经、跌打红肿等。

校园分布：学四公寓北侧草地上以及校东门内向南河西岸护栏旁偶见。

408 蚊母草

Veronica peregrina L.

车前科 Plantaginaceae

婆婆纳属 *Veronica* L.

俗名：仙桃草、水蓑衣

花语：健康、青春

物种特征：一年生草本，株高 10~25 厘米，通常自基部多分枝，主茎直立，侧枝披散。叶无柄，倒披针形或长矩圆形。总状花序长；苞片与叶同形；花梗极短；花冠白色或浅蓝色；雄蕊 2，远短于花冠。蒴果倒心形，侧扁，宿存花柱不超出凹口。花期 5~6 月，果期 7~9 月。与直立婆婆纳的主要区别在于，后者苞片与叶片不同形，萼裂片不等长，花蓝紫色或蓝色，蒴果凹口深达果长之半。

应用价值：带虫瘿的全草药用，治跌打损伤、瘀血肿痛及骨折；嫩苗可食。

校园分布：十号楼（尚学楼）东侧园中东北角草地上偶见，校东门内向南城墙边绿化带中偶见。

409 直立婆婆纳

Veronica arvensis L.

车前科 Plantaginaceae

婆婆纳属 *Veronica* L.

俗名：脾寒草、玄桃

花语：真诚、友善、温暖

物种特征：多年生小草本，茎直立或铺散分枝，高 5~30 厘米。叶有短柄或无，卵形至卵圆形，被硬毛。总状花序长而多花，各部被毛；花梗极短；萼裂片不等长；花冠蓝紫色或蓝色；雄蕊短于花冠。蒴果倒心形，明显侧扁，凹口深达果长之半，花柱不伸出凹口。花期 4~5 月，果期 6~7 月。与蚊母草的主要区别在于，后者苞片与叶片同形，萼裂片等长，花白色或浅蓝色，蒴果凹口很浅。

应用价值：适于花境栽植；全草入药，具清热、除疟之效，主治疟疾。

校园分布：校园少见小杂草，如中心食堂后铁塔公园南门口东侧以及十号楼（尚学楼）东侧园中草地上小片生长。

410 杂种凌霄

Campsis × tagliabuana (Vis.) Rehder

紫葳科 Bignoniaceae

凌霄属 *Campsis* Lour.

俗名：杂交凌霄、红黄萼凌霄、达铃凌霄花

花语：敬佩、声誉、慈母之爱、志存高远、攀权附势

物种特征：本种为凌霄 *C. grandiflora* 和厚萼凌霄 *C. radicans* 的杂交种。木质藤本，具气生根。叶对生，羽状复叶，小叶 9~13，叶背面被毛较密。顶生花束或短圆锥花序，花大，橙黄至橙红色；花萼钟状，5 裂至 1/3~1/2 处，红黄色，革质，纵肋不明显；花冠钟状漏斗形；雄蕊 4，2 强。蒴果，顶端尖。花期 6~9 月。

应用价值：常见垂直绿化、美化植物材料，或作长廊、藤架植物；花药用可通经利尿，根入药可治跌打损伤等症。

校园分布：校园常见长廊植物或垂直绿化材料，如校东门口城墙壁上、大礼堂与校南门之间（博雅路）南段东侧长廊、学五公寓北侧园中长廊等多处。

411 楸
Catalpa bungei C. A. Mey.

紫葳科 Bignoniaceae

梓属 *Catalpa* Scop.

俗名：金丝楸、旱楸、豇豆楸

花语：真诚、友善、温暖

物种特征：乔木，高8~12米。叶三角状卵形或卵状长圆形，顶端长渐尖，叶面深绿色。顶生伞房状总状花序，花2~12；花萼蕾时圆球形，2唇开裂，顶端有2尖齿；花冠淡红色，内面具2黄色条纹及暗紫色斑点。蒴果线形。种子狭长椭圆形，两端生长毛。花期5~6月，果期6~10月。与梓树的主要区别在于，后者叶片长宽近相等，常3浅裂，叶色浅绿，花淡黄色，果实经冬不落。

应用价值：栽培作观赏树、行道树；树干为良好的建筑用材；茎皮、叶等入药。

校园分布：多处散生或小片栽植，如西一斋与西二斋之间多株、西工字楼北侧多株。

412 梓

紫葳科 Bignoniaceae

梓属 *Catalpa* Scop.

Catalpa ovata G. Don

俗名： 杂黄花楸、臭梧桐、筷子树

花语： 希望

物种特征： 高大乔木。叶阔卵形，长宽近相等，顶端渐尖，常3浅裂，叶色浅绿。顶生圆锥花序；花序梗微被疏毛；花萼蕾时圆球形，2唇开裂；花冠钟状，淡黄色，内面具2黄色条纹及紫色斑点。蒴果线形，下垂，冬季不落。种子长椭圆形，两端具有平展的长毛。花期5~6月，果熟期8~9月。与楸的主要区别在于，后者叶片长大于宽，顶端长渐尖，叶色深绿，花淡红色。

应用价值： 栽培作观赏树、行道树；果实（梓实）入药，有显著利尿作用；根皮（梓白皮）入药，消肿毒，外用煎洗治疥疮。

校园分布： 校园少见，如校医院东围栏内、外多株，学十四公寓北侧小路旁几株。

413 海南菜豆树

Radermachera hainanensis Merr.

紫葳科 Bignoniaceae

菜豆树属 *Radermachera* Zoll. & Moritzi

俗名：幸福树、大叶牛尾连、绿宝

花语：幸福平安

物种特征：乔木，高6~13（~20）米。1至2回羽状复叶对生，小叶纸质，长圆状卵形或卵形，叶面有光泽。花序腋生或侧生，少花；花萼淡红色，筒状，3~5浅裂；花冠淡黄色，漏斗状钟形，内面被柔毛，檐部微呈2唇形，裂片5。蒴果长达40厘米。种子卵圆形，带翅。花期4月。

应用价值：栽培供观赏；材质优良，适作美工材料等；根、叶、花果入药。

校园分布：五号楼门口盆栽。

马鞭草科 Verbenaceae

美女樱属 *Glandularia* J. F. Gmel.

俗名：铺地马鞭草、五色梅、杂种马鞭草

花语：相守、和睦家庭

414 美女樱

***Glandularia* × *hybrida* (Groenland & Rümpler) G. L. Nesom & Pruski**

物种特征： 多年生草本。茎四棱，横展，匍匐状，长 30～50 厘米。叶对生，具短柄，叶片长圆形、卵圆形或披针状三角形，边缘具缺刻状粗齿或圆钝锯齿。穗状花序顶生，密集呈伞房状，花小，花萼细长筒状，花冠漏斗状，有白色、粉色、红色、复色等，略具芳香。蒴果。花期 4 月至霜降前。

应用价值： 栽培供观赏，盆栽或作地被。

校园分布： 文学院天井院及其南楼南侧园中，校东门内河的两岸护栏边地被植物（与细叶美女樱混植）。

415 细叶美女樱

Glandularia tenera (Spreng.) Cabrera

马鞭草科 Verbenaceae

美女樱属 *Glandularia* J. F. Gmel.

俗名：羽叶马鞭草

花语：家族的快乐

物种特征： 多年生草本。茎四棱，匍匐生长，节部生根，长20~30厘米。叶对生，有短柄，叶片二回羽状深裂，裂片线性。穗状花序顶生，花密集排列呈伞房状，花冠筒状，花色丰富，有白、粉红、玫瑰红、大红、紫、蓝等色。花期4~10月。蒴果8月底成熟。本种叶片二回羽状深裂，易与美女樱相区别。

应用价值： 同美女樱。

校园分布： 校东门内河的两岸护栏边地被植物（与美女樱混植）。

唇形科 Lamiaceae

风轮菜属 *Clinopodium* L.

俗名：迥文草、四季草、球花邻近风轮菜

416 邻近风轮菜

Clinopodium confine (Hance) Kuntze

物种特征：草本，铺散或上部直立。茎四棱形。叶卵圆形，边缘自近基部以上具圆齿状锯齿。轮伞花序通常多花密集，近球形，分离；苞叶叶状；花萼管状，萼筒等宽；花冠粉红至紫红色，冠檐2唇形，上唇直伸，下唇3裂，中裂片较大。雄蕊4，内藏。小坚果卵球形，褐色。花期4~6月，果期7~8月。

应用价值：全草入药，清热解毒、止血，用于痈疖、瘾疹及过敏性皮炎。

校园分布：五号楼北侧草地上成片生长。

417 五彩苏

Coleus scutellarioides (L.) Benth.

唇形科 Lamiaceae

鞘蕊花属 *Coleus* Lour.

俗名：彩叶草、洋紫苏、五色草

花语：绝望的爱情

物种特征：直立或上升草本。茎紫色，四棱形，具分枝。叶对生，叶片通常卵圆形，边缘具圆齿状锯齿或圆齿，两面被微柔毛，下面常散布红褐色腺点；叶色因品种不同而异，单色或复色。轮伞花序具多花；花梗短；花萼钟形，上唇中裂片果时反折；花冠紫或蓝色，冠筒骤下弯，上唇直伸，下唇舟形；小坚果褐色，扁。花期7~9月。

应用价值：叶色丰富，盆栽，或用于配置模纹图案；全草入药，常用于解疮疡肿毒。

校园分布：文荫路东段的武术学院门口小花坛中。

418 夏至草

Lagopsis supina (Steph.) Ikonn. -Gal.

唇形科 Lamiaceae

夏至草属 *Lagopsis* (Bunge ex Benth.) Bunge

俗名： 白花益母、白花夏枯草、风车草

花语： 负责尽职、是非分明

物种特征： 多年生草本，高 15~35 厘米。茎四棱形，具沟槽。叶圆形，3 浅裂或深裂。轮伞花序疏花，小苞片弯刺状；萼齿 5，不等大，先端刺尖，果时明显展开；花冠白色，稀粉红色，稍伸出，被长柔毛；冠檐 2 唇形，上唇全缘，下唇 3 浅裂。小坚果褐色。花期 3~4 月，果期 5~6 月。

应用价值： 全草入药，具有养血活血、清热利湿的功效。

校园分布： 校园常见杂草，如城墙边常有大片生长。

419 宝盖草

***Lamium amplexicaule* L.**

唇形科 Lamiaceae
野芝麻属 *Lamium* L.

俗名：莲台夏枯草、益母草、佛座草
花语：害羞

物种特征：一年生或二年生草本，高 30 厘米，茎基部多分枝。叶圆形或肾形。轮伞花序具 6~10 花；苞片具缘毛；花萼管状钟形，密被长柔毛，萼齿具缘毛；花冠紫红或粉红色，冠檐 2 唇形，上唇直伸，先端微弯，下唇稍长，3 裂。花期 3~5 月，果期 7~8 月。

应用价值：全草入药，治外伤骨折、跌打损伤、红肿、毒疮、瘫痪等症。

校园分布：校园多见杂草，如国际交流处东围栏外有大片生长。

420 薄荷

唇形科 Lamiaceae
薄荷属 *Mentha* L.

Mentha canadensis L.

俗名：鱼香草、野仁丹草、野薄荷
花语：美德

物种特征：多年生草本。茎直立，高30~60厘米，锐四棱形，下部数节具不定根及水平匍匐根状茎。叶具柄，叶缘在基部以上疏生粗大的牙齿状锯齿。轮伞花序腋生，轮廓球形；萼齿先端长锐尖；花冠淡紫色，冠檐4裂，上裂片较大；雄蕊4，前对较长；花柱略超出雄蕊。花期7~9月，果期10月。本种因"叶有柄，轮伞花序腋生，雄蕊不等长"易于识别。

应用价值：幼嫩茎叶可作蔬食，或提取精油等；全草入药，治感冒发热喉痛、头痛、目赤痛、皮肤风疹瘙痒、麻疹不透等症。

校园分布：校园多见，如科技馆东北角有小片生长，零号公寓北墙根处有大片生长。

421 留兰香

Mentha spicata L.

唇形科 Lamiaceae

薄荷属 *Mentha* L.

俗名：土薄荷、香薄荷、花叶留兰香

花语：美德

物种特征： 多年生草本。茎直立，高 40~130 厘米，钝四棱形，不育枝仅贴地生。叶无柄或近于无柄，叶片边缘具尖锐而不规则的锯齿。轮伞花序排成间断但向上渐密集的圆柱形穗状花序，生于茎及枝顶；花冠淡紫色，两面无毛，冠檐裂片 4，近等大；雄蕊 4，伸出，近等长；花柱伸出花冠很多。花期 7~9 月。与皱叶留兰香的不同之处在于，后者叶脉在上面明显凹陷，轮伞花序密集排列成穗状花序。

应用价值： 全草入药，治感冒发热、咳嗽、头痛、咽痛、目赤痛、鼻衄等；嫩枝、叶常作调味香料食用或提取精油等。

校园分布： 校园偶见，如学四公寓西北角草地上小片生长。

422 皱叶留兰香

唇形科 Lamiaceae
薄荷属 *Mentha* L.

Mentha crispata Schrad. ex Willd.

俗名：香花菜、土薄荷、皱叶薄荷、十香菜
花语：美德

物种特征：多年生草本。茎直立，高30~60厘米，钝四棱形，常带紫色，无毛，不育枝仅贴地生。叶无柄或近于无柄，边缘有锐裂的锯齿，脉纹在上面明显凹陷，下面隆起。轮伞花序在茎及枝顶密集成穗状花序；花冠淡紫色，外面无毛，冠檐裂片4，近等大；雄蕊4，伸出，近等长；花柱伸出。与留兰香的不同之处在于，后者轮伞花序下部间断排列，但向上渐密集成圆柱形穗状花序。

应用价值：同留兰香。

校园分布：校园少见，如学四公寓西北角草地上小片生长，琢玉路南段公共体育教研部门口花坛中。

423 罗勒

Ocimum basilicum L.

唇形科 Lamiaceae

罗勒属 *Ocimum* L.

俗名：荆芥、家薄荷、香草、九重塔

花语：仰慕、协助、生命力

物种特征：一年生草本，高20~80厘米。茎直立，多分枝，钝四棱形。叶卵圆形至卵圆状长圆形，两面近无毛。轮伞花序多数6花，组成顶生和上部腋生的总状花序；苞片边缘具纤毛，常具色泽；花冠淡紫色，或上唇白色下唇紫红色；雄蕊4；花柱超出雄蕊之上。小坚果黑褐色。花期通常7~9月，果期9~12月。

应用价值：作为芳香植物栽培，可提取芳香油；叶可食，亦可泡茶饮，有祛风、健胃及发汗作用；全草入药，治胃痛、胃痉挛、胃肠胀气、消化不良等。

校园分布：学一公寓东头盆栽。

唇形科 Lamiaceae

罗勒属 *Ocimum* L.

俗名：荆芥、薄荷草、九重塔、毛罗勒

424
疏柔毛罗勒

Ocimum basilicum L. var. *pilosum* (Willd.) Benth.

物种特征： 罗勒的变种。与原变种不同在于，其茎多分枝，上升，叶小，长圆形，叶柄及轮伞花序被疏柔毛，后期总状花序极延长。

应用价值： 同罗勒。

校园分布： 校园几处小菜园可见。

425 紫苏
Perilla frutescens (L.) Britton

唇形科 Lamiaceae
紫苏属 *Perilla* L.
俗名：白苏、臭苏、香苏
花语：绝望之情——无望的爱

物种特征：一年生直立草本。茎高 0.3~2.0 米，绿色或紫色，钝四棱形，具四槽。叶阔卵形或圆形，两面绿色或紫色，或仅下面紫色。轮伞花序 2 花，组成总状花序；花萼钟形，下部被长柔毛；花冠白色至紫红色，冠檐近 2 唇形，上唇微缺，下唇 3 裂；雄蕊 4，几不伸出，前对稍长。小坚果近球形，灰褐色，具网纹。花期 8~11 月，果期 8~12 月。

应用价值：叶可食用或作香料；茎、叶、种子入药，分别称为"紫苏梗""紫苏叶""紫苏子"，各具不同功效。

校园分布：校内浴池西边小菜园中栽植，其周围荒地上也有多株。

唇形科 Lamiaceae

鼠尾草属 *Salvia* L.

俗名：蛤蟆皮棵、野薄荷、黑紫苏

花语：思念与回忆

426 荔枝草

Salvia plebeia R. Br.

物种特征：一年生或二年生草本，高达 90 厘米。茎粗壮，多分枝。叶近椭圆形，叶面不平整。轮伞花序具 6 花，组成总状或圆锥花序；花冠淡红、淡紫、紫、紫蓝或蓝色，稀白色，上唇两侧折合，下唇中裂片最大；雄蕊稍伸出。花期 4~5 月，果期 6~7 月。以"轮伞花序排列成总状或圆锥状，雄蕊药隔上臂及下臂等长"明显区别于林荫鼠尾草。

应用价值：全草入药，具清热、解毒、凉血、利尿之效，可用于治疗咽喉肿痛、支气管炎、肾炎、水肿、痛肿，还可以外用治疗乳腺炎、痔疮肿痛、出血等。

校园分布：校园少见杂草，如学一公寓东头草地上几株、东九斋与东十斋之间草地上可见。

427 林荫鼠尾草

Salvia nemorosa L.

唇形科 Lamiaceae

鼠尾草属 *Salvia* L.

俗名：林地鼠尾草、森林鼠尾草、林下鼠尾草

花语：爱护家庭、善良可爱

物种特征：多年生草本，株高50~90厘米，少分枝。叶对生，长椭圆状或近披针形，叶面皱。轮伞花序再组成穗状，顶生，劲直，具分枝；花冠筒直立，花冠蓝紫色、粉红色，2唇形，略等长，下唇中裂片大，反折；雄蕊内藏或与花柱稍伸出；药隔弧曲，上臂远长于下臂。花期夏至秋。以"轮伞花序排列成穗状，雄蕊药隔上臂远长于下臂"明显区别于荔枝草。

应用价值：栽培供观赏，也用于花坛、花境和地被；亦作芳香调味植物；叶入药，具防腐、抗菌、消炎之功效。

校园分布：中心食堂北侧铁塔公园门口向东成片栽植。

428 通泉草

Mazus pumilus (Burm. f.) Steenis

通泉草科 Mazaceae

通泉草属 *Mazus* Lour.

俗名：六角定经草、龙疮药、野田菜、猪胡椒

花语：守秘

物种特征：一年生草本，高 3~30 厘米。茎常 1~5 枝，直立，上升或倾卧状上升。基生叶少到多数，茎生叶少数。总状花序，常在近基部即生花；花萼钟状；花冠白色、紫色或蓝色，上唇短小，下唇褶襞 2 条，3 裂，中裂片较小；雄蕊 2 强，不伸出冠筒；子房无毛。蒴果球形，种子小而多数。花果期 4~10 月。

应用价值：全草入药，具有解毒、健胃、止痛等功效。

校园分布：校园多见，如学九公寓院内各处草地上散生。

429 兰考泡桐

Paulownia elongata S. Y. Hu

泡桐科 Paulowniaceae

泡桐属 *Paulownia* Siebold & Zucc.

俗名：河南泡桐、泡桐、焦裕禄桐

花语：永恒的守候、期待你的爱

物种特征： 乔木，高达10米以上，树冠宽圆锥形。叶片通常卵状心形。花序金字塔形或狭圆锥形；小聚伞花序着花3~5，总花梗几与花梗等长；萼外密被土黄色毛；花冠漏斗状钟形，紫色至粉白色，冠管稍弓曲，内面有紫色细小斑点，檐部略2唇形；雄蕊4，2强。蒴果卵形。种子带翅。花期4~5月，果期秋季。

应用价值： 优良的绿化树种；木材是很好的家具、建筑、工业、乐器用材；花、叶、果、树皮还可入药。

校园分布： 校园常见，散生，如静斋路南段、大礼堂与校南门之间（博雅路）两侧等多处。

430 地黄

列当科 Orobanchaceae

地黄属 *Rehmannia* Libosch. ex Fisch. & C. A. Mey.

Rehmannia glutinosa (Gaertn.) Libosch. ex Fisch. & C. A. Mey.

俗名：怀地黄、米罐棵、蜜糖管

花语：隐藏的恋情

物种特征：多年生草本，高10~30厘米，全株密被毛。根茎肉质，黄色。基部叶莲座状，茎生叶少，甚或无。花在茎顶部略排列成总状花序；萼具10条隆起的脉；花冠筒多少弓曲，基部有甜味，内面黄紫色，外面紫红色，裂片5；雄蕊4，2强；柱头2，片状。蒴果卵形至长卵形，无毛；种子小，多数。花果期4~7月。

应用价值：根为常用中药材，有生地和熟地之分。

校园分布：学十四公寓东北角小路旁偶见小片生长，其他处偶见散生。

431 枸骨
Ilex cornuta Lindl. & Paxton

冬青科 Aquifoliaceae

冬青属 *Ilex* L.

俗名：枸骨冬青、鸟不宿、无刺枸骨

花语：保护、万寿无疆、四季平安

物种特征：常绿灌木或小乔木。叶厚革质，具光泽，二型；或四角状长圆形，先端具3枚尖硬刺齿，中央刺齿常反曲，基部两侧各具1~2刺齿；或卵状椭圆形，全缘。雌雄异株；花序簇生叶腋，花4基数，淡黄绿色。雄花具退化子房；雌花具退化雄蕊。果球形，熟时红色。花期4~5月，果期10~12月。

应用价值：供庭园观赏；其根、枝叶和果入药；树皮可作染料和提取栲胶；木材软韧，可用作牛鼻栓。

校园分布：十号楼（尚学楼）东侧园中草地上多株。

桔梗科 Campanulaceae

半边莲属 *Lobelia* L.

俗名：瓜仁草、细米草、蛇共眠

花语：自由自在

432 半边莲

Lobelia chinensis Lour.

物种特征：多年生草本。茎细弱，匍匐，节上生根，分枝直立，高6~15厘米。叶互生，无柄或近无柄，椭圆状披针形至条形。花通常单生于分枝的上部叶腋；萼筒倒长锥状，基部渐细而与花梗无明显区分；花冠粉红色或白色，裂片5，全部平展于下方；花丝中上部连合。花果期5~10月。

应用价值：全草可供药用，治毒蛇咬伤、肝硬化腹水、阑尾炎等。

校园分布：校东门内近城墙绿化带中可见。

433 艾
Artemisia argyi H. Lév. & Vaniot

菊科 Asteraceae

蒿属 *Artemisia* L.

俗名：艾蒿、灸草、端阳蒿

花语：燃烧自己，照顾苍生

物种特征：多年生草本或半灌木状，有香气。茎高 80~150 厘米，基部稍木质化，上部草质，少分枝。茎、枝均被柔毛。叶厚纸质，有腺点与凹点。头状花序椭圆形，排成（复）穗状花序，再组成圆锥花序；雌花花冠狭管状，紫色；两性花花冠管状或高脚杯状，有腺点。瘦果长卵形或长圆形。花果期 7~10 月。

应用价值：全草入药，有温经、去湿、散寒、止血、消炎、平喘、止咳、安胎、抗过敏等作用。

校园分布：校园偶见栽培，如校内浴池西侧荒地上、科技馆西侧小院中数株。

434 黄花蒿

Artemisia annua L.

菊科 Asteraceae

蒿属 *Artemisia* L.

俗名：香蒿、臭蒿、细叶蒿

花语：康复

物种特征：一年生草本，有浓香气。茎高1~2米，有纵棱，多分枝。叶绿色，叶轴无栉齿。头状花序球形，枝上排成总状或复总状花序，茎上排成圆锥花序；花序托凸起，半球形；花深黄色，雌花花冠狭管状；两性花花冠管状。瘦果椭圆状卵形。花果期8~11月。本种以"叶轴无栉齿；头状花序球形，下垂或倾斜，多数，直径1.5~2.5毫米；花深黄色"易区别于青蒿。

应用价值：常作为嫁接菊花的砧木；全草入药，或提取青蒿素，可清热、解暑、截疟、凉血、利尿、健胃、止盗汗；枝叶可作制酒饼或制酱的香料。

校园分布：校园常见杂草，如校东门内城墙根成片生长。

435 青蒿

Artemisia caruifolia Buch.-Ham. ex Roxb.

菊科 Asteraceae
蒿属 *Artemisia* L.

俗名：香蒿、邪蒿、黄花蒿

物种特征：一年生草本，有香气。茎高 30~150 厘米。叶青绿或淡绿色，叶轴具栉齿。头状花序近半球形，枝上排成穗状的总状花序，茎上成圆锥花序；花序托球形；花淡黄色；雌花花冠狭管状；两性花花冠管状。瘦果长圆形至椭圆形。花果期 6~9 月。本种"叶轴具栉齿；头状花序近半球形，下垂，排列疏散，径 3.5~4.5 毫米；花淡黄色"易区别于黄花蒿。

应用价值：全草入药，有清热、凉血、解暑、祛风、止盗汗、止痒之效，可作阴虚潮热的退热剂。

校园分布：中心食堂后草地上偶见几株。

菊科 Asteraceae

蒿属 *Artemisia* L.

俗名：印度蒿、白蒿、黑蒿、野艾蒿

花语：无私和付出

436 五月艾

Artemisia indica Willd.

物种特征：半灌木状草本，具香气。茎高 80~150 厘米，分枝多。叶被绒毛。头状花序卵形、长卵形或宽卵形，具短梗及小苞叶，排成穗状花序式的总状花序或复总状花序，再成圆锥花序；雌花花冠狭管状，檐部紫红色；两性花具腺点，檐部紫色。瘦果长圆形或倒卵形。花果期 8~10 月。本种以"叶裂片边缘不反卷，头状花序具短梗，排列稍疏"易区别于野艾蒿。

应用价值：全草有清热、解毒、止血、消炎等作用；嫩苗可食用。

校园分布：校园少见，如铁塔湖东南角及其向东草地上可见。

437 野艾蒿

Artemisia lavandulifolia DC.

菊科 Asteraceae
蒿属 *Artemisia* L.
俗名：大叶艾蒿、细叶艾

物种特征： 多年生草本，稀亚灌木状。茎高达 1.2 米，分枝多，茎、枝、叶被柔毛。叶宽卵形或近圆形，羽状裂。头状花序椭圆形或长圆形，排成密穗或复穗状花序，茎上成圆锥花序；雌花 4~9；两性花 10~20，花冠檐部紫红色。瘦果长卵圆形或倒卵圆形。花果期 8~10 月。本种以"叶裂片边缘反卷；叶、苞叶以及总苞片背面密被灰白色绵毛；头状花序梗极短，排列紧密"区别于五月艾。

应用价值： 全草入药，能治感冒、疟疾、皮肤瘙痒、痈肿、跌打损伤等症。

校园分布： 校园多见，如十号楼（尚学楼）东侧园中东南角有小片生长、城墙根丛生或单生。

438 茵陈蒿

Artemisia capillaris Thunb.

菊科 Asteraceae

蒿属 *Artemisia* L.

俗名：茵陈、白茵陈、绒蒿

花语：奉献

物种特征：半灌木状草本，有香气。主根木质。茎高40~120厘米，中上部多分枝，被绢毛。叶一至三回羽状全裂，末级小裂片通常细直，不弧曲；花期茎中部及以下叶均萎谢；上部叶与苞片叶基部裂片半抱茎。头状花序卵球形，稀近球形，径1.5~2.0毫米，在枝上成复总状花序，在茎上成圆锥花序；花序托凸起；雌花6~10朵；两性花3~7朵。瘦果长圆形或长卵形。花果期7~10月。

应用价值：茵陈蒿的干燥地上部分，有清利湿热、利胆退黄的功效，其水提取液有抑菌作用，还作黄花蒿的代用品入药；幼嫩枝、叶可作菜蔬。

校园分布：城墙根多株，其他处荒地上偶有散生。

439 猪毛蒿

Artemisia scoparia Waldst. & Kit.

菊科 Asteraceae
蒿属 *Artemisia* L.
俗名：滨蒿、白茵陈、扫帚艾

物种特征： 一二年生草本，有香气。主根（半）木质化。茎高40~90（~130）厘米，有纵纹，自下部开始分枝，被柔毛。茎上部叶与分枝上叶及苞片叶3~5全裂或不分裂，其他叶二至三回羽状全裂；基生叶花期萎谢。头状花序近（卵）球形，枝上排成复总状或复穗状花序，在茎上成圆锥花序。瘦果倒卵形或长圆形。花果期7~10月。本种"一二年生草本；叶的末级小裂片细，多少弯曲；头状花序较小，径1.0~1.5（2.0）毫米"，区别于茵陈蒿。

应用价值： 基生叶、幼苗及幼叶等入药，民间称"土茵陈"，化学成分、功用等与"茵陈蒿"同。

校园分布： 琴房楼墙根偶见，城墙根多株。

440 马兰

Aster indicus Heyne

菊科 Asteraceae

紫菀属 *Aster* L.

俗名：路边菊、鸡儿肠、马兰头

花语：宿世的情人

物种特征：根状茎有匍枝。茎高 30~70 厘米。基部叶有浅齿，花期枯萎；茎部叶倒披针形或倒卵状矩圆形，下部及中部叶有 2~4 对浅齿或深齿，上面被毛。头状花序排列成疏伞房状；总苞半球形；花托圆锥形；舌状花舌片浅紫色，管状花黄色。瘦果极扁，上部被腺毛及短柔毛。花期 5~9 月，果期 8~10 月。

应用价值：全草药用，有清热解毒、消食积、利小便、散瘀止血之效。

校园分布：零号公寓北侧有小片生长，河南留学欧美预备学校校门北侧偶见。

441 多型马兰

Kalimeris indica (L.) Sch. Bip. var. *polymorpha* (Vaniot) Kitam.

菊科 Asteraceae

马兰属 *Kalimeris* (Cass.) Cass

俗名：多型鸡儿肠、马兰多裂变种、深裂叶马兰

物种特征： 多年生草本。叶倒卵状矩圆形，下部及中部叶通常长 4—10 厘米，宽 2—5 厘米，有 2—4 对深裂片，裂片条形，上部叶条形，全缘，或有一对裂片，上面被疏毛或近无毛，基部叶有浅齿；总苞片倒卵状矩圆形。

应用价值： 同马兰。

校园分布： 逸夫图书馆北墙根成片生长。

442 大狼耙草

Bidens frondosa L.

菊科 Asteraceae

鬼针草属 *Bidens* L.

俗名：接力草、婆婆针、紫茎鬼针草

花语：宿世的情人

物种特征：一年生草本。茎分枝，高 20~120 厘米，常带紫色。叶对生，具柄，一回羽状复叶。头状花序单生顶端；总苞钟状或半球形，外层总苞片叶状，通常 8 枚，披针形或匙状倒披针形；无舌状花或舌状花不发育，筒状花两性。瘦果扁平，狭楔形，顶端芒刺 2 枚。

应用价值：全草入药，有强壮、清热解毒的功效，主治体虚乏力、盗汗、咯血、痢疾、疳积、丹毒。

校园分布：中心食堂北侧铁塔公园南门口东侧草地上偶见 1 株。

443 金盏银盘

Bidens biternata (Lour.) Merr. & Sherff

菊科 Asteraceae

鬼针草属 *Bidens* L.

俗名：鬼针草、金盘银盏、一包针

物种特征：一年生草本。茎高 30~150 厘米，略具四棱。一回羽状复叶，下部一对小叶具明显的柄，三出复叶状分裂或仅一侧具一裂片。头状花序；外层苞片条形，背面密被毛，内层苞片长椭圆形或长圆状披针形；舌状花通常 3~5 或无，不育，舌片淡黄色；盘花筒状，冠檐 5 齿裂。瘦果条形，具四棱，顶端芒刺 3~4 枚。花期 8~9 月，果期 9~10 月。

应用价值：全草入药，清热解毒、散瘀活血，主治上呼吸道感染、咽喉肿痛、急性阑尾炎、胃肠炎、风湿关节疼痛等；外用治疮疖、毒蛇咬伤、跌打肿痛。

校园分布：中心食堂北侧铁塔公园南门口东侧草地上偶见 1 株。

菊科 Asteraceae

天名精属 *Carpesium* L.

俗名：烟袋草、倒提壶、鹤虱、金挖耳

烟管头草

Carpesium cernuum L.

物种特征：多年生草本。茎高 50~100 厘米，多分枝。基生叶于开花前凋萎，叶长椭圆形至椭圆状披针形，茎下部叶具长柄，向上渐短至不明显。头状花序单生，开花时下垂；总苞叶多枚，大小不等；总苞壳斗状；雌花狭筒状，两性花筒状，冠檐 5 齿裂。瘦果长 4.0~4.5 毫米。花期 7~8 月，果期 8~9 月。

应用价值：全草入药，味苦、辛，性凉，有小毒，可清热解毒、消肿止痛。

校园分布：校东门内向北城墙上偶见 1 株。

445 菊花

Chrysanthemum × morifolium (Ramat.) Hemsl.

菊科 Asteraceae
菊属 *Chrysanthemum* L.

俗名：怀菊花、九月菊、杭白菊
花语：高洁、淡泊名利

物种特征：多年生草本，高 60~150 厘米。茎被柔毛。叶卵形至披针形，羽状浅裂或半裂，有短柄，叶下面被柔毛。头状花序，总苞片多层，舌状花颜色因栽培品种而多样，管状花黄色。花期多为秋季。本种为著名观赏或药用栽培材料，其叶裂片顶端圆或钝，区别于野菊。

应用价值：常见栽培传统花卉；花入药，味甘苦，性微寒，可疏散风热、平抑肝阳、清肝明目、清热解毒。

校园分布：九号楼门口可见，文荫路东头武术学院门口有盆栽。

446 野菊

Chrysanthemum indicum L.

菊科 Asteraceae

菊属 *Chrysanthemum* L.

俗名：菊花脑、东篱菊、路边菊
花语：沉默专一的爱

物种特征：多年生草本，高 25~100 厘米，有地下匍匐茎。茎有分枝，被毛。基生叶和下部叶花期脱落；中部茎叶卵形、长卵形或椭圆状卵形，羽状半裂、浅裂或有浅锯齿。头状花序成伞房圆锥花序或伞房花序；总苞片约 5 层；舌状花黄色。瘦果。花期6~11月。本种常为野生植物（校园所见为栽培），叶裂片顶端尖，与菊花相区别。

应用价值：叶、花及全草入药，可清热解毒、疏风散热、散瘀、明目等。

校园分布：文学院南楼北墙根处小片栽植。

447 刺儿菜

Cirsium arvense (L.) Scop. var. *integrifolium* Wimm. & Grab.

菊科 Asteraceae

蓟属 *Cirsium* Mill.

俗名：小刺儿菜、野红花、蓟蓟芽

花语：严格和复仇

物种特征：多年生草本。茎高 30~80（100~120）厘米，分枝。基生叶和中部茎叶椭圆形、长椭圆形或椭圆状倒披针形，上部茎椭圆形或披针形或线状披针形，或全部茎叶不分裂，叶缘针刺状。头状花序单生茎端，或排成伞房花序；总苞片多层；小花紫红色或白色。瘦果。花果期 5~9 月。

应用价值：全草入药，清热、止血、降压、散瘀消肿。

校园分布：校园常见杂草，如东操场东侧荒地、十号楼（尚学楼）门口东侧草地上成片生长。

菊科 Asteraceae

金鸡菊属 *Coreopsis* L.

俗名：大波斯菊、剑叶波斯菊、金鸡菊

花语：竞争心、上进心

448 大花金鸡菊

Coreopsis grandiflora Hogg ex Sweet

物种特征：多年生草本，高 20~100 厘米。茎下部有糙毛，上部有分枝。叶对生；基部叶有长柄、披针形或匙形；下部叶羽状全裂，裂片长圆形；中部及上部叶 3~5 深裂，裂片线形或披针形。头状花序；总苞片 2 层，外层较窄、短，开展；舌状花黄色；管状花两性。瘦果广椭圆形或近圆形，具宽翅。花期 5~9 月。

应用价值：原产美洲的观赏植物。

校园分布：文学院南楼南侧园中地被。

449 尖裂假还阳参

Crepidiastrum sonchifolium (Bunge) Pak & Kawano

菊科 Asteraceae

假还阳参属 *Crepidiastrum* Nakai

俗名：猴尾草、抱茎小苦荬、尖裂黄瓜菜

物种特征： 一年生草本。茎上部伞房花序状分枝，无毛。基生叶花期脱落；中下部茎叶羽状深裂或半裂，基部耳状抱茎，上部茎叶卵状心形，所有茎生叶顶端长渐尖至尾尖。头状花序排成伞房状花序；总苞圆柱状；舌状小花黄色。瘦果长椭圆形。花果期5~9月。

应用价值： 全草入药，可清热凉血、消肿、补肾气、健脾胃、益气血等。

校园分布： 东十斋与东九斋之间草地上偶见1株。

450 鳢肠

Eclipta prostrata (L.) L.

菊科 Asteraceae

鳢肠属 *Eclipta* L.

俗名：墨旱莲、凉粉草、野万红
花语：默默的爱和不羁的心

物种特征：一年生草本。茎高达60厘米，分枝多，被糙毛。叶长圆状披针形或披针形，缘有细锯齿或仅波状。头状花序；总苞球状钟形，总苞片绿色，草质；雌花2层，舌状，白色；两性花多数，花冠管状，白色。瘦果暗褐色。花果期6~9月。

应用价值：全草入药，有凉血、止血、消肿、强壮之功效。

校园分布：校园常见杂草，如校医院西南角绿地、铁塔湖东南角等处。

451 香丝草

Erigeron bonariensis L.

菊科 Asteraceae

飞蓬属 *Erigeron* L.

俗名：野塘蒿、蓑衣草、野地黄菊

花语：热烈、纯洁、高尚

物种特征： 一年或二年生草本，根纺锤状。茎高20~50厘米，中部以上常分枝，被毛。叶密集，基部叶花期枯萎，下部叶倒披针形或长圆状披针形，中、上部叶狭披针形或线形。头状花序排成总状（圆锥）花序；总苞椭圆状卵形；雌花多层，白色；两性花淡黄色。瘦果。花期5~10月。本种"茎中部以上常分枝，叶色暗绿，头状花序径8~10毫米"区别于小蓬草。

应用价值： 全草入药，治感冒、疟疾、急性关节炎及外伤出血等症。

校园分布： 校园多见，如学一公寓东头草地、校东门城墙根等处。

452 小蓬草

Erigeron canadensis L.

菊科 Asteraceae

飞蓬属 *Erigeron* L.

俗名：加拿大蓬、小白酒草、驴尾巴蒿

花语：坚韧、不被人了解的爱

物种特征：一年生草本，根纺锤状，具纤维状根。茎高50~100厘米或更高，上部分枝，圆柱状，具棱，有条纹。基部叶花期枯萎，下部叶倒披针形，中部和上部叶线状披针形或线形。头状花序排列成大圆锥花序；总苞近圆柱状；雌花舌状，白色；两性花淡黄色。瘦果。花期5~9月。本种"茎上部圆锥花序多分枝，幼叶黄绿色，成熟叶淡绿色，头状花序径约3~4毫米"易与香丝草相区别。

应用价值：嫩茎叶可作猪饲料；全草入药，消炎止血、祛风湿、治血尿、水肿、肝炎、小儿头疮、疾痢、腹泻等症。

校园分布：校园常见杂草，如学一公寓东头草地及校东门城墙根等处多有大片生长。

453 一年蓬

Erigeron annuus (L.) Desf.

菊科 Asteraceae

飞蓬属 *Erigeron* L.

俗名：治疟草、牙肿消、白马兰

花语：随遇而安

物种特征： 一年或二年生草本，茎高 30~100 厘米，分枝，绿色，被硬毛。基部叶花期枯萎，长圆形或宽卵形，中部和上部叶长圆状披针形或披针形，最上部叶线形。头状花序排列成疏圆锥花序；雌花舌状，白色或淡天蓝色；两性花管状，黄色。瘦果被柔毛。花期 6~9 月。

应用价值： 全草可入药，有治疟的良效。

校园分布： 中心食堂北侧铁塔公园南门口草地上偶见。

454 菊芋

Helianthus tuberosus L.

菊科 Asteraceae

向日葵属 *Helianthus* L.

俗名：洋姜、菊诸、芋头

花语：热情奔放

物种特征：多年生草本，高 1~3 米，有块状地下茎及纤维状根。茎上部分枝，被白色糙毛或刚毛。叶常对生，上部叶互生，下部叶卵圆形或卵状椭圆形，上部叶长椭圆形至阔披针形。头状花序；总苞片多层，披针形，背面被伏毛；托片长圆形；舌状花黄色，长椭圆形；管状花黄色。瘦果小，楔形。花期 8~9 月。

应用价值：块茎可食或作优良饲料，还可制菊糖及酒精；菊糖用于治疗糖尿病，或作工业原料。

校园分布：校园几处小片生长，如体育学院室外网球场西南角围栏外、教职工活动中心西南角墙根等处。

455 泥胡菜

Hemisteptia lyrata (Bunge) Fisch. & C. A. Mey.

菊科 Asteraceae

泥胡菜属 *Hemisteptia* Bunge ex Fisch. & C. A. Mey.

俗名：艾草、牛插鼻、石灰菜

花语：富贵平安、吉祥如意

物种特征：一年生草本，高30~100厘米。茎常纤细，被毛，上部分枝。叶长椭圆形或倒披针形，大头羽状深裂或几全裂，上面绿色，下面灰白色。头状花序排成疏松伞房花序，少单生；总苞宽钟状或半球形；小花紫色或红色，花冠裂片线形。瘦果小，冠毛两层，白色，异型；外层冠毛刚毛羽毛状，基部连合成环，整体脱落；内层冠毛刚毛极短，鳞片状，宿存。花果期3~8月。

应用价值：全草或根入药，主治痔漏、痈肿疔疮、乳痈、淋巴结炎、风疹瘙痒、外伤出血、骨折；外用时，适量鲜草捣烂敷患处或煎水外洗患处。

校园分布：校园多见，如东斋房之间、学一公寓东头、综合办公楼南侧等几处草地上。

456 旋覆花

Inula japonica (Miq.) Komarov

菊科 Asteraceae

旋覆花属 *Inula* L.

俗名：猫耳朵、六月菊、金佛草

花语：别离

物种特征：多年生草本，茎高 30~70 厘米，被毛。根状茎短，有须根。叶被毛，基部叶花期枯萎；中部叶长圆形，长圆状披针形或披针形；上部叶线状披针形。头状花序排成伞房状。总苞半球形；总苞片线状披针形，近等长；舌状花黄色。瘦果圆柱形。花期 6~10 月，果期 9~11 月。

应用价值：根及叶入药治刀伤、疗毒、平喘镇咳；花可健胃祛痰，也治胃部膨胀、嗳气、咳嗽、呕逆等。

校园分布：校园常见，如科技馆西墙根、五号楼北侧草地、校东门内河边护栏旁等处均有成片生长。

457 中华苦荬菜

Ixeris chinensis (Thunb.) Nakai

菊科 Asteraceae

苦荬菜属 *Ixeris* (Cass.) Cass.

俗名：艾草、牛插鼻、石灰菜

花语：生机勃勃、坚强不屈

物种特征：多年生草本，高5~47厘米。根垂直直伸，常不分枝。根状茎极短缩，茎上部伞房花序状分枝。基生叶长椭圆形、倒披针形、线形或舌形，茎生叶长披针形或长椭圆状披针形，全缘；全部叶无毛。头状花序排成伞房状；舌状花黄色，干时带红色。瘦果长椭圆形。花果期1~10月。

应用价值：全草食用和药用，有清热解毒、祛瘀止痛、消痈散结的功效。

校园分布：校园常见杂草，如铁塔湖南岸三观园草地上小片或散生。

458 翅果菊

Lactuca indica L.

菊科 Asteraceae

莴苣属 *Lactuca* L.

俗名：苦莴苣、山莴苣、多裂翅果菊

花语：高洁、真情

物种特征：多年生草本，根分枝成萝卜状。茎高 60~200 厘米，上部圆锥状花序分枝，无毛。中下部茎叶倒披针形、（长）椭圆形，二回羽状深裂，顶裂片窄、长，向上茎叶渐小。头状花序排成圆锥状；总苞片边缘染红紫色；舌状小花淡黄色。瘦果椭圆形，黑色，边缘有宽翅，顶端具短喙，每面有 1 条细纵脉纹。花果期 7~10 月。

应用价值：根为中药"白龙头"，性味苦寒，具有清热解毒、祛风除湿、活血化瘀、理气的功能。

校园分布：校园少见，散生，如校东门内北侧城墙上、塔云路西篮球场北围栏外草地上等处可见。

459 乳苣
***Lactuca tatarica* (L.) C. A. Mey.**

菊科 Asteraceae

莴苣属 *Lactuca* L.

俗名：苦菜、紫花山莴苣、蒙山莴苣

物种特征：多年生草本，高 15~60 厘米。根垂直直伸。茎有细条棱或条纹，上部圆锥状花序分枝。叶长椭圆形或线状长椭圆形或线形，羽状浅裂或半裂或边缘锯齿；向上的叶渐小。头状花序排成圆锥状；总苞圆柱状或楔形；苞片带紫红色；舌状花紫色或紫蓝色，管部有毛。瘦果喙极短。花果期 6~9 月。

应用价值：全草入药，有清热、凉血、解毒、明目、和胃、止咳的功效。

校园分布：九号楼西北角草地上偶见小片生长。

460 生菜

菊科 Asteraceae
莴苣属 *Lactuca* L.

俗名：玻璃菜、叶用莴苣

Lactuca sativa L. var. *ramosa* Hort.

物种特征： 生菜是莴苣 *L. sativa* 的一变种。莴苣为一年生或二年草本，高25~100厘米。茎直立，上部圆锥花序分枝，茎枝白色。基生叶及下部茎叶大，不分裂，向上的渐小；花序分枝下部及分枝上的叶极小。头状花序多数，在茎枝顶端排成圆锥花序；舌状小花淡黄色；瘦果倒披针形，有细脉纹。花果期2~9月。本变种区别于原变种，其叶长倒卵形，密集成甘蓝状叶球。

应用价值： 茎叶富含维生素和矿物质，直接食用，有较高的营养价值。

校园分布： 校内几处小菜园中可见。

461 莴笋

Lactuca sativa L. var. *angustana* Irish

菊科 Asteraceae

莴苣属 *Lactuca* L.

俗名：莴苣、青笋、牛俐菜

物种特征：莴笋是莴苣的另一变种，与原变种的主要区别是，其茎粗至极粗。

应用价值：茎供蔬食或制备酱菜，叶作蔬菜用。

校园分布：校内几处小菜园中可见。

菊科 Asteraceae

莴苣属 *Lactuca* L.

俗名：油荬菜、香水生菜、牛俐生菜

462
油麦菜
Lactuca sativa L. var. *asparagina* L. H. Bailey ex Holub

物种特征： 油麦菜是莴苣的又一变种，与原变种的主要区别是，其根系不发达，常短缩，幼苗叶紧密排列成漏斗状，叶片呈长披针形，色泽淡绿，叶主脉在背面突出呈龙骨状，绿色或绿白色。春季开花。

应用价值： 油麦菜是生食蔬菜中的上品，生熟皆可食用，素有"凤尾"之称。

校园分布： 校内几处小菜园中可见。

463 野莴苣

Lactuca serriola L.

菊科 Asteraceae

莴苣属 *Lactuca* L.

俗名：银齿莴苣、毒莴苣、阿尔泰莴苣

物种特征：一年生草本，高50~80（~120）厘米。茎基部带紫红色，有白色硬刺或无，上部花序分枝，茎枝黄白色。叶倒披针形或长椭圆形，（倒）羽状浅裂或不裂，侧裂片近镰刀形，中上部茎叶渐小，所有叶背面沿中脉有刺毛，中脉色淡。头状花序排成圆锥状，或为总状圆锥状花序；舌状小花黄色。瘦果倒披针形。花果期8~9月。

应用价值：全草入药，主治蛇咬伤、感冒咳嗽、胃痛、急性乳腺炎等。

校园分布：校园多见，散生，如老干部活动中心北墙外、学一公寓东头草地上等处。

464 稻槎菜

菊科 Asteraceae

稻槎菜属 *Lapsanastrum* Pak & K. Bremer

俗名：稻搓菜、禾稿草、鹅里腌

Lapsanastrum apogonoides (Maxim.) Pak & K. Bremer

物种特征： 一年生草本，高 7~20 厘米。茎分枝，茎枝柔软。基生叶全形椭圆形、长椭圆状匙形或长匙形，大头羽状全裂或几全裂；茎生叶与基生叶同形。头状花序少数，排成伞房状圆锥花序；总苞椭圆形或长圆形；舌状小花黄色，两性，少数。瘦果淡黄色。花果期 1~6 月。

应用价值： 全草入药，用于咽喉肿痛、痢疾、疮疡肿毒、蛇咬伤、麻疹透发不畅；还可用作猪饲料。

校园分布： 城墙内绿化带中及十号楼（尚学楼）东侧园中草地上等处偶见。

465 鼠曲草

Pseudognaphalium affine (D. Don) Anderb.

菊科 Asteraceae

鼠曲草属 *Pseudognaphalium* Kirp.

俗名：田艾、清明菜、拟鼠麹草

花语：纯真

物种特征：一年生草本。茎高10~40厘米或更高，不分枝，有沟纹，被绵毛。叶匙状倒披针形或倒卵状匙形。头状花序集成伞房花序，花黄色至淡黄色；总苞钟形，总苞片金黄色或柠檬黄色，膜质，有光泽；雌花多数；两性花较少。瘦果倒卵形或倒卵状圆柱形。花期两季，1~4月和8~11月。

应用价值：茎叶入药，镇咳、祛痰，为治疗气喘和支气管炎以及非传染性溃疡、创伤之寻常用药，另外还有降血压之效。

校园分布：校东门内北侧城墙边草地上可见。

466 桃叶鸦葱

菊科 Asteraceae

蛇鸦葱属 *Scorzonera* L.

***Scorzonera sinensis* Lipsch. & Krasch. ex Lipsch.**

俗名：老虎嘴、鸦葱

物种特征：多年生草本，高 5~53 厘米。茎不分枝，无毛；茎基被纤维状残遗物。基生叶宽卵形、宽披针形、（宽）椭圆形、倒披针形或线形；茎生叶鳞片状，（钻状）披针形。头状花序单生茎顶，总苞圆柱状，舌状小花黄色。瘦果圆柱状，有纵肋。花果期 4~9 月。

应用价值：根入药，可清热解毒、解毒疗疮，用于外感风热、疔毒恶疮、乳痈；外用鲜品捣烂敷患处，主治疔疮痈疽、毒蛇咬伤、蚊虫叮咬、乳腺炎等。

校园分布：中心食堂北侧铁塔公园南门口东侧河岸边偶见 2 株。

467 加拿大一枝黄花
Solidago canadensis L.

菊科 Asteraceae

一枝黄花属 *Solidago* L.

俗名：金棒草、白根草、高茎一枝黄花

花语：坚韧、顽强

物种特征： 多年生草本，根状茎。茎高达2.5米。叶（线状）披针形，长5~12厘米。头状花序排成开展的圆锥状花序，头状花序向上直立，在分枝上单面着生；总苞片线状披针形，长3~4毫米。边缘舌状花很短。花果期10~11月。

应用价值： 原产北美，被列为我国一级入侵物种；全草入药，可治肾炎、膀胱炎、食管癌，还可止痒。

校园分布： 校园少见，如校东门内北侧城墙上、南侧河西岸护栏旁等处可见。

菊科 Asteraceae

苣荬菜属 *Sonchus* L.

俗名： 苣荬菜、长叶苦苣菜、牛浆

468

长裂苦苣菜

***Sonchus brachyotus* DC.**

物种特征： 一年生草本，高 50~100 厘米。茎有纵条纹，上部分枝。基生叶与茎叶全形卵形、长椭圆形或倒披针形，羽状裂；最上部茎叶宽线形或宽线状披针形，接花序下部的叶常钻形。头状花序排成稀疏伞房状花序；总苞钟状；舌状小花黄色。瘦果长椭圆状，压扁，每面有 5 条纵肋；冠毛白色，纤细，柔软，纠缠。花果期 6~9 月。

应用价值： 全草入药，治急性咽炎、急性菌痢、吐血、尿血、痔疮肿痛等。

校园分布： 校园多见，散生或小片生长，如文学院门口对面球场围栏内外、西月路东头人行道与机动车道之间绿化带中等处。

469 苦苣菜

Sonchus oleraceus L.

菊科 Asteraceae

苦苣菜属 *Sonchus* L.

俗名：滇苦荬菜、苦菜花、奶浆草

花语：生机勃勃

物种特征：一年或二年生草本。茎高 40~150 厘米，有纵条棱或条纹。叶常羽状深裂，全形椭圆形或倒披针形；全部叶或裂片边缘及抱茎小耳边缘有齿。头状花序少数在茎枝顶端排成伞房花序或总状花序，或单生茎枝顶端；总苞宽钟状；舌状小花黄色。瘦果褐色，每面纵肋 3 条。花果期 5~12 月。与续断菊的主要区别在于，后者叶及裂片与抱茎的圆耳边缘有尖齿刺，5~10 个头状花序较密集排列在茎枝顶端，瘦果纵肋间无横纹。

应用价值：全草入药，有祛湿、清热解毒之功效。

校园分布：校园常见，如十号楼（尚学楼）南侧及东侧绿地上成片生长。

菊科 Asteraceae

苦苣菜属 *Sonchus* L.

俗名：断续菊、花叶滇苦菜

470 续断菊

Sonchus asper (L.) Hill

物种特征：一年生草本。茎高 20~50 厘米，有纵纹或纵棱。基生叶与茎生叶同形，但较小，羽状裂或不裂，全部叶及裂片与抱茎的圆耳边缘有尖齿刺。头状花序少数（5个）或较多（10个）在茎枝顶端排成伞房状，总苞宽钟状，舌状小花黄色。瘦果倒披针状，每面纵肋 3 条。花果期 5~10 月。与苦苣菜的主要区别在于，后者全部叶或裂片边缘，以及抱茎小耳边缘均有齿，少数头状花序较松散排列在茎枝顶端，瘦果纵肋间有横纹。

应用价值：全草及根入药，活血化瘀、清热祛火、促进人体发育，可有效预防血栓、降低冠心病和动脉硬化的发病率。

校园分布：校园常见，如综合办公楼（北楼）南侧绿地上多见。

471 钻叶紫菀

Symphyotrichum subulatum (Michx.) G. L. Nesom

菊科 Asteraceae

联毛紫菀属 *Symphyotrichum* Nees

俗名：剪刀菜、土柴胡、钻形紫菀

花语：反省、追思

物种特征： 一年生草本，茎高 25~100 厘米，全株无毛。叶全缘，主脉明显；基生叶倒披针形；茎生叶向上渐狭窄。头状花序，多数，于枝顶排成圆锥状；总苞钟状；舌状花淡红色，管状花花冠短于冠毛。瘦果长圆形或椭圆形。花果期 9~11 月。

应用价值： 嫩茎叶可食；全草入药称"瑞连草"，外用治湿疹、疮疡肿毒。

校园分布： 校园常见，散生，如贡院执事楼前及校东门内两侧城墙上、河两岸等处。

472 万寿菊

菊科 Asteraceae

万寿菊属 *Tagetes* L.

Tagetes erecta L.

俗名： 臭菊花、红黄草、孔雀草

花语： 健康

物种特征： 一年生草本，高 50~150 厘米。茎具纵条棱，分枝平展。叶羽状分裂，叶缘有腺体。头状花序，花序梗顶端棍棒状膨大，舌状花黄色或暗橙色，管状花花冠黄色。瘦果线形。花期 7~9 月。

应用价值： 常见盆栽或地被观赏植物；根有解毒消肿的作用；叶用于痈、疮、疖、疗、无名肿毒；花可以平肝解热、祛风化痰。

校园分布： 文学院南侧园中地被植物。

473 蒲公英

Taraxacum mongolicum Hand.-Mazz.

菊科 Asteraceae

蒲公英属 *Taraxacum* F. H. Wigg.

俗名：黄花地丁、婆婆丁、灯笼草

花语：无法停留的爱、随风飘远

物种特征：多年生草本。叶倒卵状披针形、倒披针形或长圆状披针形，叶柄及主脉带红紫色。花葶上部紫红色，常被蛛丝状毛；头状花序；总苞钟状淡绿色；舌状花黄色。瘦果倒卵状披针形。花期4~9月，果期5~10月。与药用蒲公英的主要区别在于，后者总苞片先端渐尖、无角，有时增厚，外层总苞片反卷。

应用价值：全草药用，有清热解毒、消肿散结的功效。

校园分布：校园常见，小片生长或散生，如体育学院田径场中央草地上有小片生长。

菊科 Asteraceae

蒲公英属 *Taraxacum* F. H. Wigg.

俗名： 西洋蒲公英、蒲公英、药蒲公英

474
药用蒲公英
Taraxacum officinale F. H. Wigg.

物种特征： 多年生草本。根颈部密被黑褐色残存叶基。叶狭倒卵形、长椭圆形，稀倒披针形。花葶顶端被丝状毛，基部显红紫色；头状花序；总苞宽钟状；舌状花亮黄色。瘦果浅黄褐色，中部以上有小尖刺，下部具小瘤状突起。花果期6~8月。与蒲公英的主要区别在于，后者总苞片先端增厚或具角状突起，不反卷。

应用价值： 同蒲公英。

校园分布： 校园常见，如体育学院田径场中央草地上有成片生长。

475 碱菀

Tripolium pannonicum (Jacquin) Dobroczajeva

菊科 Asteraceae

碱菀属 *Tripolium* Nees

俗名：金盏菜、竹叶菊

物种特征： 一年生草本，茎高 30~50（~80）厘米，下部带红色，上部有分枝。基部叶在花期枯萎，下部叶条状或矩圆状披针形；中部叶渐狭，无柄，上部叶渐小，苞叶状。头状花序排成伞房状，有长花序梗。总苞近管状，花后钟状；舌状花1层。瘦果有边肋。花果期8~12月。

应用价值： 全草入药，用于治疗急慢性肝炎、小儿惊风、阑尾炎、急慢性肠胃炎，还可退热、杀虫；又可作止血药及饲料用。

校园分布： 铁塔湖东南角偶见1株。

菊科 Asteraceae

苍耳属 *Xanthium* L.

花语：等待、带我走

476
北美苍耳
Xanthium chinense Mill.

物种特征： 一年生草本，高 30~150 厘米。茎直立，坚硬，散生暗紫色纵条斑及斑点，被短糙伏毛。叶片呈宽卵状三角形或近圆形，3~5 浅裂，两面密被糙伏毛。圆锥花序腋生或假顶生，雌花序生于雄花序之下。雌花序内层总苞片结合成囊状，呈纺锤形，成熟时常变黄褐色至红褐色，顶端具 2 锥状喙。囊外刺较密或疏生，长 2.0~5.5 毫米，直立，针状，基部增粗，顶端具倒钩。花期 7~8 月，果期 9~10 月。

应用价值： 全草、根、花和带总苞的果实皆可入药，具有祛风散热、解毒杀虫等功效；可作饲料，喂养牲畜；也可作绿肥，用于改善土壤结构和提高土壤肥力。

校园分布： 中心食堂北侧铁塔公园南门口东侧草地上偶见。

477 黄鹌菜

Youngia japonica (L.) DC.

菊科 Asteraceae

黄鹌菜属 *Youngia* Cass.

俗名：黄鸡婆、革命菜、猴子屁股

花语：喜乐

物种特征：一年生草本，高10~100厘米。茎单生或少数簇生，下部被毛。基生叶倒披针形、椭圆形、长椭圆形或宽线形，大头羽状裂；无或极少有茎生叶，如有则与基生叶同形。头状花序排成伞房花序；舌状小花黄色，花冠管外面有毛。瘦果纺锤形。花果期4~10月。本种"常无茎生叶，头状花序较小，总苞长4~6毫米"，区别于异叶黄鹌菜。

应用价值：全草入药，抗菌消炎。

校园分布：校园常见，如老干部活动中心北侧绿地有成片生长。

478 异叶黄鹌菜

菊科 Asteraceae

黄鹌菜属 *Youngia* Cass.

Youngia heterophylla (Hemsl.) Babc. & Stebbins

俗名：黄狗头、花叶猴子屁股

花语：喜乐

物种特征：一年或二年生草本，高 30~100 厘米。茎上部伞房花序状分枝，茎枝有节毛。基生叶椭圆形或倒披针状长椭圆形，大头羽状裂；茎叶多数，与基生叶同形或叶裂渐少，或戟形不裂；最上部茎叶披针形或狭披针形。头状花序在顶端排成伞房花序；舌状小花黄色。瘦果黑纺锤形。花果期 4~10 月。本种"茎不裸露，有发育的茎叶，头状花序较大，总苞长 6~8 毫米"，区别于黄鹌菜。

应用价值：全草入药，用于咽痛、牙痛、小便不利、肝硬化腹水、疮疖肿毒等。

校园分布：校园常见，如逸夫图书馆北侧及十号楼（尚学楼）南侧均有成片生长。

479 接骨木
Sambucus williamsii Hance

荚蒾科 Viburnaceae

接骨木属 *Sambucus* L.

俗名：九节风、续骨草、木蒴藋

花语：热心

物种特征：落叶灌木或小乔木，高5~6米。老干树皮深纵裂，原来的节部横裂。老枝皮孔明显。羽状复叶对生，节部膨大。花叶同出，圆锥形聚伞花序顶生，花序分枝多成直角开展；花小而密；花冠蕾时带粉红色，开后白色或淡黄色。果实红色，极少蓝紫黑色，略有皱纹。花期4~5月，果熟期9~10月。

应用价值：良好的观花观果树种；茎枝入药，治风湿筋骨疼痛、腰痛、水肿、产后血晕、跌打肿痛、骨折、创伤出血等；花入药，用于发汗、利尿。

校园分布：大礼堂与校南门之间（博雅路）中段东侧牡丹园西北角1株，老干部活动中心南门西侧1株。

480 日本珊瑚树

Viburnum awabuki K. Koch

荚蒾科 Viburnaceae
荚蒾属 *Viburnum* L.

俗名：法国冬青、珊瑚树、山猪肉
花语：吉祥和富贵

物种特征：常绿灌木。叶倒卵状矩圆形至矩圆形，少倒卵形，长 7~13（~16）厘米，边缘有浅钝锯齿。圆锥花序于侧枝上顶生，下部常有 2 对叶；花白色，柱头高于萼齿。浆果先红色后变黑色，卵圆形或卵状椭圆形；果核倒卵圆形至倒卵状椭圆形。花期 5~6 月，果期 9~10 月。

应用价值：叶色葱绿，花、果量大，果实红色期长，是很理想的园林绿化树种。

校园分布：校园常见，如综合办公楼（北楼）北侧大量栽植、东斋房东头多株、综合教学楼东侧园中多株。

481 锦带花

Weigela florida (Bunge) A. DC.

忍冬科 Caprifoliaceae

锦带花属 *Weigela* Thunb.

俗名：山脂麻、连萼锦带花、海仙花

花语：前程似锦、绚烂和美丽、炫如夏花

物种特征：图为锦带花的一品种"红王子锦带花" *W. florida* 'Red Prince'。灌木，高达3米。树皮灰色，幼枝有2列短柔毛。叶具短柄或近无柄，椭圆形至倒卵状椭圆形。花生于短枝叶腋和顶端；花大，鲜红色；萼裂片5，下部合生；花冠漏斗状钟形。蒴果疏生柔毛。花期4~6月，果期7~9月。

应用价值：花期长，颜色艳丽，栽培供观赏。

校园分布：九号楼门口盆栽。

482 海桐

海桐科 Pittosporaceae

海桐属 *Pittosporum* Banks ex Gaertn.

Pittosporum tobira (Thunb.) W. T. Aiton

俗名：臭榕仔、垂青树、七里香

花语：记得我

物种特征：常绿灌木或小乔木，高达 6 米。叶革质，聚生于枝顶，倒卵形或倒卵状披针形，上面有光泽。（伞房状）伞形花序；花白色，后变黄色，芳香。蒴果圆球形，有棱或三角形。种子多角形，红色。花期 3~5 月，果熟期 9~10 月。

应用价值：著名香花植物，修剪整形后观赏效果亦佳；根可祛风活络、散瘀止痛，叶可解毒、止血，种子可涩肠、固精。

校园分布：校园少见，如综合教学楼东侧园中多株、大礼堂与校南门之间（博雅路）中段东侧牡丹园西北角几株。

483 八角金盘

Fatsia japonica (Thunb.) Decne. & Planch.

五加科 Araliaceae

八角金盘属 *Fatsia* Decne. & Planch.

俗名：手树、金刚篡、金盘八角

花语：八方来财

物种特征：常绿灌木，约5米高。幼枝、叶和花序密被绒毛，后脱落。叶片近圆形，革质，7~9深裂。伞形花序排列成顶生的圆锥花序，小伞下方的总苞片大型；花萼具小齿；花瓣卵形，乳白色，花柱5。果实球状，熟时黑色。花期10~11月，果期12月至翌年5月。

应用价值：耐荫，为优良的观叶植物；根、叶、花和果均可入药，有化痰止咳、散风除湿等功效。

校园分布：校南门围墙内侧栽植较多，另外，文学院南楼北墙根处2株。

484 常春藤

Hedera nepalensis K. Koch var. *sinensis* (Tobl.) Rehd.

五加科 Araliaceae

常春藤属 *Hedera* L.

俗名：狗姆蛇、三角藤、山葡萄、爬墙虎

花语：结合的爱、忠实、友谊、情感

物种特征：常绿攀缘灌木。茎长 3~20 米，有气生根。叶革质，不育枝上多为三角状卵形或三角状长圆形；花枝上叶多为椭圆状卵形至椭圆状披针形。伞形花序排列成圆锥花序；花淡黄白色或淡绿白色，芳香。果实球形，红色或黄色。花期 9~11 月，果期次年 3~5 月。校园内未见花果。

应用价值：垂直绿化、美化的常用材料；全株供药用，有舒筋散风之效；茎叶捣碎治衄血，也可治痈疽或其他初起肿毒；茎叶含鞣酸，可提制栲胶。

校园分布：综合办公楼（南楼）北侧自行车棚一架，东工字楼东南角围墙上有生长。

485 白花鹅掌柴

Heptapleurum leucanthum (R. Vig.) Y. F. Deng

五加科 Araliaceae

鹅掌柴属 *Heptapleurum* Gaertn.

俗名：广西鸭脚木、细序鹅掌柴、云南鹅掌柴

花语：自然、和谐

物种特征：灌木，高约3米。掌状复叶，小叶片纸质，倒卵状椭圆形或椭圆状披针形。圆锥花序伞房状排列；总花梗长1.5厘米，无毛；苞片早落。果实球形，橙红色，有红色腺点。果期6月。校园内未见花果。

应用价值：北方常见盆栽观叶植物。

校园分布：九号楼门口盆栽。

486 南美天胡荽

五加科 Araliaceae

天胡荽属 *Hydrocotyle* L.

Hydrocotyle verticillata Thunb.

俗名：香菇草、铜钱草、钱币草

花语：福禄寿喜、顽强坚韧、财源广进

物种特征：多年生草本，茎蔓性，株高5~15厘米，节上常生根。叶具长柄，圆盾形，边缘波状，绿色，光亮。聚伞花序呈轮状生于节上，再排列成总状，小花白色。果实压扁。花期3~10月。

应用价值：公园、绿地、庭院水景常用绿化材料，也可盆栽用于室内装饰。

校园分布：东操场羽毛球馆门口及学三公寓门口等处盆栽。

487 蛇床

Cnidium monnieri (L.) Spreng.

伞形科 Apiaceae
蛇床属 *Cnidium* Cusson

俗名：山胡萝卜、蛇米、蛇床子
花语：隐蔽的爱

物种特征：一年生草本，高 10~60 厘米。茎多分枝，中空，表面具深条棱，粗糙。叶片轮廓卵形至三角状卵形，三出式羽状全裂。复伞形花序；总苞片 6~10；伞辐 8~20（~30），不等长；花瓣白色，先端具内折小舌片。分果长圆形。花期 4~7 月，果期 6~10 月。本种"花序具总苞片，伞辐较多"区别于该科其他几种。

应用价值：果实入药称"蛇床子"，有燥湿、杀虫止痒、壮阳之效，治皮肤湿疹、阴道滴虫、肾虚阳痿等症。

校园分布：十号楼（尚学楼）东侧园中草地上偶见 2 株。

伞形科 Apiaceae

芫荽属 *Coriandrum* L.

俗名：胡荽、香荽、香菜

花语：孤独的长跑者

488 芫荽

Coriandrum sativum L.

物种特征：一年或二年生草本，有气味，高 20~100 厘米。茎圆柱形，多分枝，有纵条纹，光滑。根生叶 1~2 回羽状全裂，上部茎生叶 3 回至多回羽状分裂。复伞形花序；总苞片无或 1；伞辐 2~8；小伞形花序有可孕花 3~9，花白色或带淡紫色。果实圆球形，背面主棱及相邻的次棱明显。花果期 4~11 月。本种"花序常无总苞片，伞辐较少，可孕花花瓣明显大小不等，果实圆球形"易于识别。

应用价值：嫩茎叶作蔬菜和调香料，并有健胃消食作用；果实可提芳香油；果入药，有驱风、透疹、健胃、祛痰之效。

校园分布：校内几处小菜园中栽培。

叁·被子植物

489 水芹

Oenanthe javanica (Blume) DC.

伞形科 Apiaceae
水芹属 *Oenanthe* L.
俗名：野芹菜、水芹菜
花语：清廉高洁

物种特征：多年生草本，高 15~80 厘米。基生叶有柄，叶片轮廓三角形，1~2 回羽状分裂；茎上部叶无柄，较小。复伞形花序顶生；总苞片通常无；伞辐 6~16（~30）；花瓣白色，倒卵形。果实近于四角状椭圆形或筒状长圆形。花期 6~7 月，果期 8~9 月。本种"花序无总苞片，伞辐较多"易区别于该科其他种。

应用价值：茎叶可作蔬菜食用；全草药用，有降血压之功效。

校园分布：五号楼北侧草地上以及综合教学楼西墙根处有大片生长。

490 窃衣

伞形科 Apiaceae

窃衣属 *Torilis* Adans.

Torilis scabra (Thunb.) DC.

俗名： 鹤虱、紫花窃衣、臭花娘

花语： 孤独的长跑者

物种特征： 一年生草本，高达90厘米。基部和下部茎生叶具柄，叶片卵形轮廓，羽片披针形到狭卵形。复伞形花序，总苞片通常无；伞辐2~4；小伞形花序具小苞片，花2~6，紫色。果实深绿色，偶有微染的深紫色。花果期4~11月。本种以"花序无总苞片，伞辐少，花紫色"易与前述几种相区别。

应用价值： 全草入药，具杀虫止泻、收湿止痒之功效，常用于虫积腹痛、泄痢、疮疡溃烂、阴痒带下、风湿疹。

校园分布： 中心食堂北侧铁塔公园南门口草地上偶见2株。

附录 I
学名（拉丁文）索引

A

Abutilon theophrasti Medikus/283

Acalypha australis L./254

Acer buergerianum Miq./273

Acer oblongum Wall. ex DC./271

Acer palmatum Thunb./276

Acer paxii Franch./272

Acer rubrum L./275

Acer truncatum Bunge/274

Achyranthes bidentata Blume/326

Aegilops tauschii Coss./122

Aglaia odorata Lour./281

Aglaonema modestum Schott ex Engl./035

Ailanthus altissima (Mill.) Swingle /279

Albizia julibrissin Durazz./152

Alcea rosea L./284

Allium macrostemon Bunge/046

Allium tuberosum Rottler ex Spreng./045

Alocasia odora (Roxb.) K. Koch/036

Alopecurus aequalis Sobol./072

Alopecurus japonicus Steud./073

Alternanthera philoxeroides (Mart.) Griseb./327

Amaranthus blitum L./328

Amaranthus cruentus L./330

Amaranthus hybridus L./331

Amaranthus tricolor L./332

Amaranthus viridis L./329

Ammannia coccinea Rottb./265

Ammannia multiflora Roxb./264

Apocynum venetum L./364

Aptenia cordifolia (L. f.) Schwantes/342

Arachis hypogaea L./153

Arenaria serpyllifolia L./319

Aristolochia debilis Siebold & Zucc./026

Artemisia annua L./441

Artemisia argyi H. Lév. & Vaniot/440

Artemisia capillaris Thunb./445

Artemisia caruifolia Buch.-Ham. ex Roxb./442

Artemisia indica Willd./443

Artemisia lavandulifolia DC./444

Artemisia scoparia Waldst. & Kit./446

Arundo donax L./074

Aspidistra elatior Blume/050

Aster indicus Heyne/447

Astragalus dahuricus (Pall.) DC./154

Aucuba japonica Thunb./359

Avena fatua L./075

B

Basella alba L./348

Bassia scoparia (L.) A. J. Scott/333

Beckmannia syzigachne (Steud.) Fernald/076

Benincasa hispida (Thunb.) Cogn./232

Berberis thunbergii DC./128

Bidens biternata (Lour.) Merr. & Sherff/450

Bidens frondosa L./449

Bischofia polycarpa (H. Lévl.) Airy Shaw/262

Bolboschoenus planiculmis (F. Schmidt) T. V. Egorova/064

Bothriospermum zeylanicum (J. Jacq.) Druce/368

Bougainvillea spectabilis Willd./344

Brassica juncea (L.) Czern. /292

Brassica rapa L. var. *chinensis* (L.) Kitam./294

Brassica rapa L. var. *oleifera* DC./293

Bromus catharticus Vahl/077

Bromus japonicus Thunb./078

Broussonetia papyrifera (L.) L'Hér. ex Vent./226

Buxus bodinieri H. Lév./137

Buxus sinica (Rehder & E. H. Wilson) M. Cheng/136

C

Calamagrostis pseudophragmites (Haller f.) Koeler/079

Calystegia hederacea Wall. /371

Calystegia sepium (L.) R. Br./372

Calystegia sepium (L.) R. Br. subsp. *spectabilis* Brummitt/373

Camellia azalea C. F. Wei/355

Camellia japonica L./356

Camphora officinarum Nees/034

Campsis × tagliabuana (Vis.) Rehder/417

Canna × generalis L. H. Bailey /061

Canna indica L./062

Capsella bursa-pastoris (L.) Medik./295

Capsicum annuum L./381

Caragana rosea Turcz. ex Maxim./155

Cardamine flexuosa With./297

Cardamine hirsuta L./296

Carpesium cernuum L./451

Catalpa bungei C. A. Mey./418

Catalpa ovata G. Don/419

Causonis japonica (Thunb.) Raf./147

Cedrus deodara (Roxb.) G. Don/021

Celosia argentea L./334

Celtis biondii Pamp./224

Celtis bungeana Blume/222

Celtis koraiensis Nakai/221

Celtis sinensis Pers./223

Cerastium fontanum Baumg. subsp. *vulgare* (Hartm.) Greuter & Burdet/320

Cercis chinensis Bunge/156

Chaenomeles cathayensis (Hemsl.) C. K. Schneid./184

Chaenomeles speciosa (Sweet) Nakai/185

Chenopodium acuminatum Willd./335

Chenopodium album L./336

Chenopodium bryoniifolium Bunge/337

Chenopodium ficifolium Sm./338

Chimonanthus praecox (L.) Link/032

Chlorophytum comosum (Thunb.) Jacques/051

Chrysanthemum indicum L./453

Chrysanthemum × morifolium (Ramat.) Hemsl./452

Cinnamomum kotoense Kaneh. & Sasaki/033

Cirsium arvense (L.) Scop. var. *integrifolium* Wimm. & Grab./45

Citrullus lanatus (Thunb.) Matsum. & Nakai/233

Clinopodium confine (Hance) Kuntze/423

Clivia miniata (Lindl.) Bosse/047

Cnidium monnieri (L.) Spreng./494

Coleus scutellarioides (L.) Benth./424

Commelina benghalensis L./057

Commelina communis L./058

Convolvulus arvensis L./374

Coreopsis grandiflora Hogg. ex Sweet/455

Coriandrum sativum L./495

Crassula ovata (Mill.) Druce/141

Crepidiastrum sonchifolium (Bunge) Pak & Kawano/456

Cucumis melo L. var. *agrestis* Naud./235

Cucumis sativus L./234

Cucurbita moschata (Duchesne ex Lam.) Duchesne ex Poir./236

Cycas revoluta Thunb./011

Cynanchum chinense R. Br./365

Cynanchum rostellatum (Turcz.) Liede & Khanum/366

Cynodon dactylon (L.) Persoon/082

Cyperus difformis L./066

Cyperus glomeratus L./069

Cyperus iria L./068

Cyperus microiria Steud./067

Cyperus nipponicus Franch. & Sav./065

Cyperus rotundus L./070

Cyrtomium fortunei J. Sm./006

D

Datura innoxia Mill./383

Datura stramonium L./382

Descurainia sophia (L.) Webb ex Prantl/298

Deyeuxia pyramidalis (Host) Veldkamp/080

Dianthus plumarius L./321

Dichondra micrantha Urb./375

Digitaria ciliaris (Retz.) Koeler/084

Digitaria ciliaris (Retz.) Koeler var. *chrysoblephara* (Figari & De Notaris) R. R. Stewart/085

Digitaria sanguinalis (L.) Scop./083

Diospyros kaki Thunb./353

Diospyros lotus L./352

Distylium myricoides Hemsl./140

Dracaena trifasciata (Prain) Mabb./052

Duchesnea indica (Andrews.) Teschem./197

E

Echinochloa colona (L.) Link/086

Echinochloa crus-galli (L.) P. Beauv./087

Echinochloa crus-galli (L.) P. Beauv. var. *mitis* (Pursh) Peterm./088

Echinochloa crus-galli (L.) P. Beauv. var. *zelayensis* (Kunth) Hitchc./089

Eclipta prostrata (L.) L./457

Eleusine indica (L.) Gaertn./090

Elymus ciliaris (Trin. ex Bunge) Tzvelev/092

Elymus kamoji (Ohwi) S. L. Chen/091

Equisetum palustre L./004

Equisetum ramosissimum Desf./003

Eragrostis ferruginea (Thunb.) P. Beauv./094

Eragrostis minor Host/093

Erigeron annuus (L.) Desf./460

Erigeron bonariensis L./458

Erigeron canadensis L./459

Eriobotrya japonica (Thunb.) Lindl./186

Eucommia ulmoides Oliv./358

Euonymus japonicus Thunb./242

Euonymus maackii Rupr./241

Euphorbia cyathophora Murr./258

Euphorbia helioscopia L./259

Euphorbia humifusa Willd. ex Schltdl./256

Euphorbia maculata L./255

Euphorbia makinoi Hayata/257

Eutrema salsugineum (Pall.) Al-Shehbaz & Warwick/299

F

Fagraea ceilanica Thunb./363

Fatsia japonica (Thunb.) Decne. & Planch./490

Festuca arundinacea Schreb./096

Festuca glauca Vill./095

Ficus carica L./227

Ficus elastica Roxb. ex Hornem./228

Firmiana simplex (L.) W. Wight/285

Forsythia suspensa (Thunb.) Vahl/397

Forsythia viridissima Lindl./396

Fraxinus chinensis Roxb./398

Fraxinus hubeiensis S. Z. Qu, C. B. Shang & P. L. Su/400

Fraxinus pennsylvanica Marshall/399

G

Galium spurium L. /360

Geranium carolinianum L./263

Ginkgo biloba L./012

Glandularia × *hybrida* (Groenland & Rümpler)
　　G. L. Nesom & Pruski/421

Glandularia tenera (Spreng.) Cabrera/422

Gleditsia sinensis Lam./157

Glycine max (L.) Merr./158

Glycine soja Siebold & Zucc./159

Gueldenstaedtia verna (Georgi) Boriss./160

H

Hedera nepalensis K. Koch var. *sinensis* (Tobl.)
　　Rehd./491

Helianthus tuberosus L./461

Hemerocallis fulva (L.) L./044

Hemisteptia lyrata (Bunge) Fisch. & C. A. Mey./462

Heptapleurum leucanthum (R. Vig.) Y. F. Deng/492

Hibiscus rosa-sinensis L./288

Hibiscus syriacus L./286

Hibiscus trionum L./287

Humulus scandens (Lour.) Merr./225

Hydrocotyle verticillata Thunb./493

Hylotelephium erythrostictum (Miq.) H. Ohba/144

I

Ilex cornuta Lindl. & Paxton/438

Impatiens balsamina L./351

Imperata cylindrica (L.) P. Beauv./097

Inula japonica (Miq.) Komarov/463

Ipomoea batatas (L.) Lam./376

Ipomoea lacunosa L./377

Ipomoea nil (L.) Roth/379

Ipomoea purpurea (L.) Roth/380

Ipomoea quamoclit L./378

Iris tectorum Maxim./043

Ixeris chinensis (Thunb.) Nakai/464

J

Jasminum nudiflorum Lindl./402

Jasminum sambac (L.) Aiton/401

Juglans regia L./230

Juniperus chinensis 'Kaizuka'/016

Juniperus chinensis L./015

Juniperus sabina L./014

Juniperus virginiana L./017

K

Kalanchoe blossfeldiana Poelln./143

Kalanchoe daigremontiana Hamet & Perrier/142

Kalimeris indica (L.) Sch. Bip. var. *polymorpha* (Vaniot) Kitam./448

Kerria japonica (L.) DC./187

Koelreuteria bipinnata Franch./277

L

Lablab purpureus (L.) Sweet/161

Lactuca indica L./465

Lactuca sativa L. var. *angustana* Irish /468

Lactuca sativa L. var. *asparagina* L. H. Bailey ex Holub/469

Lactuca sativa L. var. *ramosa* Hort./467

Lactuca serriola L./470

Lactuca tatarica (L.) C. A. Mey./466

Lagenaria siceraria (Molina) Standl. var. *microcarpa* (Naud.) Hara/237

Lagerstroemia caudata Chun & F. C. How ex S. K. Lee & L. F. Lau/266

Lagerstroemia indica L./267

Lagopsis supina (Steph.) Ikonn.-Gal./425

Lamium amplexicaule L./426

Lappula myosotis Moench/369

Lapsanastrum apogonoides (Maxim.) Pak & K. Bremer/471

Lepidium apetalum Willd./301

Lepidium didymum L./300

Leptochloa chinensis (L.) Nees/099

Leptochloa panicea (Retz.) Ohwi/098

Lespedeza davurica (Laxm.) Schindl./162

Ligustrum japonicum Thunb./405

Ligustrum lucidum W. T. Aiton/403

Ligustrum sinense Lour./406

Ligustrum × *vicaryi* Rehder/404

Liriope spicata (Thunb.) Lour./054

Lobelia chinensis Lour./439

Lolium multiflorum Lamk./100

Lolium perenne L./101

Lolium rigidum Gaudich./102

Luffa aegyptiaca Mill./238

Lycium chinense Mill./384

Lysimachia candida Lindl./354

Lythrum salicaria L./268

M

Magnolia grandiflora L./027

Malus 'American'/188

Malus halliana Koehne/189

Malus hupehensis (Pamp.) Rehder/190

Malus × *micromalus* Makino/193

Malus prunifolia (Willd.) Borkh./192

Malus pumila Mill./191

Malva cathayensis M. G. Gilbert, Y. Tang & Dorr/289

Malva pusilla Sm./290

Mazus pumilus (Burm. f.) Steenis/435

Medicago lupulina L./165

Medicago minima (L.) Grufberg/164

Medicago sativa L./163

Melia azedarach L./282

Melilotus suaveolens Ledeb./166

Mentha canadensis L./427

Mentha crispata Schrad. ex Willd./429

Mentha spicata L./428

Metasequoia glyptostroboides Hu & W. C. Cheng/018

Mirabilis jalapa L./345

Momordica charantia L./239

Morus alba L./229

Muhlenbergia capillaris Trin./103

Musa basjoo Siebold & Zucc. ex Iinuma/060

N

Nandina domestica Thunb./129

Nephrolepis cordifolia (L.) C. Presl/007

Nerium oleander L./367

Nymphaea alba L./025

O

Ocimum basilicum L. /430

Ocimum basilicum L. var. *pilosum* (Willd.) Benth./431

Oenanthe javanica (Blume) DC./496

Oenothera curtiflora W. L. Wagner & Hoch/270

Ophiopogon japonicus (L. f.) Ker Gawl./053

Orychophragmus violaceus (L.) O. E. Schulz/302

Osmanthus fragrans (Thunb.) Lour./407

Oxalis articulata Savigny/245

Oxalis corniculata L./243

Oxalis corymbosa DC./246

Oxalis stricta L./244

Oxybasis glauca (L.) S. Fuentes, Uotila & Borsch/340

Oxybasis micrantha (Trautv.) Sukhor. & Uotila/339

P

Paederia foetida L./361

Paeonia lactiflora Pall./139

Paeonia × *suffruticosa* Andrews/138

Panicum bisulcatum Thunb./104

Papaver rhoeas L./127

Parthenocissus quinquefolia (L.) Planch./149

Parthenocissus tricuspidata (Siebold & Zucc.) Planch./148

Paspalum distichum L./105

Paulownia elongata S. Y. Hu/436

Pennisetum alopecuroides L. Spreng./081

Perilla frutescens (L.) Britton/432

Persicaria lapathifolia (L.) Delarbre/311

Persicaria lapathifolia (L.) Delarbre var. *salicifolia* (Sibth.) Miyabe/312

Persicaria orientalis (L.) Spach/310

Persicaria perfoliata (L.) H. Gross/309

Phedimus kamtschaticus (Fisch.) 't Hart/145

Photinia × *fraseri* Dress/194

Photinia serratifolia (Desf.) Kalkman/195

Phragmites australis (Cav.) Trin. ex Steud./106

Phyllostachys glauca McClure var. *variabilis* J. L. Lu/107

Phyllostachys heteroclada Oliv./110

Phyllostachys nigra (Lodd. ex Lindl.) Munro/110

Phyllostachys reticulata (Rupr.) K. Koch/108

Phyllostachys sulphurea (Carriere) Riviere & C. Rivière/109

Physalis minima L./386

Physalis philadelphica Lam./385

Phytolacca americana L./343

Pinellia pedatisecta Schott/038

Pinellia ternata (Thunb.) Ten. ex Breitenb/037

Pinus tabuliformis Carrière/022

Pittosporum tobira (Thunb.) W. T. Aiton/489

Plantago asiatica L./409

Plantago depressa Willd./411

Plantago major L./410

Platanus × *acerifolia* (Aiton) Willd./133

Platanus occidentalis L./135

Platanus orientalis L./134

Platycladus orientalis (L.) Franco/019

Pleuropterus multiflorus (Thunb.) Nakai/313

Poa annua L./113

Poa pratensis L./112

Podocarpus macrophyllus (Thunb.) Sweet/013

Polygonum aviculare L./314

Polygonum plebeium R. Br./315

Polypogon fugax Nees ex Steud./114

Polypogon monspeliensis (L.) Desf./115

Populus × *canadensis* Moench/250

Populus tomentosa Carrière/251

Portulaca grandiflora Hook./349

Portulaca oleracea L./350

Portulacaria afra Jacq./347

Potentilla supina L./196

Prunus armeniaca L./205

Prunus avium (L.) L./201

Prunus × *blireana* André/206

Prunus cerasifera Ehrh./208

Prunus mume Siebold & Zucc./207

Prunus persica (L.) Batsch/203

Prunus pseudocerasus Lindl./202

Prunus serrulata (Lindl.) G. Don var. *lannesiana* (Carri.) Makino/200

Prunus speciosa (Koidz.) H. Ohba/198

Prunus triloba Lindl./204

Prunus yedoensis Matsum./199

Pseudocydonia sinensis (Thouin) C. K. Schneid./209

Pseudognaphalium affine (D.Don) Anderb./472

Pteris multifida Poir./005

Pterocarya stenoptera C. DC./231

Puccinellia distans (Jacq.) Parl./116

Punica granatum L./269

Pyracantha fortuneana (Maxim.) H. L. Li/210

Pyrus bretschneideri Rehder/211

Pyrus calleryana Decne./212

R

Radermachera hainanensis Merr./420

Ranunculus asiaticus (L.) Lepech./130

Ranunculus chinensis Bunge/131

Ranunculus sceleratus L./132

Raphanus sativus L./303

Rehmannia glutinosa (Gaertn.) Libosch. ex Fisch. & C. A. Mey./437

Reynoutria japonica Houtt./316

Rhododendron × *pulchrum* Sweet/357

Ricinus communis L./260

Robinia pseudoacacia L./167

Robinia pseudoacacia L. var. *decaisneana* Carrière/168

Rorippa cantoniensis (Lour.) Ohwi/307

Rorippa globosa (Turcz. ex Fisch. & C.A. Mey.) Hayek/304

Rorippa indica (L.) Hiern/305

Rorippa palustris (L.) Besser/306

Rosa banksiae Aiton/215

Rosa chinensis Jacq./214

Rosa multiflora Thunb./216

Rosa rugosa Thunb./213

Rubia cordifolia L./362

Rumex crispus L./318

Rumex dentatus L./317

S

Salix babylonica L./252

Salix matsudana Koidz./253

Salvia nemorosa L./434

Salvia plebeia R. Br./433

Sambucus williamsii Hance/486

Sansevieria trifasciata Prain/052

Schoenoplectus tabernaemontani (C. C. Gmel.) Palla/071

Scorzonera sinensis Lipsch. & Krasch. ex Lipsch./473

Sedum sarmentosum Bunge/146

Semiarundinaria densiflora (Rendle) T. H. Wen/117

Senna tora (L.) Roxb./169

Setaria faberi R. A. W. Herrmann/118

Setaria pumila (Poir.) Roem. & Schult./121

Setaria viridis (L.) P. Beauv./119

Setaria viridis (L.) Beauv. subsp. *pycnocoma* (Steud.) Tzvelev/120

Sida cordifolioides K. M. Feng/291

Silene conoidea L./322

Solanum americanum Mill./391

Solanum americanum Mill. var. *violaceum* (Chen) C. Y. Wu & S. C. Huang/392

Solanum lycopersicum L./388

Solanum lyratum Thunb./387

Solanum melongena L./394

Solanum nigrum L./390

Solanum pseudocapsicum L. var. *diflorum* (Vell.) Bitter/395

Solanum sarrachoides Sendtn./393

Solanum tuberosum L./389

Solidago canadensis L./474

Sonchus asper (L.) Hill/477

Sonchus brachyotus DC./475

Sonchus oleraceus L./476

Spathiphyllum lanceifolium (Jacq.) Schott/039

Spinacia oleracea L./341

Spiraea blumei G. Don/217

Stellaria aquatica (L.) Scop./323

Stellaria media (L.) Vill./324

Stellaria neglecta Weihe ex Bluff & Fingerh./325

Styphnolobium japonicum (L.) Schott/170

Symphyotrichum subulatum (Michx.) G. L. Nesom/478

Syringa oblata Lindl./408

T

Tagetes erecta L./479

Tamarix chinensis Lour./308

Taraxacum mongolicum Hand.-Mazz./480

Taraxacum officinale F. H. Wigg./481

Taxodium distichum (L.) Rich var. *imbricatum* (Nutt.) Croom/020

Thaumatophyllum bipinnatifidum (Schott ex Endl.) Sakur., Calazans & Mayo/040

Toona sinensis (Juss.) Roem./280

Torilis scabra (Thunb.) DC./497

Trachycarpus fortunei (Hook.) H. Wendl./056

Tradescantia pallida (Rose) D. R. Hunt/059

Triadica sebifera (L.) Small/261

Tribulus terrestris L./151

Trichosanthes kirilowii Maxim./240

Trifolium repens L./171

Trigastrotheca stricta (L.) Thulin/346

Trigonotis peduncularis (Trevis.) Benth. ex Baker & S. Moore/370

Tripolium pannonicum (Jacquin) Dobroczajeva/482

Triticum aestivum L./123

Tulipa gesneriana L./042

Typha angustifolia L./063

U

Ulmus pumila L./219

V

Veronica arrensis L./416

Veronica peregrina L./415

Veronica persica Poir./412

Veronica polita Fries/413

Veronica undulata Wall. /414

Viburnum awabuki K. Koch/487

Vicia cracca L./173

Vicia faba L./172

Vicia hirsuta (L.) Gray/177

Vicia sativa L./174

Vicia sativa Guss. subsp. *nigra* (L.) Ehrh./175

Vicia tetrasperma (L.) Schreb./176

Vigna radiata (L.) R. Wilczek/178

Vigna unguiculata (L.) Walp./179

Vigna unguiculata (L.) Walp. subsp. *cylindrica* (L.) Verdc./180

Vigna unguiculata (L.) Walp. subsp. *sesquipedalis* (L.) Verdc./181

Viola betonicifolia J. E. Smith/248

Viola philippica Cav./247

Viola prionantha Bunge/249

Vitis vinifera L./150

Zanthoxylum bungeanum Maxim./278

Zea mays L./124

Zelkova schneideriana Hand.-Mazz./220

Zephyranthes carinata Herb./049

Zephyranthes candida (Lindl.) Herb./048

Ziziphus jujuba Mill. var. *spinosa* (Bunge) Hu ex H. F. Chow/218

Zoysia pacifica (Goudswaard) M. Hotta & S. Kuroki/125

Zoysia sinica Hance/126

W

Wisteria floribunda (Willd.) DC./182

Weigela florida (Bunge) A. DC./488

Wisteria sinensis (Sims) Sweet/183

X

Xanthium chinense Mill. /483

Y

Youngia heterophylla (Hemsl.) Babc. & Stebbins/485

Youngia japonica (L.) DC./484

Yucca gloriosa L./055

Yulania biondii (Pamp.) D. L. Fu/029

Yulania denudata (Desr.) D. L. Fu/030

Yulania liliiflora (Desr.) D. L. Fu/031

Yulania soulangeana (Soul.-Bod.) D. L. Fu/028

Z

Zamioculcas zamiifolia Engl./041

附录 II
中文名（含俗名）索引

A

阿尔泰莴苣 /470
阿拉伯婆婆纳 /412
矮樱 /200/208
艾 /440
艾草 /462/464
艾蒿 /440
安石榴 /269
凹头苋 /328

B

八宝 /144
八宝景天 /144
八角刺 /151
八角金盘 /490
八字草 /005
巴西吊兰 /342
芭蕉 /060
芭蕉树 /060
白车轴草 /171
白丁香 /408
白杜 /241
白根草 /474
白瓜 /232
白挂梨 /211
白果 /012
白蒿 /443
白鹤芋 /039
白花菜 /391
白花菖蒲莲 /048
白花鹅掌柴 /492

白花蔷薇 /216
白花夏枯草 /425
白花蝎子草 /144
白花益母 /425
白花紫荆 /156
白花紫藤 /183
白蜡杆 /398
白蜡树 /398
白梨 /211
白鳞莎草 /065
白柳 /253
白萝卜 /303
白麻 /283
白麻子 /221
白马兰 /460
白茅 /097
白梅 /207
白前 /365
白茄 /394
白三叶 /171
白芍 /139
白薯 /376
白睡莲 /025
白苏 /432
白苋 /329
白杨 /251
白茵陈 /445/446
白英 /387
白榆 /219
白玉兰 /030
白掌 /039
百得利 /128
稗 /087
斑地锦 /255

斑鸠窝 /129
斑庄根 /316
半边莲 /439
半夏 /037
半圆叶金沙槭 /272
半支莲 /349
绊倒驴 /090
绊根草 /082
蚌壳草 /254
棒棒草 /072
棒头草 /114/115
包谷 /124
苞米 /124
苞叶芋 /039
宝岛碎米荠 /296
宝地氏黄杨 /137
宝盖草 /426
宝葫芦 /237
宝剑草 /247
抱茎小苦荬 /456
北瓜 /236
北景天 /145
北美苍耳 /483
北美海棠 /188
北美悬铃木 /135
北美圆柏 /017
北洋金花 /383
蓖麻 /260
避火蕉 /011
萹蓄 /314
扁草 /090
扁豆 /161
扁秆藨草 /064
扁秆荆三棱 /064

扁秆早熟禾 /112

扁桧 /019

扁穗雀麦 /077

扁竹 /314

扁竹花 /043

变竹 /107

宾夕法尼亚桦 /399

滨蒿 /446

滨梨 /213

滨茄子 /213

波斯毛茛 /130

波斯婆婆纳 /412

玻璃菜 /467

玻璃翠 /141

菠菜 /341

菠薐菜 /341

播娘蒿 /298

薄荷 /427

薄荷草 /431

C

彩椒 /381

彩叶草 /424

彩叶芦竹 /074

菜瓜 /235/238

菜肾子 /413

菜薹 /294

菜子花 /302

蚕豆 /172

蚕桑 /229

草地早熟禾 /112

草决明 /169

草木樨 /166

草麝香 /042

草一品红 /258

草榛子 /221

侧柏 /019

叉子圆柏 /014

茶海棠 /190

茶花 /356

茶叶花 /364

长狗尾 /118

长红豆 /181

长花结缕草 /126

长豇豆 /181

长裂苦苣菜 /475

长芒棒头草 /115

长生果 /153

长寿花 /143

长穗狗尾草 /120

长穗谷莠子草 /120

长夏石竹 /321

长序野青茅 /080

长叶苦苣菜 /475

长叶水苋菜 /265

常春藤 /491

常夏石竹 /321

朝天委陵菜 /196

车轱辘菜 /409

车前 /409

车前草 /410

扯丝皮 /358

柽柳 /308

程咬金 /094

池柏 /020

池杉 /020

匙叶黄杨 /137

尺八豇 /181

齿果酸模 /317

赤芍 /139

赤阳子 /210

翅果菊 /465

重瓣棣棠花 /187

重瓣榆叶梅 /204

重阳木 /262

臭柏 /014

臭椿 /279

臭独行菜 /300

臭蒿 /441

臭花娘 /497

臭荠 /300

臭菊花 /479

臭榕仔 /489

臭苏 /432

臭梧桐 /419

臭芸芥 /300

樗 /279

楮桃 /226

川滇三角枫 /272

川楝子 /282

垂柳 /252

垂盆草 /146

垂盆吊兰 /051

垂青树 /489

垂丝海棠 /189

垂序商陆 /343

垂枝柳 /252

春鹃 /357

春梅 /207

春羽 /040

春芋 /040

椿树 /279/280	大花美人蕉 /061	稻槎菜 /471
椿芽 /280	大椒 /278	稻搓菜 /471
刺檗 /128	大接骨 /316	灯笼草 /480
刺儿菜 /454	大狼耙草 /449	灯笼花 /287
刺槐 /167	大马蓼 /311	灯笼椒 /381
刺玫 /213	大蚂蚁草 /314	灯笼树 /277
葱兰 /048	大芒棒头草 /115	滴水观音 /036
葱莲 /048	大婆婆纳 /412	地被石竹 /321
粗毛碎米荠 /296	大秋枫 /262	地豆 /153
粗山羊草 /122	大酸味草 /246	地肤 /333
簇生椒 /381	大头稗草 /076	地肤子 /336
簇生卷耳 /320	大叶艾蒿 /444	地瓜 /376
簇生泉卷耳 /320	大叶黄杨 /242	地胡椒 /370
酢浆草 /243/244	大叶芥菜 /292	地黄 /437
	大叶榉树 /220	地锦 /148
D	大叶蜡树 /403	地锦草 /256
	大叶落地生根 /142	地雷花 /345
达呼里胡枝子 /162	大叶牛尾连 /420	地米菜 /295
达铃凌霄花 /417	大叶女贞 /403/405/407	地泡子 /390/392
达乌里黄芪 /154	大叶朴 /221	地桑葚 /131
达乌里紫云英 /154	大叶万年青 /035	地椹 /132
打碗花 /371/372/380	大叶榆 /220	地五加 /147
大扁雀麦 /077	大樱桃 /201	棣棠 /187
大波斯菊 /455	大猪耳朵草 /410	滇苦荬菜 /476
大巢菜 /174	大抓根草 /083	滇羊茅 /095
大车前 /410	丹若 /269	吊菜子 /394
大岛樱 /198	单球悬铃木 /135	吊兰 /051
大豆 /158	单条草 /354	钓兰 /051
大狗尾草 /118	淡竹叶 /058	东方草莓 /197
大胡枝子 /162	当道 /409	东京樱花 /199
大花金鸡菊 /455	刀豆 /161	东篱菊 /453
大花君子兰 /047	倒垂柳 /252	东亚市藜 /339
大花看麦娘 /073	倒扣草 /326	东洋珊瑚 /359
大花马齿苋 /349	倒提壶 /451	东瀛珊瑚 /359

冬瓜 /232
冬青 /242/403
冬青卫矛 /242
冬珊瑚 /395
冬小麦 /123
豆腐菜 /348
豆槐 /170
豆角 /181
豆梨 /212
毒莴苣 /470
独败家子 /038
独头蒜 /046
独行菜 /301
独行根 /026
杜鹃红山茶 /355
杜鹃叶山茶 /355
杜梨 /212
杜仲 /358
端阳蒿 /440
短豇豆 /180
短舌野青茅 /080
短穗竹 /117
短叶松 /022
断续菊 /477
对棘白蜡 /400
对节白蜡 /400
对叶莲 /268
蹲倒驴 /083
多花酢浆草 /246
多花毒麦 /100
多花伽蓝菜 /143
多花黑麦草 /100
多花黑燕麦 /100
多花蓼 /313

多花蔷薇 /216
多花水苋 /264
多花水苋菜 /264
多花早熟禾 /112
多花紫藤 /182
多裂翅果菊 /465
多型鸡儿肠 /448
多型马兰 /448
多羽贯众 /006

E

峨眉碎米荠 /297
鹅不食草 /319
鹅肠菜 /323/324
鹅肠繁缕 /325
鹅儿肠 /323
鹅耳伸筋 /324
鹅观草 /091
鹅里腌 /471
鹅绒藤 /365
额勒伯特-其其格 /204
二丑 /379
二乔木兰 /028
二乔玉兰 /028
二球悬铃木 /133
二月蓝 /302

F

法国冬青 /487
法国美人蕉 /061
法国梧桐 /133/134

法氏狗尾草 /118
法斯克草 /096
法桐 /134
番豆 /153
番南瓜 /236
番茄 /388
番柿 /388
番薯 /376
蕃柿 /388
繁缕 /324
繁穗苋 /330
饭包草 /057
饭豆 /179
饭瓜 /236
饭豇豆 /180
飞蛾槭 /271
飞黄玉兰 /030
非洲茉莉 /363
绯桃 /203
费菜 /145
费氏石楠 /194
粉黛乱子草 /103
粉豆花 /345
风稗 /087
风车草 /425
风花菜 /304/305/306/307
风雨花 /049
枫茄花 /382
枫杨 /231
凤尾菜 /292
凤尾蕨 /005
凤尾兰 /055
凤尾丝兰 /055
凤尾松 /011

凤仙花 /351

凤仙透骨草 /351

佛豆 /172

佛座草 /426

扶桑 /288

福州械 /273

附地菜 /370

复羽叶栾 /277

富贵花 /138

G

嘎啦 /191

干枝梅 /207

甘薯 /376

刚竹 /109

杠板归 /309

高茎一枝黄花 /474

高山破铜钱 /263

高山碎米荠 /297

高羊茅 /096

割人藤 /225

革命菜 /484

蛤蜊花 /254

葛勒子秧 /225

公孙树 /012

狗儿秧 /371

狗核桃 /382

狗姆蛇 /491

狗奶子 /384

狗尾巴草 /081

狗尾巴花 /310

狗尾草 /119/334

狗尾梢草 /114

狗牙根 /082

枸骨 /438

枸骨冬青 /438

枸棘子 /384

枸杞 /384

构 /226

谷树 /226

谷莠子 /118/119/120

骨节草 /004

瓜疮草 /346

瓜蒌 /239

瓜楼 /239

瓜仁草 /439

瓜仔草 /346

瓜子黄杨 /136

栝楼 /239

挂兰 /051

关节酢浆草 /245

观音竹 /111

管子草 /071

贯叶蓼 /309

贯众 /006

罐梨 /211

光柄野青茅 /079

光果拉拉藤 /360

光果小花山桃草 /270

光皮木瓜 /184/209

光头稗 /076/086

光头芒 /086

广布野豌豆 /173

广东狼毒 /036

广东葶苈 /307

广东万年青 /035

广西鸭脚木 /492

广玉兰 /027

广州蓠菜 /307

归勒斯 /205

鬼豆角 /173

鬼见愁 /151

鬼针草 /450

鬼针子 /263

桂竹 /108

桧柏 /015

国槐 /170

过冬梨 /262

过山龙 /147

H

哈哇蒂女贞 /405

蛤蟆皮棵 /433

海蚌含珠 /254

海红 /193

海南菜豆树 /420

海棠 /188/192/209

海棠果 /192

海棠花 /188/189

海桐 /489

海仙花 /488

海芋 /036

寒瓜 /233

旱稗 /086/087/089

旱荷花 /042

旱黄瓜 /234

旱柳 /253

旱楸 /418

蓠菜 /305

杭白菊 /452

禾稿草 /471	红花夹竹桃 /367	胡椒木 /278
合欢 /152	红花锦鸡儿 /155	胡荽 /495
何首乌 /313/365	红花落地生根 /143	胡桃 /230
和平芋 /039	红花槭 /275	湖北白蜡 /400
和尚君子兰 /047	红花水苋菜 /265	湖北梣 /400
河南泡桐 /436	红花洋槐 /168	湖北海棠 /190
荷花木兰 /027	红黄草 /479	湖北野青茅 /080
荷花玉兰 /027	红黄萼凌霄 /417	湖南黄花稔 /291
荷兰豆 /172	红茎马唐 /083	蝴蝶满园春 /127
荷兰翘摇 /171	红景天 /143	虎皮兰 /052
荷兰薯 /389	红筷子 /268	虎尾兰 /052
核桃 /230	红蓼 /310	虎掌 /038
鹤不踏 /369	红柳 /308	虎杖 /316
鹤虱 /369/451/497	红皮松 /022	瓠子瓜 /232
黑大豆 /158	红槭 /276	花绸子花 /127
黑弹朴 /222/224	红苕 /376	花椒 /278
黑弹树 /222	红柿 /353	花毛茛 /130
黑蒿 /443	红薯 /376	花生 /153
黑荚苜蓿 /165	红王子锦带花 /488	花石榴 /269
黑麦草 /101	红心柏 /015	花叶滇苦菜 /477
黑皮樗 /279	红心藜 /336	花叶猴子屁股 /485
黑天天 /390/392	红芽石楠 /194	花叶留兰香 /428
黑燕麦 /101	红眼圈灰菜 /335	花叶女贞 /406
黑枣 /352	红叶碧桃 /203	花叶青木 /359
黑竹 /111	红叶石楠 /194/195	花叶朱槿 /288
黑籽籽 /165	红叶晚李 /208	华北紫丁香 /408
黑紫苏 /433	红痣草 /255	华灰莉 /363
红蓖麻 /260	红珠仔刺 /384	华灰莉木 /363
红豆 /179	荭草 /310	铧头草 /248/249
红枫 /276	猴尾草 /456	怀地黄 /437
红根草 /362	猴枣 /353	怀菊花 /452
红花刺槐 /168	猴子屁股 /484	怀牛膝 /326
红花葱兰 /049	胡豆 /172	槐 /170
红花酢浆草 /245/246	胡瓜 /234	槐树 /170

黄鹌菜 /484	灰野豌豆 /173	家榆 /219
黄柏 /019	灰叶藜 /340	葭 /106
黄刺条 /155	茴茴蒜 /131	假大头茶 /355
黄疸草 /375	活血三七 /144	假花生 /169
黄豆 /158	火把果 /210	假绿豆 /169
黄竿 /109	火柴头 /057	假芹菜 /132
黄狗头 /485	火棘 /210	假人参 /343
黄瓜 /234		假苇拂子茅 /079
黄瓜香 /370		假苇子 /079
黄果朴 /223	**J**	尖裂黄瓜菜 /456
黄花菜 /044		尖裂假还阳参 /456
黄花草木樨 /166	鸡肠繁缕 /325	尖头叶藜 /335
黄花地丁 /480	鸡蛋黄花 /187	尖叶栲 /398
黄花蒿 /441/442	鸡儿肠 /324/447	尖叶紫薇 /266
黄花马豆草 /165	鸡脚草 /005	剪刀菜 /478
黄花条 /397	鸡毛菜 /196	碱草 /092
黄鸡婆 /484	鸡矢藤 /361	碱地肤 /333
黄金条 /396	鸡屎藤 /361	碱茅 /116
黄梅花 /032	鸡爪槭 /276	碱菀 /482
黄皮竹 /109	吉野樱 /199	见肿消 /343
黄山栾树 /277	急性子 /351	剑麻 /055
黄绶带 /397	棘 /218	剑叶波斯菊 /455
黄继马唐 /085	蒺藜 /151	箭叶堇菜 /248
黄杨 /136	虮子草 /098	箭叶旋花 /374
黄杨木 /136	戟叶堇菜 /248	江南竹 /110
黄叶女贞 /404	荠 /295	将离 /139
黄颖莎草 /067	荠菜 /295	豇豆 /179
恍莠莠 /121	蓟蓟芽 /454	豇豆楸 /418
灰菜 /338	加拿大蓬 /459	焦裕禄桐 /436
灰杆子 /221	加拿大杨 /250	蕉芋 /062
灰灰菜 /336/340	加拿大一枝黄花 /474	角菜 /341
灰莉 /363	加杨 /250	轿杠竹 /108
灰绿藜 /340	夹竹桃 /367	藠头 /046
灰苋头 /338	家薄荷 /430	接骨木 /486
	家桑 /229	

接力草 /449
节瓜 /232
节节草 /003/004
节节麦 /122
节节木贼 /003
解暑藤 /361
芥 /295
芥菜 /292
金棒草 /474
金边儿灰菜 /335
金边虎尾兰 /052
金不换 /317/318
金佛草 /463
金刚篡 /490
金狗尾 /121
金黄球柏 /019
金鸡菊 /455
金江槭 /272
金铃子 /282
金盘八角 /490
金盘银盏 /450
金钱树 /041
金钱紫花葵 /289
金翘 /397
金雀儿 /155
金色狗尾草 /121
金森女贞 /405
金沙槭 /272
金丝楸 /418
金挖耳 /451
金丸 /186
金腰带 /402
金叶桧 /015
金叶女贞 /404

金樱 /215
金盏菜 /482
金盏银盘 /450
金枝玉叶 /347
金钟花 /396
金竹 /109
锦带花 /488
锦鸡儿 /155
锦葵 /289
锦荔枝 /238
锦熟黄杨 /136
锦绣杜鹃 /357
京葫芦 /237
荆芥 /430/431
荆三棱 /068
荆桃 /202
井栏边草 /005
净瓶 /322
迥文草 /423
九重葛 /344
九重塔 /430/431
九节风 /486
九月寒豇豆 /180
九月菊 /452
久菜 /045
灸草 /440
韭 /045
韭菜 /045
韭菜兰 /049
韭莲 /049
救荒野豌豆 /174
救军粮 /210
菊花 /452
菊花脑 /453

菊芋 /461
菊诸 /461
巨大狗尾草 /120
巨果油松 /022
苣荬菜 /475
具芒碎米莎草 /067
卷瓣蜡梅 /032
决明 /169
君迁子 /352
君子兰 /047

K

堪察加费菜 /145
堪察加景天 /145
看麦娘 /072
看枣 /395
糠稷 /104
糠柏 /261
糠黍 /104
扛板归 /309
柯孟披碱草 /091
瞌睡草 /078
空心莲子草 /327
孔雀草 /479
孔雀松 /333
苦菜 /466
苦菜花 /476
苦丁茶 /405/407
苦瓜 /239
苦苣菜 /476
苦楝树 /282
苦荬苣 /465
苦竹 /117

筷子树 /419
宽翅飞蛾槭 /271
宽叶落地生根 /142
宽羽贯众 /006

L

拉拉罐 /301
拉拉藤 /360
拉拉秧 /225
喇叭花 /371/379
辣椒 /381
辣辣菜 /301
腊梅 /032
蜡梅 /032
蜡烛草 /063/072
蜡子草 /098
蜡子树 /261
莱菔 /303
癞瓜 /238
蓝蝴蝶 /043
蓝花蒿 /369
蓝羊茅 /095
兰考泡桐 /436
兰屿肉桂 /033
拦路虎 /151
狼茄 /388
狼尾草 /081
老鸹瓢 /366
老鸹蒜 /043
老虎爪子 /131
老虎嘴 /473
老来少 /332

老牛肿 /365
老婆指甲 /370
老鼠狼 /081
老鸦谷 /330
藜 /336
蒿芭菜 /348
篱打碗花 /371
篱天剑 /372
篱障花 /286
梨丁子 /212
离核桃 /203
犁头草 /247
鳢肠 /457
丽春花 /127
荔枝草 /433
连萼锦带花 /488
连翘 /396/397
连台夏枯草 /426
楝 /282
凉粉草 /457
凉瓜 /238
粮稷 /104
亮叶蚊母树 /140
裂叶牵牛 /379
邻近风轮菜 /423
林地鼠尾草 /434
林下鼠尾草 /434
林荫鼠尾草 /434
菱叶藜 /337
留兰香 /428
硫磺竹 /109
瘤梗番薯 /377
瘤梗甘薯 /377
柳树 /252/253

六角定经草 /435
六月菊 /463
龙柏 /016
龙疮药 /435
龙凤木 /041
龙葵 /390
龙吐珠 /197
龙爪槐 /170
龙爪榆 /219
芦草根 /106
芦苇 /106
芦芽 /106
芦竹 /074
芦竹根 /074
卢桔 /186
卢橘 /186
路边菊 /447/453
露花 /342
露水草 /114
鹭嘴草 /263
罗布麻 /364
罗汉杉 /013
罗汉松 /013
罗勒 /430
萝卜 /303
萝藦 /366
裸枝树 /156
落地稗 /088
落地生根 /142
落豆秧 /173
落花生 /153
落葵 /348
洛阳花 /138
驴耳朵菜 /411

驴干粮 /154
驴尾巴蒿 /459
菉豆 /178
绿宝 /420
绿豆 /178
绿皮黄筋竹 /109
绿穗苋 /331
绿苋 /329
绿叶飞蛾槭 /271
葎草 /225

M

麻杆花 /284
麻柳 /231
马齿苋 /350
马齿苋树 /347
马刺楷 /373
马兜铃 /026
马豆 /174
马兰 /447
马兰多裂变种 /448
马兰头 /447
马铃薯 /389
马尿骚 /231
马泡瓜 /235
马唐 /083
马蹄金 /375
马蹄决明 /169
马缨花 /152
玛瑙珠 /395
麦草 /101
麦冬 /053/054
麦毛草 /114

麦门冬 /053/054
麦娘娘 /072/073
麦瓶草 /322
麦陀陀草 /073
满条红 /156
蔓绿绒 /040
蔓茄 /387
曼陀罗 /382/383
芒稷 /086
芒种草 /414
猫儿眼草 /259
猫耳朵 /463
毛白蜡 /399
毛白杨 /251
毛宝巾 /344
毛车前 /411
毛椿 /280
毛打碗花 /373
毛豆 /158
毛发乱子草 /103
毛果胡枝子 /162
毛果朴 /224
毛花曼陀罗 /383
毛环短穗竹 /117
毛鸡矢藤 /361
毛苦蘵 /386
毛龙葵 /393
毛罗勒 /431
毛马唐 /085
毛脉桦 /220
毛曼陀罗 /383
毛芒乱子草 /103
毛鞘芦竹 /074
毛酸浆 /385

毛桃 /226
毛野苋 /331
毛叶杜鹃 /357
毛叶木瓜 /184
毛竹 /110
毛紫丁香 /408
茅草 /097
茅针 /097
玫瑰 /213/214
玫瑰紫藤 /182
眉豆 /180
梅 /207
梅豆 /161
梅氏画眉草 /094
美国大叶白杨 /250
美国地锦 /149
美国红栌 /399
美国红枫 /275
美国爬山虎 /149
美国梧桐 /135
美女樱 /421
美人蕉 /061/062
美人梅 /206
美洲商陆 /343
蒙山莴苣 /466
米布袋 /247
米罐棵 /437
米结爱 /266
米柏 /261
米口袋 /160
米兰 /281
米莎草 /068
米瓦罐 /322
米仔兰 /281

蜜果 /227

蜜糖管 /437

密穗莎草 /066

绵毛酸模叶蓼 /312

面根藤 /372/374

面皮树 /220

面条棵 /322

明开夜合 /241

明目果 /227

榠楂 /184/209

没丽 /401

茉莉 /401

茉莉花 /401

墨旱莲 /457

磨盘草 /283

牡丹 /138

木笔 /031

木耳菜 /348

木瓜 /185/209

木瓜海棠 /184/209

木槿 /286

木梨花 /401

木米杯 /266

木棉 /286

木芍药 /138

木蒟蒻 /486

木樨 /407

木香花 /215

木香藤 /215

苜蓿 /163/164

牧蓿 /163

N

奶浆草 /476

奶浆果 /227

奶汁草 /255/256

柰 /191

柰子 /192

耐冬 /356

南瓜 /236

南美天胡荽 /493

南水葱 /071

南天竹 /129

南燕麦 /075

闹羊花 /382

泥胡菜 /462

拟鼠麹草 /472

黏珠子 /369

鸟不宿 /438

茑萝 /378

茑萝松 /378

宁波三角槭 /273

牛插鼻 /462/464

牛繁缕 /323

牛浆 /475

牛筋草 /090

牛磕膝 /326

牛脷菜 /468

牛脷生菜 /469

牛毛毛草 /093

牛奶柿 /352

牛舌头棵 /317/318/410

牛膝 /326

扭枝刺槐 /167

女贞 /403

O

欧美杨 /250

欧旋花 /373

欧洲夹竹桃 /367

欧洲甜樱桃 /201

欧洲樱桃 /201

P

趴墙虎 /148

爬柏 /014

爬地早熟禾 /113

爬根草 /082

爬景天 /146

爬拉秧 /360

爬毛抓秧草 /084

爬墙虎 /148/491

爬山虎 /148

盘桃 /203

畔茅 /099

旁通 /151

胖娃娃菜 /350

泡桐 /436

脾寒草 /416

枇杷 /186

辟汗草 /166

平安树 /033

平车前 /411

平基槭 /274

苹果 /191

婆婆丁 /480

婆婆纳 /413
婆婆针 /449
破鞋底 /164
铺地锦 /255
铺地马鞭草 /421
铺地委陵菜 /196
铺茅 /116
匍地龙柏 /016
菩提树 /222
菩提子 /150
普通小麦 /123
蒲棒草 /063
蒲草 /063
蒲公英 /480/481
蒲黄 /063
葡萄 /150
朴树 /223

Q

七角枫 /276
七里香 /215/489
棋盘花 /284/289
槭树 /274
槭叶悬铃木 /134
千瓣白桃 /203
千瓣红桃 /203
千斤子 /099
千金子 /098/099
千年不烂心 /387
千屈菜 /268
千人踏 /090
千日红 /267
铅笔柏 /017

牵牛 /379
牵牛花 /380
钱币草 /493
茜草 /362
茄 /394
窃衣 /497
芹菜花 /130
芹叶牡丹 /130
青菜 /294
青岛槐 /167
青豆 /158
青枫 /276
青瓜 /234
青蒿 /442
青木 /359
青翘 /397
青笋 /468
青桐 /285
青葙 /334
青小豆 /178
清明菜 /472
清明花 /402
苘麻 /283
楸 /418
楸子 /192
秋子 /190
球果荸荠 /304
球花邻近风轮菜 /423
全球红 /150
全缘叶栾树 /277
全缘叶紫弹树 /224
犬问荆 /004
雀麦 /078
雀舌黄杨 /137

雀野豆 /177

R

日本看麦娘 /073
日本女贞 /405
日本珊瑚树 /487
日本莎草 /065
日本晚樱 /200
日本卫矛 /242
日本小檗 /128
日本樱花 /199
日本紫藤 /182
绒蒿 /445
绒花树 /152
柔弱斑种草 /368
肉桂 /033
肉馄饨草 /375
肉质万年青 /141
乳苣 /466
软刺曼陀罗 /383
软枣 /352
芮草 /081
瑞士黑麦草 /102

赛繁缕 /325
三白 /401
三倍体毛白杨 /251
三刺皂角 /157
三角草 /037
三角枫 /273
三角梅 /344

三角槭 /273	山猪肉 /487	菽 /158
三角藤 /491	珊瑚豆 /395	书带草 /053
三棱草 /066/067	珊瑚树 /487	疏柔毛罗勒 /431
三裂飞蛾槭 /271	珊瑚樱 /395	梳子杉 /018
三六九 /244	烧饼花 /290	蜀椒 /278
三轮草 /069	稍瓜 /235	蜀葵 /284
三球悬铃木 /134	芍药 /139	蜀羊泉 /387
三色堇 /332	苕 /177	鼠曲草 /472
三叶草 /171	少花龙葵 /391	双耳草 /105
三叶佛甲草 /146	蛇床 /494	双穗雀稗 /105
三爪凤 /197	蛇床子 /494	双铜锤 /413
桑 /229	蛇倒退 /309	水稗 /087
桑树 /229	蛇共眠 /439	水菠菜 /414
扫帚艾 /446	蛇莓 /197	水葱 /071
扫帚苗 /333	蛇米 /494	水红花子 /310
涩拉秧 /362	蛇参果 /026	水花生 /327
森林鼠尾草 /434	深裂叶马兰 /448	水荠菜 /305
沙地柏 /014	肾蕨 /007	水枳木 /262
沙条 /192	肾子草 /412	水苦荬 /414
山茶 /356	升马唐 /084	水蜡树 /405/407
山吹 /187	生菜 /467	水柳 /268
山东贯众 /006	胜瓜 /238	水萝卜 /303/306
山东黄豆 /260	湿生萹蓄 /306	水马齿苋 /146
山官木 /195	石黄皮 /007	水毛茛 /132
山胡椒 /281	石灰菜 /323/462/464	水芹 /496
山胡萝卜 /494	石榴 /269	水芹菜 /496
山樱子 /078	石龙芮 /132	水三棱 /068
山麦冬 /054	石楠 /195	水杉 /018
山葡萄 /491	十香菜 /429	水松 /018
山莴苣 /465	柿 /353	水桫 /018
山羊草 /122	柿树 /353	水蓑衣 /415
山枣树 /218	柿子椒 /381	水蕹菜 /327
山脂麻 /488	市藜 /339	水莴苣 /414
山指甲 /406	手树 /490	水苋菜 /264

水杨梅 /131
水丈葱 /071
水竹 /110
水烛 /063
睡莲 /025
丝瓜 /238
丝绵木 /240/358
思仲 /358
死不了 /349
四季草 /423
四楞草 /362
四月飞 /346
四籽草藤 /176
四籽野豌豆 /176
薮春 /356
苏铁 /011
宿根毒麦 /101
粟米草 /346
酸菜 /350
酸醋酱 /243
酸溜溜 /244/312
酸梅 /207
酸模叶蓼 /311
酸三叶 /243
酸藤 /309
酸筒杆 /316
酸味草 /243
酸枣 /218
碎米荠 /296
碎米莎草 /068
碎米桠 /217
穗三棱草 /064
莎草 /070
蓑衣草 /458

T

塌棵菜 /294
塔松 /021
台湾草 /125
太阳花 /349
唐实樱 /202
塘麻 /283
糖梨 /212
糖黍 /104
桃 /203
桃叶珊瑚 /359
桃叶卫矛 /241
桃叶鸦葱 /473
特鲁木吉 /299
藤豆 /161
藤萝花 /182
天吊瓜 /238
天鹅绒草 /125
天蓝苜蓿 /165
天南星 /038
天仙藤 /026
天雪米 /330
田艾 /472
田七菜 /342
田旋花 /374
甜草根 /097
调羹树 /285
贴梗海棠 /184/185
贴梗木瓜 /185
铁豆秧 /175
铁脚梨 /185
铁马齿苋 /315

铁树 /011
铁苋菜 /254
通泉草 /435
铜锤草 /246
铜钱草 /493
铜线草 /105
头状穗莎草 /069
土半夏 /037
土薄荷 /428/429
土柴胡 /478
土大黄 /317/318
土豆 /389
土黄连 /129
土黄条 /187
土麦冬 /054
土杉 /013
托盘果 /290

W

弯曲碎米荠 /297
弯穗鹅观草 /091
晚饭花 /345
万寿菊 /479
网草 /076
蔺草 /076
望春花 /030
望春玉兰 /029
薇 /177
苇状狐茅 /096
苇状羊茅 /096
尾叶紫薇 /266
喂香壶 /069
蚊母草 /415

蚊子草 /093	西瓜 /233	仙桃草 /415
莴苣 /468	西河柳 /308	鲜艳杜鹃 /357
莴笋 /468	西红柿 /388	咸沙草 /082
倭瓜 /236	西来稗 /089	苋 /332
乌豆 /159	西梅 /207	腺茎独行菜 /301
乌桕 /261	西洋苹果 /191	腺龙葵 /393
乌蔹莓 /147	西洋蒲公英 /481	腺毛播娘蒿 /298
乌龙 /116	西洋实樱 /201	香柏 /019/021
乌麦 /075	蟋蟀草 /084/090	香薄荷 /428
乌樟 /034	习见萹蓄 /315	香菜 /495
乌竹 /111	习见蓼 /315	香草 /430
无刺枸骨 /438	喜林芋 /040	香椿 /280
无花果 /227	喜马拉雅雪松 /021	香附 /070
无芒稗 /088	细叠子草 /368	香附子 /070
无皮树 /267	细茎斑种草 /368	香菇草 /493
无心菜 /319	细累子草 /368	香蒿 /441/442
蜈蚣柳 /231	细米草 /439	香花菜 /429
梧桐 /285	细千斤子 /098	香铃草 /287
五彩苏 /424	细序鹅掌柴 /492	香树 /019
五朵云 /259	细叶艾 /444	香水生菜 /469
五角枫 /274	细叶蒿 /441	香丝草 /458
五角星花 /378	细叶黄杨 /137	香松 /308
五色草 /424	细叶结缕草 /125	香苏 /432
五色梅 /421	细叶美女樱 /422	香荽 /495
五叶地锦 /149	细籽蓣菜 /307	香头草 /070
五月艾 /443	狭萼辛夷 /031	香樟 /034
五月季竹 /108	狭叶连翘 /396	响铃子 /277
五爪龙 /147	狭叶罗汉松 /013	响叶杨 /251
	狭叶米口袋 /160	橡皮榕 /228

X

	狭颖早熟禾 /112	小芭蕉 /062
	夏至草 /425	小白酒草 /459
西风谷 /331	纤毛鹅观草 /092	小白蜡 /405/407
西府海棠 /193	纤毛马唐 /084	小白淑气花 /289
	纤毛披碱草 /092	小萹蓄 /315

小巢菜 /176/177	邪蒿 /442	牙肿消 /460
小车前 /411	薤白 /046	烟袋草 /451
小虫儿卧单 /256	心叶牵牛 /380	烟管头草 /451
小刺儿菜 /454	心叶日中花 /342	胭脂花 /345
小根蒜 /046	辛夷 /029/031	烟竹 /110
小果海棠 /193	兴安胡枝子 /162	芫荽 /495
小红筋草 /256	兴安黄耆 /154	沿阶草 /053
小葫芦 /237	星星草 /093	盐芥 /299
小花山桃草 /270	猩猩草 /258	眼疼花 /259
小画眉草 /093	杏 /205	雁来红 /332
小黄花 /402	杏花 /205	燕麦草 /075
小蜡 /406	杏树 /205	燕子掌 /141
小藜 /338	幸福树 /420	燕子竹 /107
小麦 /123	绣花草 /099	羊肚拉角 /364
小米口袋 /160	绣球 /217	羊角柳 /253
小米辣 /381	绣球绣线菊 /217	羊奶角角 /365
小苜蓿 /163/164	续断菊 /477	杨梅叶蚊母树 /140
小蓬草 /459	续骨草 /486	洋白蜡 /399
小秋葵 /287	蓿草 /163	洋姑娘 /385
小酸浆 /386	萱草 /044	洋荷花 /042
小碎米莎草 /067	旋覆花 /463	洋槐 /167
小桃红 /204	旋花 /372	洋姜 /461
小天南星 /037	玄桃 /416	洋麻子 /260
小铜钱草 /375	雪里蕻 /292	洋马齿苋 /349
小无心菜 /319	雪松 /021	洋水仙 /042
小旋花 /374	雪铁芋 /041	洋芋 /389
小叶白蜡 /398		洋玉兰 /027
小叶玻璃翠 /347	# Y	洋紫苏 /424
小叶大戟 /257		痒痒树 /267
小叶地锦 /257	鸦葱 /473	药瓜 /239
小叶藜 /338	压葫芦 /237	药蒲公英 /481
小叶女贞 /406	鸭掌树 /012	药用蒲公英 /481
小叶朴 /222/223	鸭跖草 /058	野艾蒿 /443/444
小油菜 /294	鸭趾草 /058	野稗 /087

野薄荷 /427/433	夜交藤 /313	樱桃李 /208
野扁豆 /176	叶上花 /258	迎春花 /030/396/402
野大豆 /159	叶用莴苣 /467	营实墙蘼 /216
野地黄菊 /458	叶子花 /344	硬稃狗尾草 /121
野红花 /454	一包针 /450	硬毛果野豌豆 /177
野花红 /190	一年蓬 /460	硬枣 /218
野黄豆 /159	一年生黑麦草 /102	硬直黑麦草 /102
野鸡冠花 /334	一球悬铃木 /135	油菜 /293
野锦葵 /290	一叶兰 /050	油荚菜 /469
野菊 /453	一丈红 /284	油麦菜 /469
野老鹳草 /263	伊豆大岛樱 /198	油松 /022
野萝卜菜 /305	衣扣草 /391	油桃 /203
野毛豆 /159	意大利黑麦草 /100	油樟 /034
野苜蓿 /164	益母草 /426	游水筋 /105
野蔷薇 /216	异型莎草 /066	莠 /119
野茄秧 /390/392	异叶黄鹌菜 /485	鱼香草 /427
野芹菜 /496	茵陈 /445	鱼子兰 /281
野青茅 /080	茵陈蒿 /445	虞美人 /127
野仁丹草 /427	银齿莴苣 /470	榆树 /219
野山芋 /036	银桂 /407	榆叶梅 /204
野黍 /104	银杏 /012	羽瓣石竹 /321
野塘蒿 /458	银杏木 /347	羽叶马鞭草 /422
野田菜 /435	印度蔊菜 /305	羽叶茑萝 /378
野苕子 /176	印度蒿 /443	郁金香 /042
野豌豆 /174/175	印度美人蕉 /062	玉兰 /030
野万红 /457	印度榕 /228	玉帘 /048
野莴苣 /470	印度橡胶树 /228	玉米 /124
野西瓜苗 /287	印度橡皮树 /228	玉蜀黍 /124
野苋菜 /328/329	英国梧桐 /133	玉树 /141
野香菜 /196	莺桃 /202	芋头 /461
野芫荽 /413	樱花 /199	鸢尾 /043
野燕麦 /075/078	樱李 /208	鸳鸯美人蕉 /061
野罂粟 /127	樱李梅 /206	元宝槭 /274
夜合 /152	樱桃 /202	圆柏 /015

圆果蔊菜 /304
圆叶锦葵 /290
圆叶藜 /335
圆叶牵牛 /380
圆叶鸭跖草 /057
月季 /214
月季花 /214
月月红 /214/288
月月花 /214
芸芥 /300
芸苔 /293
芸薹 /293
云南鹅掌柴 /492
云南亚麻荠 /304

Z

杂黄花荠 /419
杂交凌霄 /417
杂种凌霄 /417
杂种马鞭草 /421
凿木 /195
早花地丁 /249
早开堇菜 /249
早熟禾 /113
蚤缀 /319
皂荚 /157
皂角 /157
泽米芋 /041
泽漆 /259
泽漆麻 /364
泽星宿菜 /354
泽珍珠菜 /354
窄叶野豌豆 /175

粘核桃 /203
樟 /034
樟木 /034
掌叶半夏 /038
朝开暮落花 /286
沼落羽松 /020
沼杉 /020
沼生蔊菜 /306
沼泽木贼 /004
摺叶萱草 /044
珍珠柏 /015
珍珠菜 /354
珍珠盖凉伞 /129
珍珠梅 /217
珍珠米 /124
枕瓜 /232
知风草 /094
知风画眉草 /094
蜘蛛抱蛋 /050
直立婆婆纳 /416
直酢浆草 /244
植豆 /178
指甲花 /351
指天笔 /334
治疟草 /460
痣草 /391
中国梧桐 /285
中华结缕草 /126
中华苦荬菜 /464
皱果苋 /329
皱皮木瓜 /185
皱叶薄荷 /429
皱叶留兰香 /429
皱叶酸模 /318

朱槿 /288
诸葛菜 /302
猪耳朵棵 /409
猪肥菜 /350
猪胡椒 /435
猪毛蒿 /446
猪牙皂 /157
猪殃殃 /360
竹芹菜 /058
竹叶菜 /057
竹叶草 /314
竹叶菊 /482
主根车前 /411
壮阳草 /045
状元花 /069
子母海棠 /193
籽粒苋 /331
梓 /419
紫弹树 /224
紫丁香 /408
紫花洋槐 /168
紫花地丁 /160/247/248/249
紫花窃衣 /497
紫花山莴苣 /466
紫花苕子 /175
紫金菜 /302
紫锦草 /059
紫茎鬼针草 /449
紫荆 /156
紫荆朴 /223
紫茉莉 /345
紫苜蓿 /163
紫茄 /394
紫少花龙葵 /392

紫苏 /432

紫藤 /183

紫藤萝 /183

紫薇 /267

紫乌藤 /313

紫鸭跖草 /059

紫叶李 /208

紫叶小檗 /128

紫玉兰 /031

紫竹 /111

紫竹竿 /111

紫竹兰 /059

紫竹梅 /059

棕榈 /056

棕树 /056

钻天榆 /219

钻形紫菀 /478

钻叶紫菀 /478